现代数学基础

U0347729

44　李群讲义

LIQUN JIANGYI

■ 项武义　侯自新　孟道骥

高等教育出版社·北京

图书在版编目（C I P）数据

李群讲义 / 项武义，侯自新，孟道骥著 . -- 北京：高等教育出版社，2014. 5（2024.2 重印)

ISBN 978-7-04-039503-7

Ⅰ. ①李⋯　Ⅱ. ①项⋯ ②侯⋯ ③孟⋯　Ⅲ. ①李群　Ⅳ. ① O152.5

中国版本图书馆 CIP 数据核字（2014）第 063766 号

策划编辑　王丽萍　　　责任编辑　李　鹏　　　封面设计　张　楠
责任校对　李大鹏　　　责任印制　赵义民

出版发行	高等教育出版社	咨询电话	400-810-0598
社　　址	北京市西城区德外大街4号	网　　址	http://www.hep.edu.cn
邮政编码	100120		http://www.hep.com.cn
印　　刷	北京中科印刷有限公司	网上订购	http://www.landraco.com
开　　本	787mm×1092mm 1/16		http://www.landraco.com.cn
印　　张	17	版　　次	2014 年 5 月第 1 版
字　　数	290 千字	印　　次	2024 年 2 月第 2 次印刷
购书热线	010-58581118	定　　价	49.00 元

修订版序言

如今再版的《李群讲义》起始于 1984 年在北京大学首届数学研究生暑期教学中心所开的一门李群课程的讲义, 我当年特别为此手写、复印书稿. 回想当时, 盛夏酷暑, 同学们人手一册, 侯老师与孟老师则热心辅导, 近百位同学孜孜不倦的学习热忱至今难忘, 一乐也.

该稿经自新、道骥大力协助, 1992 年由北京大学出版社初版, 2000 年重印, 不觉又过了十多年, 本书仍被广大读者所喜爱, 高等教育出版社提议再版以飨读者, 我们三人欣然接受.

由于李群论发展的历程上, 先有 Sophus Lie 的李群结构的线性化, 亦即现今通称的李代数理论, 随即有 Killing 的复半单李代数的分类理论, 引人入胜, 令人有高山仰止之感佩. 但是正因如此, 传统的李群理论的论述往往一开头就是长篇大论的李代数, 一来得有大量纯代数的技巧, 二来片面侧重李代数的论述, 这就难免忽略了李群这个主题富有思想的本质以及李群在理解大自然的对称性的深刻内蕴的重要性, 因而也往往使得李群论的初学者难以有平实近人、易懂好用的感觉. 有鉴于此, 本书试着改弦更张, 采用变换群的思想, 将李群论的主体返璞归真, 择其精要加以简化, 而且以紧致李群为其核心, 希望有助于初学者易于入门, 易学能用.

在几何与物理上诸多重要的对称性往往自然而然地是紧致李群. 这种看来比较特殊的李群, 其实恰好是大自然选用、爱好之精简. 再者, 从李群论的观点来看, 这种李群具有总体积为 1 的不变积分, 使得其上的线性表示论大幅简化 (参见第一章); 而且其上的共轭变换的轨几何 (orbital geometry) 又有 Cartan 极大子环群与 Weyl 约化两个简朴精到的要点. 所以紧致李群论又自然而然是李群论的至精至简, 易学好用, 读者宜学而时用之, 习而时思之.

　　此次再版, 我们改正了第一版书中的一些排版错误, 并对一些符号使用不统一的情况进行了修正 (例如: 统一使用小写的哥特体字母表示李代数, 而使用大写正体希腊字母 Π 表示素根系), 此外, 按照现在的习惯, 我们将索引条目的排列顺序由按笔画顺序排列改为按汉语拼音顺序排列. 道骥教授承担了本次修订版很多工作, 并对书稿的清样进行了逐行逐字的审读, 重新编写了索引条目的页码, 在此表示感谢.

项武义

2014 年 3 月 20 日

于伯克利

引言

近代数学研讨的基本手法是先将所要研讨的事物, 择其精要, 加以适度的抽象化, 然后再将如此抽象所得的体系, 赋以自然的结构, 组织成一个数理模型. 例如: 常用的各种数系以及古典几何中熟知的各种空间模型等等. 再者, 这样构造的抽象数理模型, 通常还会有相当的 "自同构" 或 "对称性", 那就是保持该数理模型本身结构的变换群. 例如: 一个一元代数方程的对称群或某一个度量空间的保长变换群等等. 在这方面一个很自然的想法是: 设法利用一个数理模型的对称性去帮助对于该结构的研讨. 这种想法的牛刀小试发迹于 Galois 对于方程式论的创见. 他就是把握着代数方程的对称群作为研究代数方程结构的关键, 并从而简明扼要地解决了方程式论中一些历史性的基本问题, 这就是大家所熟知的 Galois 理论. Galois 的成就引起了当时和后来数学界研究群论和变换群的巨大兴趣. 例如: Frobenius, Schur, Lie, Klein, Killing, Cartan 和 Weyl 等, 都是这方面的热心人物并为这方面的理论做出了重大的贡献.

当我们试着把上述变换群的想法推广到几何或者分析的领域里去, 就会发现几何或分析领域的自同构变换群, 其本身通常也会具有自然的几何或分析的结构. 这也就自然地产生了下述基本的结合体:

1. 拓扑群 (亦即连续群): 它同时具有群和拓扑这样两种结构, 而且群的运算对于其拓扑来说是连续的.

2. 李群 (亦即可微群): 它同时具有群和可微结构, 而且群的运算对于其可微结构来说是可微的.

3. 拓扑 (或可微) 变换群: 设 G 是作用于一个拓扑 (或可微) 空间 X 上的一个变换群. 我们通常用符号 $g \cdot x$ 表示 x 点经变换 g 作用所得的像点. 若 G 本身

是一个拓扑 (或可微) 群, 而且

$$G \times X \to X: \quad (g, x) \mapsto g \cdot x$$

又是连续 (或可微) 映射, 则称 (G, X) 为一拓扑 (或可微) 变换群.

    李群是代数结构和几何结构的自然结合体, 而可微 (亦称李) 变换群则是群论在几何或分析领域中的自然表现, 也是各种应用之所基. 李群的结构丰富, 而且具有深刻的内在理论; 而李变换群在数学中的应用目前正在拓展, 可以说是方兴未艾. 本书的目的就是试图将李群的精要及主要应用作一简明的介绍.

    现在让我们来看一看研讨李群这种自然的结合体的丰富内在结构的基本方法有哪些.

    (A) 线性表示: 向量空间是最简单也是最常用的数理模型, 所以作用在一个向量空间上的线性变换群可以说是变换群中最简明朴实的例子. 设 G 是一个给定的抽象群, 将其表示成某一向量空间 V 的线性变换群, 就叫做 G 的一个线性表示. 换句话说, 一个线性表示就是一个把 G 中的元素表示成 V 上的全线性变换群 —— $\mathrm{GL}(V)$ —— 中的元素的同态映射 $\varphi: G \to \mathrm{GL}(V)$. 另一种等价的说法是一个变换映射 $\varphi: G \times V \to V$, 它把 (g, x) 映射到 $\varphi(g)(x)$, 通常简写为 $g \cdot x$ (一个变换映射满足下列特征性质: $e \cdot x = x, e$ 是 G 的单位元; $g_1 \cdot (g_2 \cdot x) = (g_1 g_2) \cdot x$). 从方法论的观点来看, 我们可以把这样的一个线性表示 φ, 想象成是用 $\mathrm{GL}(V)$ 作为 "底片", 给抽象群 G 拍了一张侦察照片. Frobenius-Schur 学派研究群论的基本方法就是通过一个群 G 的各种可能的线性表示来探讨 G 本身的结构. 我们将在第一章中介绍紧致群的线性表示论.

    (B) 李群结构的线性化: 李群就是可微分的群. 微分的基本想法就是在无穷小的层面上的线性化. 因此可以自然地想到李群的结构应该具有它的线性化所得的一种 "无穷小群" 的结构. 这也就是 Sophus Lie 在可微分的群的结构理论上的重大成就. 我们将把这种线性的 "无穷小群" 的结构叫做李代数, 把可微分的群改称为李群. 在第二章中, 我们就要详细说明如何去实现李群结构的线性化和李代数在李群结构论上的基本重要性.

    (C) 伴随变换的几何: 由一个群 G 的内在结构, 可以得出 G 作用在它本身上的变换映射. 即:

$$\widetilde{\mathrm{Ad}}: G \times G \to G, \quad (g, x) \mapsto gxg^{-1},$$

称之为 G 的伴随变换, 它把 $g \in G$ 表示成 G 的一个自同构 $x \mapsto gxg^{-1}$ (因为这种自同构是用 G 的内在结构直接构造的, 所以叫做内自同构). 从群的结构论来看, G 的伴随变换群就是 G 的不可交换性的几何形态, 而一个群的不可交换性则是群的结构中的重点. 我们将在第三章中研讨连通紧致李群的伴随变换群的轨几何 (orbital geometry), 它是紧致李群的结构和分类理论的枢纽.

在第四章中, 我们将综合上述三种方法, 得出紧致李群的结构和分类理论. 它是李群论的精要, 也是在几何、分析领域中具有广泛应用的基础理论. 从这里出发, 再进而得出复半单李群或实半单李群的理论可以说是相当直截了当的推广了. 在第五章中, 我们将用代数的观点, 讨论复半单李代数的结构与分类. 而第六章则涉及实半单李代数的理论, 特别是它与对称空间理论的联系. 这将有利于读者进一步理解李群论, 并使读者在李群理论的应用上得到某种启发.

作 者

符号说明

A_l	典型李代数
ad	李代数的伴随表示
$\mathrm{ad}(\mathfrak{g})$	$\mathfrak{g}$ 的内导子代数
Ad	李群的伴随表示
$\widetilde{\mathrm{Ad}}$	群的伴随变换
$\mathrm{Aut}(\mathfrak{g})$	$\mathfrak{g}$ 的自同构群
B_l	典型李代数
$B(X,Y)$	李代数的 Killing 型
C_l	典型李代数
$C(\mathfrak{g})$ 或 $Z(\mathfrak{g})$	$\mathfrak{g}$ 的中心
$\mathrm{cl}\,(G)$	G 的共轭类个数
γ_X	由 X 决定的测地线
D_l	典型李代数
$\mathrm{D}(\mathfrak{g})$	$\mathfrak{g}$ 的导代数
$\mathrm{D}^{(k)}(\mathfrak{g})$	$\mathrm{D}^{(k-1)}(\mathfrak{g})$ 的导代数
dim	维数
$\partial(\mathfrak{g})$	$\mathfrak{g}$ 的导子代数
Δ	根系
Δ^+	正根系
Δ^-	负根系

Exp	指数映射
E_6, E_7, E_8	例外李代数
F_4	例外李代数
G_2	例外李代数
GL $(n, \mathbf{C})$	复 n 阶可逆矩阵群 (全线性群)
GL $(n, \mathbf{R})$	实 n 阶可逆矩阵群 (全线性群)
GL (V)	线性空间 V 的全线性群
$\mathfrak{gl}(n, \mathbf{C})$	GL $(n, \mathbf{C})$ 的李代数
$\mathfrak{gl}(n, \mathbf{R})$	GL $(n, \mathbf{R})$ 的李代数
$\mathfrak{gl}(V)$	GL (V) 的李代数
$\mathfrak{g}_\alpha$	属于 α 的根子空间
$\mathfrak{g}_\mathbf{C}, \mathfrak{g} \otimes \mathbf{C}$	$\mathfrak{g}$ 的复化
$G/\widetilde{\mathrm{Ad}}$	G 的共轭类构成的集合
Int $(\mathfrak{g})$	$\mathfrak{g}$ 的内自同构群
ker	核
l_a	左平移
$L_2(G)$	G 上平方可积函数空间
$N(T, G)$	T 在 G 中的正规化子
$O(n, \mathbf{C})$	复 n 阶正交矩阵群
$O(n, \mathbf{R})$	实 n 阶正交矩阵群
$O(V)$	V 的正交群
ord (G)	G 的阶
Π	素根系
$r(G) = \mathrm{rank}\,(G)$	G 的秩
r_a	右平移
SL $(n, \mathbf{C})$	复 n 阶特殊线性群
SL $(n, \mathbf{R})$	实 n 阶特殊线性群
SL (V)	V 的特殊线性群
$\mathfrak{sl}(n, \mathbf{C})$	SL $(n, \mathbf{C})$ 的李代数
$\mathfrak{sl}(n, \mathbf{R})$	SL $(n, \mathbf{R})$ 的李代数
$\mathfrak{sl}(V)$	SL (V) 的李代数
SO $(n, \mathbf{C})$	复 n 阶特殊正交群
SO $(n, \mathbf{R})$	实 n 阶特殊正交群
SO (V)	V 上特殊正交群
$\mathfrak{so}(n, \mathbf{C})$	SO $(n, \mathbf{C})$ 的李代数

$\mathfrak{so}(n, \mathbf{R})$	$SO(n, \mathbf{R})$ 的李代数
$\mathfrak{so}(V)$	$SO(V)$ 的李代数
$Sp(V)$	V 上的辛群
$Sp(n, \mathbf{C})$	复 n 阶辛群
$\mathfrak{sp}(V)$	$Sp(V)$ 的李代数
$\mathfrak{sp}(n, \mathbf{C})$	$Sp(n, \mathbf{C})$ 的李代数
$SU(n)$	n 阶特殊酉群
$\mathfrak{su}(n)$	$SU(n)$ 的李代数
S^1	幺模复数群
S^3	幺模四元数群
S_O	关于 O 点的中心对称
Tr	迹
$U(n)$	n 阶酉群
V^*	线性空间 V 的对偶空间
$V_1 \oplus V_2$	线性空间 V_1 与 V_2 的直和
φ^*	线性表示 φ 的对偶表示
$\varphi_1 \oplus \varphi_2$	线性表示 φ_1 与 φ_2 的直和
$\varphi_1 \otimes \varphi_2$	线性表示 φ_1 与 φ_2 的张量积
$\varphi_1 \widehat{\otimes} \varphi_2$	线性表示 φ_1 与 φ_2 的外张量积
χ_φ	线性表示 φ 的特征函数
∇_X	协变微分
$//_\gamma$	沿 γ 的平行移动

目录

第一章 不变积分与紧致群表示论

§1 紧致群与不变积分

让我们先来举几个紧致 (拓扑) 群的常见实例:

1) *有限群*: 任给一个有限元的群, 对于离散拓扑来说, 构成一个紧致群.

2) *幺模复数群*: 所有的幺模复数 $\{e^{i\theta}; 0 \leqslant \theta \leqslant 2\pi\}$, 在乘法运算下成一紧致群. 它是连通的、可交换的. 因为它也是复平面上的单位圆, 所以将以符号 S^1 表示.

3) *幺模四元数群*: 四元数体是由所有能表示成

$$a + bi + cj + dk \quad (a, b, c, d \in \mathbf{R})$$

的实四维向量, 并赋以

$$i^2 = j^2 = k^2 = -1, \quad ij = -ji = k, \quad jk = -kj = i, \quad ki = -ik = j$$

的双线性乘法所成的不可交换的体. 其中的幺模向量全体在上述乘法下成一个紧致群. 它是连通的、不可交换的. 它在几何上可视为 $\mathbf{R}^4$ 中的三维单位球面, 以 S^3 表示.

4) *n 维欧氏空间的正交变换群*: 设 $\mathbf{R}^n$ 是一个 n 维欧氏空间, 则其上的所有正交 (亦即保长) 变换构成一个紧致群, 叫做 n 阶正交群, 以符号 $O(n)$ 表示.

5) *n 维酉空间的酉变换群*: 设 $\mathbf{C}^n$ 是一个 n 维酉空间, 则其上所有的酉变换 (即: 使 $(gx, gy) = (x, y)$ 对任何 $x, y \in \mathbf{C}^n$ 恒成立的变换) 构成一个紧致群, 叫做 n 阶酉群, 以符号 $U(n)$ 表示. 不难看出 $U(1) = S^1$.

现在给出拓扑群和紧致群的定义.

定义　设 G 是一个非空集合, 称 G 为**拓扑群**, 假如:

1) G 为一个群;

2) G 为拓扑空间;

3) G 中所具有的群的运算:

$$(a, b) \mapsto a \cdot b; a \to a^{-1} (a, b \in G)$$

在拓扑空间中是连续的.

若在 2) 中加上紧致性要求, G 称为**紧致拓扑群**, 简称为**紧致群**.

对于一个拓扑群 G 上给定的连续函数 $f(x)$, 我们可以结合群上的右平移 $\rho_a : G \to G, \rho_a(x) = x \cdot a$, 而得出一个新的函数

$$f_a(x) = f(x \cdot a).$$

紧致群的一个重要特征是对于其上的连续函数 f, 有一个自然的求平均值运算, 它是一个满足下列条件的映射 $I : C(G) \to \mathbf{C}$ (或 $\mathbf{R}$), 其中 $C(G)$ 表示 G 上所有连续函数全体组成的集合, 即

1) 不变性: $I(f_a) = I(f), f \in C(G), a \in G$;

2) 线性: $I(\lambda f + \mu g) = \lambda I(f) + \mu I(g), f, g \in C(G), \lambda, \mu \in \mathbf{C}$ (或 $\mathbf{R}$);

3) 若 f 在 G 中处处非负, 则 $I(f) \geqslant 0$, 再加上 f 不恒等于零的条件, 则 $I(f) > 0$;

4) 若 $f \equiv c$ (常数), 则 $I(f) = c$.

例 1　设 G 是一个有限群, 则显然可以定义

$$I(f) = \frac{1}{|G|} \sum_{g \in G} f(g) \quad (|G| = G \text{ 的元素个数})$$

是 f 的平均值, 它满足 1) — 4).

例 2　设 $G = S^1$, 则可以用积分来定义平均值如下:

$$I(f) = \frac{1}{2\pi} \int_0^{2\pi} f(e^{i\theta}) d\theta, \tag{1}$$

不难验证它也是满足 1) — 4) 的.

例 3　设 $G = S^3$. 把它几何地想成 $\mathbf{R}^4$ 中的单位球面, 则可用 $S^3(1)$ 上的体积元素 $d\sigma$ 来定义平均值如下:

$$I(f) = \frac{1}{2\pi^2} \int_{S^3(1)} f(x) d\sigma, \tag{2}$$

其中 $2\pi^2$ 是 $S^3(1)$ 的体积. 不难看出它也自然满足上述四条.

在附录一中, 我们将给出紧致群上具有性质 1) — 4) 的平均运算的存在性和唯一性定理的证明.

定理 1 设 G 为一个紧致群, $C(G)$ 为其上的所有复值 (或实值) 连续函数的集合, 则满足性质 1) — 4) 的平均运算 $I : C(G) \to \mathbf{C}$ (或 $\mathbf{R}$) 唯一存在, 称为 G 上的 (正规) **不变积分**, 并用符号

$$\int_G f(g)\mathrm{d}g$$

表示 $I(f)$.

下面我们就要运用 "平均法" 来系统地研讨紧致群的线性表示论.

§2 紧致群的线性表示论

在本节中, 我们将以符号 G 表示一个任给的紧致群, 而不再另加说明. 设 V 是一个复或实的向量空间, $\mathrm{GL}(V)$ 是由 V 上的所有可逆线性变换所组成的群, 叫做 V 的**全线性群**. V 上线性变换全体组成的向量空间 $\mathscr{L}(V,V)$ 自然与 $\mathbf{C}^{n^2}$ (或 $\mathbf{R}^{n^2}$) 同构, 在 $\mathscr{L}(V,V)$ 中引入 $\mathbf{C}^{n^2}$ (或 $\mathbf{R}^{n^2}$) 的拓扑结构, 于是 $\mathrm{GL}(V)$ 是 $\mathscr{L}(V,V)$ 中的开集. 不难看出 $\mathrm{GL}(V)$ 是一个拓扑群.

定义 若映射 $\varphi : G \to \mathrm{GL}(V)$ 是拓扑群的同态映射 (即: 作为群的映射是同态, 作为拓扑空间的映射是连续映射), 称 φ 为 G 的一个**线性表示**, 简称为**表示**. 通常也用符号 (G,V) 来表示.

本节中我们将以不变积分所提供的平均法为主要手段来研讨 G 的线性表示.

定理 2 设 (G,V) 是一个复 (实) 表示, 则 V 上必存在一个 G-不变的酉积 (内积). 即:

$$(gx, gy) = (x, y), \quad 对任何 \ g \in G, x, y \in V$$

恒成立.

证 设 $\langle x, y \rangle$ 是 V 上的一个任选的酉积 (内积), 令

$$(x, y) = \int_G \langle gx, gy \rangle \mathrm{d}g, \tag{3}$$

则对任给的 $a \in G$, 均有

$$(ax, ay) = \int_G \langle gax, gay \rangle \mathrm{d}g \quad (由不变性)$$

$$= \int_G \langle gx, gy \rangle \mathrm{d}g = (x, y),$$

所以 (x, y) 是 G-不变的酉积 (内积).   □

  推论 设 $G \subset \mathrm{GL}(n, \mathbf{C})$ (n 维复向量空间上的全线性群, 或视所有 n 阶可逆复矩阵组成的矩阵群) 是一个紧致子群, 则必存在一个适当的 $A \in \mathrm{GL}(n, \mathbf{C})$, 使得

$$AGA^{-1} \subset U(n).$$

因此 $U(n)$ 是 $\mathrm{GL}(n, \mathbf{C})$ 的一个极大紧致子群, 而 $\mathrm{GL}(n, \mathbf{C})$ 的任何极大紧致子群都和 $U(n)$ 共轭.

  证 设 $\{e_1, \cdots, e_n\}$ 是 $\mathbf{C}^n$ 在原给酉积 $\langle \, , \, \rangle$ 下的标准正交基, $\{\boldsymbol{\alpha}_1, \cdots, \boldsymbol{\alpha}_n\}$ 是在上述 G-不变酉积 $(\, , \,)$ 下的一组标准正交基. A 是将 $\boldsymbol{\alpha}_i$ 映到 $e_i (i = 1, \cdots, n)$ 的那个在 $\mathrm{GL}(n, \mathbf{C})$ 中的元素, 即得所欲证.   □

  定义 (G, V) 和 (G, W) 之间若存在一个和 G 的作用可交换的线性同构 $A : V \to W$, 即: $A(gx) = gA(x)$, 则称 (G, V) 和 (G, W) **等价** (或 G-**同构**), 记为 $(G, V) \cong (G, W)$.

  同样, $\varphi : G \to \mathrm{GL}(V)$ 和 $\psi : G \to \mathrm{GL}(W)$ 是等价的充要条件是: 存在同构 $A : V \to W$, 使得 $\sigma_A \circ \varphi = \psi$, 其中 $\sigma_A : \mathrm{GL}(V) \to \mathrm{GL}(W)$ 的定义是

$$\sigma_A(B) = ABA^{-1}, \quad B \in \mathrm{GL}(V).$$

  定义 对于 (G, V), 若有一个子空间 $U \subset V$ 在 G 的作用下不变, 即:

$$G \cdot U = \{g \cdot x; g \in G, x \in U\} \subset U,$$

则称 U 为 G-**不变子空间**.

  显然有, $\{0\}$ 和 V 本身是 G-不变的. 今后在不致发生混淆的情况下, G-不变子空间简称为不变子空间.

  定义 若 $\{0\}$ 和 V 是 (G, V) 仅有的不变子空间, 则称 (G, V) 为**不可约表示**. 否则称**可约表示**.

  下面我们建立线性表示的几种常用的运算:

  1) 和: 设 (G, V_i) $(i = 1, 2)$ 是 G 的两个线性表示, 我们可以在 $V_1 \oplus V_2$ 上赋以 G 的作用如下:

$$g(x, y) = (gx, gy), \quad x \in V_1, y \in V_2,$$

这个新的表示叫做原来两个表示之和, 记为 $(G, V_1) \oplus (G, V_2)$. 若用 $\varphi_i : G \to \mathrm{GL}(V_i)$ 来记线性表示, 则它们的和记为

$$\varphi_1 \oplus \varphi_2 : G \to \mathrm{GL}(V_1 \oplus V_2).$$

2) 对偶: 设 (G, V) 是一个线性表示, V^* 表示 V 的对偶空间 (即: V 上所有的线性函数组成的向量空间), 在 V^* 上可如下规定 G 的作用 gf, 使得

$$\langle g \cdot f, x \rangle = \langle f, g^{-1}x \rangle,$$

其中 $f \in V^*, x \in V, g \in G, \langle f, x \rangle = f(x)$. 容易验证: 上述规定构成 G 到 V^* 上的一个线性表示, 称为对偶表示, 记为 (G, V^*). 若用 $\varphi : G \to \mathrm{GL}(V)$ 记表示, 则 φ 的对偶表示记为 $\varphi^* : G \to \mathrm{GL}(V^*)$.

3) 张量积: 把 2) 中的规定推广到多线性函数, 设 $\mathscr{L}(V_1, V_2; \mathbf{C}$ (或 $\mathbf{R}$)) 是 V_1, V_2 上所有双线性函数构成的向量空间, $\varphi_i : G \to \mathrm{GL}(V_i)$ $(i = 1, 2)$ 是 G 在 V_1 及 V_2 上的表示. 规定 $(\varphi_1, \varphi_2)^* : G \to \mathrm{GL}(\mathscr{L}(V_1, V_2; \mathbf{C}$ (或 $\mathbf{R}$))) 如下:

$$(g \cdot f)(x_1, x_2) = f(g^{-1}x_1, g^{-1}x_2), \quad f \in \mathscr{L}(V_1, V_2; \mathbf{C} \text{ (或 } \mathbf{R}\text{))}.$$

在向量空间的张量积中, 我们用张量积把多线性函数归于单线性函数的讨论. 我们有

$$\mathscr{L}(V_1, V_2; \mathbf{C}) \cong \mathscr{L}(V_1 \otimes V_2; \mathbf{C}) = (V_1 \otimes V_2)^*.$$

再由对偶关系

$$(\mathscr{L}(V_1, V_2; \mathbf{C}))^* \cong V_1 \otimes V_2.$$

利用这些关系式, 我们规定 φ_1, φ_2 的张量积 $\varphi_1 \otimes \varphi_2$ 为

$$\varphi_1 \otimes \varphi_2 = ((\varphi_1, \varphi_2)^*)^*.$$

容易验证:

$$g(v \otimes w) = g \cdot v \otimes g \cdot w, \quad v \in V_1, w \in V_2.$$

4) 设 $\varphi_i : G \to \mathrm{GL}(V_i)$ $(i = 1, 2)$ 分别是 G 到 V_i 上的线性表示. $\mathscr{L}(V_1, V_2)$ 是由所有的 V_1 到 V_2 上的线性变换构成的向量空间. 现在在 $\mathscr{L}(V_1, V_2)$ 上赋以 G 的作用如下:

$$g \cdot A = \varphi_2(g) A \varphi_1(g)^{-1}, \quad A \in \mathscr{L}(V_1, V_2),$$

亦即下图

$$
\begin{array}{ccc}
V_1 & \xrightarrow{\ A\ } & V_2 \\
{\scriptstyle \varphi_1(g)} \downarrow & & \downarrow {\scriptstyle \varphi_2(g)} \\
V_1 & \xrightarrow{\ g \cdot A\ } & V_2
\end{array}
$$

是可交换的. 也可写为

$$(g \cdot A)(x) = g \cdot A g^{-1}(x), \quad x \in V_1.$$

由于 $\mathscr{L}(V_1, V_2) \cong V_1 \otimes V_2^*$, 可以证明上述表示等价于 $\varphi_1 \otimes \varphi_2^*$. 请读者作为练习自行证明.

利用上述诸运算, 我们可以由简单的表示来构造较为复杂的表示, 又可把较为复杂的表示进行分解. 此外, 表示的和与张量积均可推广到多个的情况. 利用张量积的概念. 对一个给定的表示 $\varphi: G \to \mathrm{GL}(V)$, 可定义张量幂

$$\varphi \otimes \varphi: G \to \mathrm{GL}(V \otimes V).$$

更一般地, $\varphi^n: G \to \mathrm{GL}\left(\bigotimes_n V\right)$, 以及对称幂 $S^n\varphi: G \to \mathrm{GL}(S^nV)$ 和反称幂 $\Lambda^n\varphi: G \to \mathrm{GL}(\Lambda^nV)$. 由于篇幅关系, 在此不详述了.

定义   若

$$(G, V) \cong (G, V_1) \oplus \cdots \oplus (G, V_k),$$

其中右边的每个 $(G, V_i)(i = 1, \cdots, k)$ 都是不可约的, 则称 (G, V) 是**完全可约的**.

注意   这种定义产生了一种自咬舌头的说法: 一个不可约的表示是完全可约的.

由此定义和定理 2 还有如下重要结论:

推论   任何紧致群的表示 (G, V) 都是完全可约的.

证   设 V_1 是 V 的非平凡的不变子空间, 由定理 2, V 上存在 G-不变内积, 因此 V_1 关于这个内积的正交补 $V_1^\perp$ 也是不变的, 从而

$$(G, V) \cong (G, V_1) \oplus (G, V_1^\perp).$$

若 (G, V_1) 或 $(G, V_1^\perp)$ 仍有非平凡不变子空间. 可继续分解下去, 直至不可分解为止. 这就完成了所求的分解.   □

上述事实表明: 对紧致群的线性表示的探讨, 基本上都不难归于不可约线性表示来研究. 而下述引理则是研讨不可约线性表示的基本工具.

Schur 引理   设 $\varphi: G \to \mathrm{GL}(V)$ 和 $\psi: G \to \mathrm{GL}(W)$ 是两个不可约表示, 而 $A \in \mathscr{L}(V, W)$. 记

$$A \cdot \varphi(G) = \{A \cdot \varphi(g); g \in G\},$$
$$\psi(G) \cdot A = \{\psi(g) \cdot A; g \in G\}.$$

若

$$A \cdot \varphi(G) = \psi(G) \cdot A,$$

则必有 $A = 0$ 或 A 是可逆的.

证 由上述假设不难看出 $\ker A$ 和 $\operatorname{Im} A$ 分别是 V 和 W 中的 G-不变子空间. 再由 φ 和 ψ 的不可约性即得: $\ker A$ 和 $\operatorname{Im} A$ 只有下列两种可能:

$$\ker A = V \text{ 且 } \operatorname{Im} A = \{0\}, \text{ 即} : A = 0,$$

或者

$$\ker A = \{0\} \text{ 且 } \operatorname{Im} A = W, \text{ 即} : A \text{ 是可逆的.} \qquad \square$$

当 $\varphi = \psi$ 而且是复不可约表示时, 还有下述特殊形式:

Schur 引理的特殊形式 设 $\varphi : G \to \mathrm{GL}(V)$ 为一个复不可约表示, 而且 $A \in \mathscr{L}(V, V)$ 满足

$$\varphi(g) \cdot A = A \cdot \varphi(g), \quad g \in G,$$

则必存在一个适当复数 $\lambda_0 \in \mathbf{C}$, 使得 $A = \lambda_0 I$.

证 显然 $\varphi(g)(A - \lambda I) = (A - \lambda I) \cdot \varphi(g)$ 对于所有的 $g \in G$ 也成立. 再者, 在复数域中必存在一个 λ_0, 使得 $(A - \lambda_0 I)$ 是不可逆的, 所以由上述引理, 即得 $A - \lambda_0 I = 0$, 亦即 $A = \lambda_0 I$. $\qquad \square$

将上述引理和不变积分相结合, 就马上可以推导出下述定理 3.

定理 3 设 $\varphi : G \to \mathrm{GL}(V)$ 和 $\psi : G \to \mathrm{GL}(W)$ 是两个不等价的复不可约表示. 在 V, W 上各取一个 G-不变酉积, 而且各取一组标准正交基, 则可用酉矩阵表达 $\varphi(g)$ 和 $\psi(g)$, 即

$$\varphi(g) = (\varphi_{ij}(g)), \quad \psi(g) = (\psi_{kl}(g)).$$

它们之间具有下述正交关系, 即:

$$\int_G \psi_{kl}(g) \cdot \overline{\varphi_{ij}(g)} \mathrm{d}g = 0, \tag{4}$$

$$\int_G \varphi_{kl}(g) \cdot \overline{\varphi_{ij}(g)} \mathrm{d}g = \frac{1}{\dim \varphi} \delta_{ki} \delta_{lj}, \tag{5}$$

其中 $\dim \varphi$ 是不可约表示 φ 的表示空间的维数.

证 结合 G 在 V 和 W 上的作用, 在前面我们已经定义了 G 在 $\mathscr{L}(V, W)$ 上的诱导作用, 即

$$g \cdot A = \psi(g) A \varphi(g)^{-1}, \quad A \in \mathscr{L}(V, W).$$

再运用不变积分, 求轨道 $G \cdot A = \{g \cdot A; g \in G\}$ 的平均值 (亦即其重心), 得到

$$\overline{A} = \int_G g \cdot A \mathrm{d}g.$$

不难看出, $\overline{A}$ 肯定是一个在 G 的作用下不变的元素. 事实上,

$$a \cdot \overline{A} = \int_G (ag) \cdot A\mathrm{d}g = \int_G g \cdot A\mathrm{d}g = \overline{A} \tag{6}$$

(这里我们使用了不变积分的左不变性, 请参看附录一).

(6) 式表明, $\psi(a)\overline{A}\varphi(a)^{-1} = \overline{A}$ 或 $\psi(a)\overline{A} = \overline{A}\varphi(a)$, 再用 Schur 引理便得出 $\overline{A} = 0$ (因为 $\overline{A}$ 若可逆, 则 φ 和 ψ 就是等价的了!), 而 A 是 $\mathscr{L}(V, W)$ 中的任意元素. 现在我们取 $A = E_{ki}$, 即 $\mathscr{L}(V, W)$ 中把 V 中第 i 个基向量映射到 W 中第 k 个基向量, 而其他均映为零的那个线性映射, 则

$$\overline{E}_{ki} = \int_G (\psi_{kl}(g)) E_{ki} (\varphi_{ij}(g))^{-1} \mathrm{d}g = 0. \tag{7}$$

把 (7) 式用矩阵算法直接写出, 就得到 (4):

$$\int_G \psi_{kl}(g) \cdot \overline{\varphi_{ij}(g)} \mathrm{d}g = 0.$$

再者, 若取 $B \in \mathscr{L}(V, V)$, 则类似可得

$$\overline{B} = \int_G g \cdot B\mathrm{d}g = \int_G \varphi(g) B \varphi(g)^{-1} \mathrm{d}g = \lambda(B) \cdot I, \tag{8}$$

其中 $\lambda(B)$ 是一个由 B 所确定的复数. 另一方面, 又有

$$\begin{aligned}
\mathrm{Tr}\,(\overline{B}) &= \mathrm{Tr} \int_G \varphi(g) B \varphi(g)^{-1} \mathrm{d}g \\
&= \int_G \mathrm{Tr}\,(\varphi(g) B \varphi(g)^{-1}) \mathrm{d}g \\
&= \int_G \mathrm{Tr}\, B \mathrm{d}g = \mathrm{Tr}\, B,
\end{aligned} \tag{9}$$

也就是说, $\mathrm{Tr}\, B = \mathrm{Tr}\, \overline{B} = \dim \varphi \cdot \lambda(B)$, 所以

$$\lambda(B) = \frac{1}{\dim \varphi} \cdot \mathrm{Tr}\, B.$$

同样地, 取 $B = E_{ij}$, 代入 (8) 式, 即得

$$\overline{E}_{ij} = \int_G \varphi(g) E_{ij} \varphi(g)^{-1} \mathrm{d}g = \delta_{ij} \cdot \frac{1}{\dim \varphi} \cdot I. \tag{8'}$$

用矩阵算法直接写出, 就得 (5):

$$\int_G \varphi_{kl}(g) \cdot \overline{\varphi_{ij}(g)} \mathrm{d}g = \frac{1}{\dim \varphi} \delta_{ik} \delta_{jl}. \qquad\qquad \square$$

定义 对于给定的复 (实) 表示 $\varphi: G \to \mathrm{GL}(V)$, 令

$$\chi_\varphi(g) = \mathrm{Tr}\,\varphi(g), \quad g \in G, \tag{10}$$

称 χ_φ 为表示 φ 的**特征函数**.

不难看出, $\varphi \cong \psi \implies \chi_\varphi = \chi_\psi$.

特征函数有以下简单性质:

$$\chi_{\varphi \oplus \psi} = \chi_\varphi + \chi_\psi,$$

$$\chi_{\varphi \otimes \psi} = \chi_\varphi \cdot \chi_\psi.$$

请读者作为练习自行证明.

推论 φ, ψ 是 G 的两个不等价的复不可约表示, 则

$$\int_G \chi_\varphi(g) \cdot \overline{\chi_\psi(g)} \mathrm{d}g = 0, \tag{11}$$

$$\int_G \chi_\varphi(g) \cdot \overline{\chi_\varphi(g)} \mathrm{d}g = 1. \tag{12}$$

证

$$\int_G \chi_\varphi(g) \cdot \overline{\chi_\psi(g)} \mathrm{d}g = \int_G \left(\sum_{i=1}^n \varphi_{ii}(g) \right) \cdot \left(\sum_{k=1}^m \overline{\psi_{kk}(g)} \right) \mathrm{d}g$$

$$= \sum_{i=1}^n \sum_{k=1}^m \int_G \varphi_{ii}(g) \cdot \overline{\psi_{kk}(g)} \mathrm{d}g = 0,$$

而

$$\int_G \chi_\varphi(g) \cdot \overline{\chi_\varphi(g)} \mathrm{d}g = \int_G \left(\sum_{i=1}^n \varphi_{ii}(g) \right) \cdot \left(\sum_{j=1}^n \overline{\varphi_{jj}(g)} \right) \mathrm{d}g$$

$$= \sum_{i,j=1}^n \int_G \varphi_{ii}(g) \cdot \overline{\varphi_{jj}(g)} \mathrm{d}g = \sum_{i,j=1}^n \frac{\delta_{ij}}{n} = 1. \qquad \square$$

设 ρ 是 G 的一个任意的复表示. 因为紧致群的任何表示都是完全可约的, 所以我们可以把 ρ 表示为不可约表示的和, 叫做 ρ 的**完全分解**:

$$\rho = \bigoplus \varphi_i,$$

其中 φ_i 是不可约的. 通常我们把等价的不可约表示写在一起, 即改写为

$$\rho = \bigoplus m_i \varphi_i,$$

其中 φ_i 是相异的不可约表示, m_i 是 ρ 的完全分解中含有的与 φ_i 等价的不可约表示的重数. 或者, 我们还可以引进符号 $m(\rho,\varphi)$ 表示在 ρ 的完全分解中含有与不可约表示 φ 等价者的重数. 则

$$\rho = \bigoplus_\varphi m(\rho,\varphi)\varphi,$$

其中 φ 遍历 G 的所有互不等价的复不可约表示. 当然, 在上式中, 只有有限个 $m(\rho,\varphi)$ 不等于零.

显然有: $\rho_1 \cong \rho_2$ 的充要条件是对于 G 的任何复不可约表示 $\varphi, m(\rho_1,\varphi) = m(\rho_2,\varphi)$ 恒成立.

定理 4

1) $m(\rho,\varphi) = \int_G \chi_\rho(g) \cdot \overline{\chi_\varphi(g)}\mathrm{d}g.$

2) $\rho_1 \cong \rho_2$ 的充要条件是 $\chi_{\rho_1} = \chi_{\rho_2}$. 也就是说

$$\chi_{\rho_1}(g) = \chi_{\rho_2}(g)$$

对所有的 $g \in G$ 恒成立.

3) ρ 是不可约的充要条件是

$$\int_G |\chi_\rho(g)|^2 \mathrm{d}g = 1. \tag{13}$$

证　显然有

$$\chi_\rho(g) = \sum_\varphi m(\rho,\varphi)\chi_\varphi(g). \tag{14}$$

设 φ_0 是 G 的一个任意给定的复不可约表示, 则

$$\int_G \chi_\rho(g) \cdot \overline{\chi_{\varphi_0}(g)}\mathrm{d}g = \sum_\varphi m(\rho,\varphi) \int_G \chi_\varphi(g)\overline{\chi_{\varphi_0}(g)}\mathrm{d}g. \tag{15}$$

由 (11) 式可知, 上述和式中的诸积分中, 只有当 $\varphi = \varphi_0$ 时为 1, 其他各项均为零. 所以有

$$\int_G \chi_\rho(g) \cdot \overline{\chi_{\varphi_0}(g)}\mathrm{d}g = m(\rho,\varphi_0). \tag{15'}$$

但是 φ_0 是 G 的任给的复不可约表示, 所以就可断言

$$\rho_1 \cong \rho_2 \Longleftrightarrow \chi_{\rho_1}(g) = \chi_{\rho_2}(g), \quad g \in G.$$

再者, 不难由 (11) 式算出

$$\int_G \chi_\rho(g) \cdot \overline{\chi_\rho(g)}\mathrm{d}g = \sum_\varphi [m(\rho,\varphi)]^2, \tag{16}$$

因此 ρ 是复不可约的充要条件是

$$\int_G \chi_\rho(g) \cdot \overline{\chi_\rho(g)} \mathrm{d}g = \int_G |\chi_\rho(g)|^2 \mathrm{d}g = 1. \qquad \square$$

§3 $L_2(G)$ 空间

定义 紧致群 G 上的可积函数 f (即 $\int_G f(g)\mathrm{d}g$ 存在, 其中 $\mathrm{d}g$ 是由 G 上不变积分决定的测度), 若

$$\int_G |f|^2 \mathrm{d}g < +\infty,$$

则称 f 是**平方可积的**, 简称为 L_2-函数. 两个 L_2-函数 f_1 和 f_2 称为是**等价的**, 如果

$$\int_G |f_1 - f_2|^2 \mathrm{d}g = 0,$$

也就是说, f_1, f_2 的值在 G 上几乎处处相等.

由所有的 G 上的 L_2-函数的等价类所构成的向量空间, 以符号 $L_2(G)$ 表示. 我们还以下式定义其上的内积:

$$\langle f_1, f_2 \rangle = \int_G f_1(g)\overline{f_2(g)}\mathrm{d}g. \qquad (17)$$

不难验证上式的确定义了 $L_2(G)$ 上的一个酉积, 这样就赋以 $L_2(G)$ 一个自然的 Hilbert 空间的结构.

采用上述 $L_2(G)$ 的观点, §2 的结果就可以用酉空间的语言重述如下:

令 $\mathrm{IR}\,(G)$ 是由 G 的所有复不可约表示的等价类所组成的集合, 则

$$\{\varphi_{ij}(g); \varphi(g) = (\varphi_{ij}(g)), \varphi \in \mathrm{IR}\,(G)\}$$

是 $L_2(G)$ 中的一组正交向量, 而且

$$|\varphi_{ij}(g)|^2_{L_2} = \frac{1}{\dim \varphi}.$$

其实, 还可以进一步证明上面这一组向量业已构成 $L_2(G)$ 空间的一组基底, 这就是

定理 5 (Peter-Weyl) $\{\varphi_{ij}(g); \varphi(g) = (\varphi_{ij}(g)), \varphi \in \mathrm{IR}\,(G)\}$ 组成 Hilbert 空间 $L_2(G)$ 的一组基底.

其证明请参看邦德列雅金著《连续群》第五章 §33.

定义   一个在 G 上的每个共轭类上取等值的 L_2-函数, 叫做 G 上的**中心函数**. 若以 $G/\widetilde{\mathrm{Ad}}$ 表示由 G 的所有共轭类所构成的商空间, 并且赋以适当的测度 $\mathrm{d}\sigma$, 使得

$$\int_{G/\widetilde{\mathrm{Ad}}} f\mathrm{d}\sigma = \int_G (f \cdot \pi)\mathrm{d}g,$$

其中 $\pi : G \to G/\widetilde{\mathrm{Ad}}$ 是自然映射, $f : G/\widetilde{\mathrm{Ad}} \to \mathbf{C}$ (或 $\mathbf{R}$), 则 G 上的所有中心函数所构成的子空间和 $L_2(G/\widetilde{\mathrm{Ad}})$ 同构. 换句话说, 映射

$$\pi^* : L_2(G/\widetilde{\mathrm{Ad}}) \to L_2(G), \quad \pi^*f = f \circ \pi$$

是一个由 $L_2(G/\widetilde{\mathrm{Ad}})$ 到上述子空间的同构.

把定理 4 和定理 5 结合起来, 即得

定理 6 $\{\chi_\varphi; \varphi \in \mathrm{IR}\,(G)\}$ 组成 $L_2(G/\widetilde{\mathrm{Ad}})$ 的一组标准正交基.

定义   设 (G_1, V_1) 和 (G_2, V_2) 是两个给定的复 (实) 表示. 则存在唯一的一个复 (实) 表示 $(G_1 \times G_2, V_1 \otimes_{\mathbf{C}} V_2)$ (或 $(G_1 \times G_2, V_1 \otimes_{\mathbf{R}} V_2)$):

$$(g_1, g_2)x_1 \otimes x_2 = g_1x_1 \otimes g_2x_2, \quad g_i \in G_i, x_i \in V_i \ (i = 1, 2).$$

我们把它叫做 (G_1, V_1) 和 (G_2, V_2) 的**外张量积**, 以符号 $(G_1, V_1)\widehat{\otimes}(G_2, V_2)$ 表示. (请读者注意它与张量积的区别!). 同样地, 我们用 $\varphi_1\widehat{\otimes}\varphi_2$ 表示

$$\varphi_1 : G_1 \to \mathrm{GL}\,(V_1) \quad \text{和} \quad \varphi_2 : G_2 \to \mathrm{GL}\,(V_2)$$

的外张量积, $\varphi_1\widehat{\otimes}\varphi_2 : G_1 \times G_2 \to \mathrm{GL}\,(V_1 \otimes V_2)$.

定理 7 $\mathrm{IR}\,(G_1 \times G_2) = \{\varphi_1\widehat{\otimes}\varphi_2; \varphi_1 \in \mathrm{IR}\,(G_1), \varphi_2 \in \mathrm{IR}\,(G_2)\}$.

证   先证 $\chi_{\varphi_1\widehat{\otimes}\varphi_2}(g_1, g_2) = \chi_{\varphi_1}(g_1) \cdot \chi_{\varphi_2}(g_2)$ 对于任给的 $g_1 \in G$ 和 $g_2 \in G_2$ 恒成立.

我们可以在 V_i 上取定 G_i-不变的酉积, 对于任意给定的 $g_i \in G_i, \varphi_i(g_i)$ 是 V_i 上的酉变换 $(i = 1, 2)$, 所以分别存在对 V_1 和 V_2 中的正交基 $\{e_1, \cdots, e_n\}$ 和 $\{e'_1, \cdots, e'_m\}$, 它们分别都是 $\varphi_1(g_1)$ 和 $\varphi_2(g_2)$ 的特征向量, 即:

$$\begin{cases} \varphi_1(g_1)e_k = \lambda_k e_k, & 1 \leqslant k \leqslant n; \\ \varphi_2(g_2)e'_l = \mu_l e'_l, & 1 \leqslant l \leqslant m. \end{cases} \tag{18}$$

而 $\{e_k \otimes e'_l; 1 \leqslant k \leqslant n, 1 \leqslant l \leqslant m\}$ 显然构成 $V_1 \otimes V_2$ 中一组正交基, 而且由 $\varphi_1\widehat{\otimes}\varphi_2$ 的定义

$$\varphi_1\widehat{\otimes}\varphi_2(g_1, g_2)e_k \otimes e'_l = (\lambda_k\mu_l)e_k \otimes e'_l. \tag{19}$$

所以

$$\chi_{\varphi_1\widehat{\otimes}\varphi_2}(g_1, g_2) = \sum_{l=1}^{m}\sum_{k=1}^{n}\lambda_k\mu_l = \left(\sum_{k=1}^{n}\lambda_k\right)\left(\sum_{l=1}^{m}\mu_l\right) \tag{20}$$
$$= \chi_{\varphi_1}(g_1) \cdot \chi_{\varphi_2}(g_2).$$

由 (20) 式即得

$$\int_{G_1\times G_2} |\chi_{\varphi_1\widehat{\otimes}\varphi_2}(g_1, g_2)|^2 \mathrm{d}g_1\mathrm{d}g_2$$
$$= \int_{G_1\times G_2} |\chi_{\varphi_1}(g_1)|^2 \cdot |\chi_{\varphi_2}(g_2)|^2 \mathrm{d}g_1\mathrm{d}g_2$$
$$= \int_{G_1} |\chi_{\varphi_1}(g_1)|^2 \mathrm{d}g_1 \cdot \int_{G_2} |\chi_{\varphi_2}(g_2)|^2 \mathrm{d}g_2$$
$$= 1 \cdot 1 = 1. \tag{21}$$

这也就证明了 $\varphi_1\widehat{\otimes}\varphi_2$ ($\varphi_1 \in \mathrm{IR}(G_1), \varphi_2 \in \mathrm{IR}(G_2)$) 是 $G_1 \times G_2$ 的复不可约表示. 再者, 设 ψ_1, ψ_2 也分别是 $\mathrm{IR}(G_1)$ 和 $\mathrm{IR}(G_2)$ 中的元素, 则有

$$\langle\chi_{\varphi_1\otimes\varphi_2}, \chi_{\psi_1\otimes\psi_2}\rangle = \int_{G_1\times G_2} \chi_{\varphi_1\otimes\varphi_2} \cdot \overline{\chi_{\psi_1\otimes\psi_2}} \mathrm{d}g_1\mathrm{d}g_2$$
$$= \int_{G_1\times G_2} \chi_{\varphi_1}(g_1) \cdot \chi_{\varphi_2}(g_2) \cdot \overline{\chi_{\psi_1}(g_1)} \cdot \overline{\chi_{\psi_2}(g_2)} \mathrm{d}g_1\mathrm{d}g_2$$
$$= \int_{G_1} \chi_{\varphi_1}(g_1) \cdot \overline{\chi_{\psi_1}(g_1)} \mathrm{d}g_1 \cdot \int_{G_2} \chi_{\varphi_2}(g_2) \cdot \overline{\chi_{\psi_2}(g_2)} \mathrm{d}g_2$$
$$= \langle\chi_{\varphi_1}, \chi_{\psi_1}\rangle \cdot \langle\chi_{\varphi_2}, \chi_{\psi_2}\rangle, \tag{22}$$

所以 $\{\chi_{\varphi_1\otimes\varphi_2}; \varphi_1 \in \mathrm{IR}(G_1), \varphi_2 \in \mathrm{IR}(G_2)\}$ 构成了

$$L_2(G_1/\widetilde{\mathrm{Ad}} \times G_2/\widetilde{\mathrm{Ad}}) \cong L_2((G_1 \times G_2)/\widetilde{\mathrm{Ad}})$$

的一组正交基. 这也就证明了上述集合业已构成 $\mathrm{IR}(G_1\times G_2)$ 的全体, 亦即: $G_1 \times G_2$ 的任何复不可约表示都能表示为 $\varphi_1\widehat{\otimes}\varphi_2$ 形式. □

群的运算自然地给出了 $G \times G$ 在 G 本身上的左、右平移变换, 即下述变换:

$$G \times G \to G : (g_1, g_2)x = g_1 \cdot x \cdot g_2^{-1}.$$

这个变换诱导出下述 $G \times G$ 在 $L_2(G)$ 上的变换:

$$(G \times G) \times L_2(G) \to L_2(G) : [(g_1, g_2)f](x) = f(g_1^{-1}xg_2).$$

容易验证: 上述变换决定了 $G \times G$ 在 Hilbert 空间 $L_2(G)$ 上的一个线性表示. 不难证明: 对于任何 $\varphi \in \mathrm{IR}(G)$, 由 $(\dim\varphi)^2$ 个表示函数 $\{\varphi_{ij}(g)\}$ 所张成的子空间

是 $(G \times G)$-不变的, 而且在其上的作用等价于 $\varphi^* \widehat{\otimes} \varphi$, 其中 φ^* 是 φ 的对偶表示. 事实上, 设 φ 对于基 $e_1, \cdots, e_n$ 的表示函数为 $\varphi_{ij}(g)(1 \leqslant i, j \leqslant n)$, 按定义

$$[(g_1, g_2)\varphi_{ij}](g) = \varphi_{ij}(g_1^{-1}gg_2).$$

另一方面, 由 $\varphi(g_1^{-1}gg_2) = \varphi(g_1^{-1})\varphi(g)\varphi(g_2)$ 可知,

$$\begin{aligned} \varphi_{ij}(g_1^{-1}gg_2) &= \sum_{k,l} \varphi_{ik}(g_1^{-1})\varphi_{kl}(g)\varphi_{lj}(g_2) \\ &= \sum_{k,l} \varphi_{ik}(g_1^{-1})\varphi_{lj}(g_2)\varphi_{kl}(g). \end{aligned} \tag{23}$$

因此,

$$[(g_1, g_2)\varphi_{ij}](g) = \sum_{k,l} \varphi_{ik}(g_1^{-1})\varphi_{lj}(g_2)\varphi_{kl}(g). \tag{24}$$

(24) 式说明由 $\{\varphi_{ij}(g)\}$ 张成的子空间是 $G \times G$ 不变的. 为证明它与 $\varphi^* \widehat{\otimes} \varphi$ 等价, 可直接计算 $\varphi^* \widehat{\otimes} \varphi$. 由定义

$$\begin{aligned} \varphi^* \widehat{\otimes} \varphi(g_1, g_2)(e_i^* \otimes e_j) &= \varphi^*(g_1)e_i^* \otimes \varphi(g_2)e_j \\ &= \sum_k \varphi_{ik}(g_1^{-1})e_k^* \otimes \sum_l \varphi_{lj}(g_2)e_l \\ &= \sum_{k,l} \varphi_{ik}(g_1^{-1}) \cdot \varphi_{lj}(g_2)e_k^* \otimes e_l. \end{aligned} \tag{25}$$

由于 $\{\varphi_{ij}(g)\}$ 是此子空间的基, 而 $\{e_k^* \otimes e_l\}$ 是 $V^* \otimes V$ 的基, 比较 (24) 式与 (25) 式, 上述等价性是明显的.

总结本节的讨论, 即有

$$L_2(G) \cong \bigoplus_{\varphi \in \mathrm{IR}(G)} V(\varphi^*) \otimes_{\mathbf{C}} V(\varphi), \tag{26}$$

其中 G 在 $V(\varphi^*) \otimes_{\mathbf{C}} V(\varphi)$ 上的作用是 $\varphi^* \widehat{\otimes} \varphi$.

§4　一些基本的实例

现在让我们举几个实例, 来看一看前面理论的一些初步用法.

1. 可换群

设 G 为一个紧致可换群, φ 是 G 的一个复不可约表示. 则不难用 Schur 引理的特殊形式证明 $\dim \varphi = 1$.

事实上, 因为 G 是可换的, 我们可以取 $A = \varphi(g_0)$, 其中 g_0 是 G 中任意给定的元素. 则有

$$\varphi(g) \cdot \varphi(g_0) = \varphi(g \cdot g_0) = \varphi(g_0 \cdot g) = \varphi(g_0) \cdot \varphi(g)$$

对所有 $g \in G$ 恒成立. 所以由引理可知, 存在一个适当的 $\lambda(g_0)$, 使得

$$\varphi(g_0) = \lambda(g_0) \cdot I,$$

其中 I 是表示空间上的恒等变换. 换句话说,

$$\varphi(G) = \{\varphi(g_0); g_0 \in G\} \subset \{\lambda I; \lambda \in \mathbf{C}\}.$$

另一方面, 显然有: 表示空间 V 的任何子空间都是 $\{\lambda I; \lambda \in \mathbf{C}\}$ 的不变子空间, 当然也是它的一部分 —— $\{\varphi(g_0); g_0 \in G\} = \varphi(G)$ —— 的不变子空间. 但是 φ 假设为复不可约的, 所以 V 除了 $\{0\}$ 和本身之外, 不能再有其他的子空间了. 这种情形只有一种可能, 那就是 $\dim \varphi = \dim_{\mathbf{C}} V = 1$.

2. $G = S^1 = \{\mathrm{e}^{\mathrm{i}\theta}; 0 \leqslant \theta \leqslant 2\pi\}$

S^1 是一个紧致可换群, 由 1), 它的任何复不可约表示 φ 都是一维的, 即:

$$\varphi: S^1 \to U(1) = S^1.$$

令 $\varphi_n: S^1 \to S^1, \varphi_n(\mathrm{e}^{\mathrm{i}\theta}) = \mathrm{e}^{\mathrm{i}n\theta}$, 其中 n 是一个取定的整数. 容易看出, φ_n 是一个同态映射.

另一方面, 设 $\varphi: S^1 \to S^1$ 是任取的一个同态映射, 则不难证明: φ 必然与上述 φ_n 之一等价 (习题).

注　在分析学中, 我们熟知 $\{\mathrm{e}^{\mathrm{i}n\theta}; n \in \mathbf{Z}\}$ 构成了 $L_2(S^1)$ 的一组正交基. 这也就是 Peter-Weyl 定理在 $G = S^1$ 下的形式. 所以 Peter-Weyl 定理其实就是上述傅里叶级数的基本事实在紧致群范围中的深刻推广.

3. $G = S^3 = $ **幺模四元数集合**

我们先把四元数体表示成一个二维复空间, 即:

$$\boldsymbol{Q} = \{X = z_1 + \mathrm{j}z_2; z_1, z_2 \in \mathbf{C}\} \cong \mathbf{C}^2,$$

则 S^3 中的任一元素就可写成 $q = a + \mathrm{j}b$, 其中 $a, b \in \mathbf{C}, a\bar{a} + b\bar{b} = |q|^2 = 1$. 对于这样一个给定的 q, 就对应有一个 $\boldsymbol{Q} \cong \mathbf{C}^2$ 上的线性变换 $X \to qX$, 其矩阵为

$$\begin{pmatrix} a & -\bar{\boldsymbol{b}} \\ b & \bar{\boldsymbol{a}} \end{pmatrix}, \tag{27}$$

或者写为

$$\begin{pmatrix} a & -\overline{b} \\ b & \overline{a} \end{pmatrix} \begin{pmatrix} z_1 \\ z_2 \end{pmatrix} = \begin{pmatrix} az_1 - \overline{b}z_2 \\ bz_1 + \overline{a}z_2 \end{pmatrix}.$$

上述线性变换

$$\begin{cases} z_1 \mapsto az_1 - \overline{b}z_2, \\ z_2 \mapsto bz_1 + \overline{a}z_2 \end{cases}$$

就给出 S^3 在由 z_1, z_2 的 k 次齐次多项式所构成的线性空间上的一个线性表示, 其定义如下: 设 f 是 z_1, z_2 的 k 次齐次多项式, 规定

$$(q \cdot f)(z_1, z_2) = f(az_1 - \overline{b}z_2, bz_1 + \overline{a}z_2), \quad q = a + \mathrm{j}b, \tag{28}$$

我们将以 φ_k 记这个复表示, 它的维数是 $k + 1$.

定理 8　对于任给的 $k = 0, 1, 2, \cdots$, 上述 S^3 的复线性表示都是不可约的, 而且

$$\mathrm{IR}\,(S^3) = \{\varphi_k; k = 0, 1, 2, \cdots\}.$$

证　现在让我们把 Q 想成一个四维实向量空间. 这样, 对于 S^3 中的任一元素 q, 就得到 $\mathbf{R}^4$ 的一个变换: $X \to qXq^{-1}$, 它是 $\mathbf{R}^4$ 上保持实数轴不动的一个正交变换, 称为共轭变换或伴随变换. 所以 S^3 的伴随变换也可以看成一个以实数轴为不动点的 SO (3)-旋转. 因此, S^3 中包含 $\mathrm{e}^{\mathrm{i}\theta}$ 的那个共轭类就是一个由垂直于实轴的三维超平面截 S^3 所截出来的二维球面 S^2, 其半径为 $\sin\theta$, 其面积为 $4\pi \sin^2\theta$ (图 1.1). 令以 χ_k 表示 χ_{φ_k}. 因为 χ_k 在上述共轭类上取等值, 即:

$$\chi_k(g\mathrm{e}^{\mathrm{i}\theta}g^{-1}) = \chi_k(\mathrm{e}^{\mathrm{i}\theta}),$$

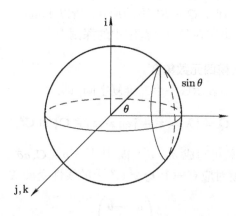

图 1.1

所以有

$$\int_G \chi_k \overline{\chi}_k \mathrm{d}g = \frac{1}{2\pi^2} \int_{S^3(1)} \chi_k \overline{\chi}_k \mathrm{d}\sigma \quad (\text{参看 §1 的 (2) 式})$$

$$= \frac{1}{2\pi^2} \int_0^\pi \chi_k(\mathrm{e}^{\mathrm{i}\theta}) \overline{\chi_k(\mathrm{e}^{\mathrm{i}\theta})} (4\pi \sin^2 \theta) \mathrm{d}\theta$$

$$= \frac{1}{2\pi} \int_0^\pi \chi_k(\mathrm{e}^{\mathrm{i}\theta}) \overline{\chi_k(\mathrm{e}^{\mathrm{i}\theta})} (\mathrm{e}^{\mathrm{i}\theta} - \mathrm{e}^{-\mathrm{i}\theta}) \overline{(\mathrm{e}^{\mathrm{i}\theta} - \mathrm{e}^{-\mathrm{i}\theta})} \mathrm{d}\theta$$

$$= \frac{1}{4\pi} \int_0^{2\pi} |\chi_k(\mathrm{e}^{\mathrm{i}\theta}) \cdot (\mathrm{e}^{\mathrm{i}\theta} - \mathrm{e}^{-\mathrm{i}\theta})|^2 \mathrm{d}\theta. \tag{29}$$

再者, 由 φ_k 的定义以及由 $\mathrm{e}^{\mathrm{i}\theta} \in S^3$ 所决定的线性变换是

$$z_1 \mapsto \mathrm{e}^{\mathrm{i}\theta} z_1, \quad z_2 \mapsto \mathrm{e}^{-\mathrm{i}\theta} z_2,$$

因此不难看出, 单项式 $z_1^k, z_1^{k-1} z_2, \cdots, z_1 z_2^{k-1}, z_2^k$ 都是 $\varphi_k(\mathrm{e}^{\mathrm{i}\theta})$ 的特征向量, 而且相应的特征值分别是 $\mathrm{e}^{\mathrm{i}k\theta}, \mathrm{e}^{\mathrm{i}(k-2)\theta}, \cdots, \mathrm{e}^{-\mathrm{i}(k-2)\theta}, \mathrm{e}^{-\mathrm{i}k\theta}$. 所以

$$\chi_k(\mathrm{e}^{\mathrm{i}\theta})(\mathrm{e}^{\mathrm{i}\theta} - \mathrm{e}^{-\mathrm{i}\theta}) = (\mathrm{e}^{\mathrm{i}k\theta} + \mathrm{e}^{\mathrm{i}(k-2)\theta} + \cdots + \mathrm{e}^{-\mathrm{i}(k-2)\theta} + \mathrm{e}^{-\mathrm{i}k\theta}) \cdot (\mathrm{e}^{\mathrm{i}\theta} - \mathrm{e}^{-\mathrm{i}\theta})$$

$$= \mathrm{e}^{\mathrm{i}(k+1)\theta} - \mathrm{e}^{-\mathrm{i}(k+1)\theta}. \tag{30}$$

将 (30) 式代入 (29) 式, 便得出

$$\int_G |\chi_k|^2 \mathrm{d}g = \frac{1}{4\pi} \int_0^{2\pi} |\mathrm{e}^{\mathrm{i}(k+1)\theta} - \mathrm{e}^{-\mathrm{i}(k+1)\theta}|^2 \mathrm{d}\theta = 1. \tag{31}$$

这也就证明了 φ_k 是复不可约的.

再者, 因为

$$\{\chi_k(\mathrm{e}^{\mathrm{i}\theta})(\mathrm{e}^{\mathrm{i}\theta} - \mathrm{e}^{-\mathrm{i}\theta}) = (\mathrm{e}^{\mathrm{i}(k+1)\theta} - \mathrm{e}^{-\mathrm{i}(k+1)\theta}); k = 0, 1, 2, \cdots\}$$

业已构成 $L_2(S^1)$ 上的奇函数子空间的一组基底, 所以 $\{\chi_k(\mathrm{e}^{\mathrm{i}\theta}); k = 0, 1, 2, \cdots\}$ 业已构成 $L_2(S^1)$ 上的偶函数子空间的一组基底. 又由于每个共轭类交 $S^1 = \{\mathrm{e}^{\mathrm{i}\theta}; 0 \leqslant \theta \leqslant 2\pi\}$ 于两个点, 即: $G/\widetilde{\mathrm{Ad}} = S^1/\mathbf{Z}_2$, 所以 S^1 上的偶函数恰是 $G/\widetilde{\mathrm{Ad}}$ 上的所有函数. 因此, $\{\chi_k(\mathrm{e}^{\mathrm{i}\theta}); k = 0, 1, 2, \cdots\}$ 业已构成 $L_2(G/\widetilde{\mathrm{Ad}})$ 的一组正交基. 由定理 6 可知, $\mathrm{IR}(S^3) = \{\varphi_k; k = 0, 1, 2, \cdots\}$. □

4. 有限群

令 $\mathrm{ord}(G)$ 表示 G 中元素个数, $\mathrm{cl}(G)$ 表示 G 中共轭类的个数. 则容易看出

$$\dim L_2(G) = \mathrm{ord}(G), \quad \dim L_2(G/\widetilde{\mathrm{Ad}}) = \mathrm{cl}(G).$$

所以, G 一共有 $\mathrm{cl}(G)$ 个不等价的复不可约表示. 设

$$\mathrm{IR}\,(G) = \{\varphi_k; \varphi_k \text{ 是 } G \text{ 的复不可约表示}, 1 \leqslant k \leqslant \mathrm{cl}(G)\}.$$

令 $n_k = \dim \varphi_k$, 由 (26) 式中 $L_2(G)$ 的分解, 即得等式

$$\mathrm{ord}\,(G) = \sum_k n_k^2. \tag{32}$$

习　　题

1. 设 $\varphi_i : G \to \mathrm{GL}\,(V_i)(i = 1, 2)$ 分别是 G 到 V_i 上的表示. 规定 $\varphi : G \to \mathrm{GL}\,(\mathscr{L}(V_1, V_2))$ 为

$$\varphi(g) \cdot A = \varphi_2(g) A \varphi_1(g)^{-1}, \quad A \in \mathscr{L}(V_1, V_2).$$

利用 $\mathscr{L}(V_1, V_2) \cong V_1 \otimes V_2^*$, 证明 $\varphi \cong \varphi_1 \otimes \varphi_2^*$.

2. 求证: $\chi_{\varphi \oplus \psi} = \chi_\varphi + \chi_\psi, \chi_{\varphi \otimes \psi} = \chi_\varphi \cdot \chi_\psi$.

3. 设 $\varphi : S^1 \to S^1$ 是一个同态映射, 求证: φ 必然与 φ_n 之一等价, 其中 $\varphi_n : S^1 \to S^1$ 定义为

$$\varphi_n(\mathrm{e}^{\mathrm{i}\theta}) = \mathrm{e}^{\mathrm{i}n\theta}, \quad n \in \mathbf{Z}.$$

4. 设 G 是一个有限群, 证明

(a) $\dim L_2(G) = \mathrm{ord}\,(G)$;

(b) $\dim L_2(G/\widetilde{\mathrm{Ad}}) = \mathrm{cl}(G)$.

第二章 李群结构的线性化
—— 李代数

定义 设 G 是一个非空集合, 称 G 是一个**李群** (Lie group), 若满足

1) G 是一个群;

2) G 也是一个微分流形;

3) 群的运算是可微的, 即: 由 $G \times G$ 到 G 的映射 $(g_1, g_2) \mapsto g_1 g_2^{-1}$ 是可微映射.

既然李群的结构同时含有群和微分流形的结构, 我们就可以用群的运算的可微性把群的结构线性化. 这也就是 Sophus Lie 称为 "无穷小群", 而我们现在改称为 "李代数" 者. 在 §1 中, 我们将由单参数子群的研讨来实现上述线性化, 确立李代数所应有的结构. 然后在 §2 中将证明紧密联系李群与李代数的基本定理, 说明李代数乃是李群结构的局部完全不变量.

§1 单参数子群与李代数

定义 一个李群 G 的**单参数子群**就是一个由实数加法群 $\mathbf{R}$ (作为一个李群) 到 G 中的可微同态 $\phi : \mathbf{R} \to G$.

我们若以 t 表示 $\mathbf{R}$ 中元素的参数, 则 $\{\phi(t); t \in \mathbf{R}\}$ 就是 G 中满足条件

$$\phi(t_1) \cdot \phi(t_2) = \phi(t_1 + t_2)$$

的一条可微参数曲线.

我们将以 $\mathfrak{g}$ 表示流形 G 在单位元素 e 点的切 (向量) 空间. 设 $\phi:\mathbf{R}\to G$ 是一个 G 中的单参数子群, 则它在 e 点的速度向量, 亦即 $\mathrm{d}\phi\left(\dfrac{\partial}{\partial t}\right)_e$, 就是 $\mathfrak{g}$ 中的一个向量. 很自然地, 我们会问一问下述有关单参数子群的存在性和唯一性问题.

问题　对于任给向量 $X_0\in\mathfrak{g}$, 是否存在一个单参数子群 $\phi:\mathbf{R}\to G$, 使得 X_0 恰为其在 e 点的速度向量? 再者, 一个单参数子群是否为其在 e 点的速度向量所唯一确定?

上述问题的答案是肯定的. 下面就让我们分析一下如何把上述问题归于通常的常微分方程组的存在性和唯一性定理来加以解答.

分析

1) 设 $\phi:\mathbf{R}\to G$ 为一给定的单参数子群. 则可以利用李群 G 中的右平移而得变换映射:
$$\mathbf{R}\times G\to G:(t,g)\mapsto g\cdot\phi(t), \tag{1}$$
它是流形 G 上的一个 (单参数) 可微变换群, 通常叫做流动变换 (flow). 再者, 群的结合律也就是说任何右平移
$$r_a:G\to G,\quad r_a(g)=ga,\quad g\in G\ (a\in G)$$
和任何左平移
$$l_a:G\to G,\quad l_a(g)=ag,\quad g\in G\ (a\in G)$$
都是可换的, 所以上述可微变换群的作用与任何左平移是可换的, 亦即
$$a(g\cdot\phi(t))=(a\cdot g)\phi(t),$$
因此又称为左不变单参数可微变换群, 或左不变流动.

2) 设 $\Phi:\mathbf{R}\times G\to G$ 是一个左不变流动, 则有
$$\Phi(t,ag)=a\Phi(t,g),$$
于是它在 G 上各点的速度向量就构成 G 上的一个左不变向量场 X, 亦即 $X_{ag}=\mathrm{d}l_a(X_g)$, 其中 X_{ag} 和 X_g 分别表示向量场 X 在 ag 点和 g 点的向量.

3) 设 X 是一个左不变向量场, 则 X 由它在单位点的值 X_e 所唯一确定, 这是因为 $X_g=\mathrm{d}l_g(X_e)$. 反之, 对应于 $\mathfrak{g}$ 中任给向量 X_0, 亦必存在一个左不变向量场 X, 使得 $X_e=X_0$. 其实, 我们可以用 $X_g=\mathrm{d}l_g(X_0)$ 来定义一个向量场 X, 它就是那个满足 $X_e=X_0$ 的左不变向量场.

将上述分析和通常的常微分方程组的存在性和唯一性定理相结合, 即得下述定理:

定理 1 下列四种事物之间的自然对应都是一一在上映射.

$$\{\text{单参数子群 } \phi: \mathbf{R} \to G\} \overset{(\mathrm{I})}{\longleftrightarrow} \{\text{左不变流动 } \mathbf{R} \times G \overset{\Phi}{\longrightarrow} G\}$$

$$\Big\uparrow \quad \Big\downarrow \text{微分} \qquad \text{积分}\Big\uparrow \quad \Big\downarrow \text{微分}$$

$$\mathfrak{g} \overset{(\mathrm{II})}{\longleftrightarrow} \{\text{左不变向量场 } X\}$$

证 在上述图解中, (I) 和 (II) 就是分别在分析 1) 和 3) 中所描述的自然对应, 它们显然都是可逆的.

两个垂直向下的箭头都是求速度向量, 所以标记以微分. 由一个左不变向量场 X 去反求一个左不变流动 $\Phi: \mathbf{R} \times G \to G$, 使得它的速度向量场恰为 X (所依赖的, 就是通常的常微分方程组的存在性和唯一性定理). 这也就建立了

$$\{\text{左不变向量场}\} \overset{\text{积分}}{\longrightarrow} \{\text{左不变流动}\}$$

这个对应.

最后, 我们用 $\mathfrak{g} \overset{(\mathrm{II})}{\longrightarrow} \{\text{左不变向量场}\} \overset{\text{积分}}{\longrightarrow} \{\text{左不变流动}\} \overset{(\mathrm{I})}{\longrightarrow}$ $\{\text{单参数子群}\}$ 的组合来达成 $\mathfrak{g} \longrightarrow \{\text{单参数子群}\}$, 它显然是 $\{\text{单参数子群}\}$ $\overset{\text{微分}}{\longrightarrow} \mathfrak{g}$ 的逆映射. $\qquad\square$

基于上述定理, 我们就可以用定理中建立起来的自然对应把这四种事物对等起来, 即

$$\mathfrak{g} \cong \{\text{左不变向量场}\} \cong \{\text{左不变流动}\} \cong \{\text{单参数子群}\}.$$

以后我们将以 $\mathfrak{g}$ 表示这个一身具有上述四种 "身份" 的事物, 称为**李群** G **的李代数** (Lie algebra), 它就是李群 G 线性化所得的 "数理结构". 现在让我们再来分析一下它究竟具有哪些自然的结构:

分析

1) 采取 $\mathfrak{g}$ 是 G 在 e 点的切向量空间这个身份, 我们就可以赋予 $\mathfrak{g}$ 以向量空间的结构. 再者, 若以 ϕ_X 表示那个以 $X \in \mathfrak{g}$ 为 "初速" 向量的单参数子群, 则不难看出:

$$\phi_{\lambda X}(t) = \phi_X(\lambda t), \quad \lambda, t \in \mathbf{R}, X \in \mathfrak{g}.$$

因此

$$\phi_X(\lambda) = \phi_{\lambda X}(1).$$

上述分析说明我们可把所有 G 的单参数子群编织组成一个总的映射如下:

定义　令 $\mathrm{Exp}:\mathfrak{g}\to G, \mathrm{Exp}(X)=\phi_X(1), X\in\mathfrak{g}$. Exp 叫做由 $\mathfrak{g}$ 到 G 的**指数映射**.

指数映射的特征性质是: 对任给 $X\in\mathfrak{g}$, 映射

$$\mathrm{Exp}_X:\mathbf{R}\to G,\quad \mathrm{Exp}_X(t)=\mathrm{Exp}(tX) \tag{2}$$

就是上述的单参数子群 ϕ_X, 亦即 $\phi_X(t)=\mathrm{Exp}(tX)$ 恒成立.

从群的观点来看, $\mathfrak{g}$ 的向量空间结构反映了李群 G 的乘法运算的一阶逼近. 也就是说, 可以证明: 当 s,t 都是一阶无穷小时,

$$\mathrm{Exp}(sX)\cdot\mathrm{Exp}(tY)\doteq\mathrm{Exp}(sX+tY) \tag{3}$$

在略去高于一阶的无穷小后成立.

2) 采取 $\mathfrak{g}$ 是左不变向量场的身份, 我们还可以在 $\mathfrak{g}$ 上定义一个双线性的运算 $[\,,\,]$ 如下:

令 f,f_1,f_2 是定义在 G 上的任意的可微函数, X,Y 是任意两个向量场, 定义 $Xf:G\to\mathbf{R}, Xf(g)=X_g f$, 其中 $X_g f$ 表示函数 f 在 g 点对于切向量 X_g 的方向导数. 不难验证上述运算满足下列 "求导" 性质:

$$X(f_1\cdot f_2)=(Xf_1)\cdot f_2+f_1\cdot(Xf_2). \tag{4}$$

反之, 任何满足上述性质的运算 D 一定是关于某一个向量场的上述 "求导" 运算. 即: 设 D 为任何对 G 上所有的可微函数 f 都有定义的一个运算, 而且具有 (4) 式所表示的性质, 则必有唯一的一个向量场 X, 使得 $\mathrm{D}f=Xf$ 对所有的 f 都成立. 此点请读者自行证明.

令 $[X,Y]f=X(Yf)-Y(Xf)$, 则有

$$[X,Y](f_1\cdot f_2)=X((Yf_1)f_2+f_1(Yf_2))-Y((Xf_1)f_2+f_1(Xf_2))$$
$$=([X,Y]f_1)f_2+f_1([X,Y]f_2). \tag{5}$$

(5) 式说明 $[X,Y]$ 也是一个向量场, 它由 X,Y 组合而得. 再者, 当 X,Y 都是左不变时, 不难验算 $[X,Y]$ 也是左不变的. 这样就赋予 $\mathfrak{g}$ 一个运算

$$[\,,\,]:\mathfrak{g}\times\mathfrak{g}\to\mathfrak{g},$$

称之为 "括积"."括积" 具有下列性质:

$$\begin{cases}\text{(i) 双线性}:[\lambda_1X_1+\lambda_2X_2,Y]=\lambda_1[X_1,Y]+\lambda_2[X_2,Y],\\ \qquad\qquad [X,\mu_1Y_1+\mu_2Y_2]=\mu_1[X,Y_1]+\mu_2[X,Y_2].\\ \text{(ii) 斜对称性}:[X,Y]=-[Y,X].\\ \text{(iii) Jacobi 恒等式}:[X,[Y,Z]]+[Y,[Z,X]]+[Z,[X,Y]]=0.\end{cases} \tag{6}$$

性质 (i) 和 (ii) 可以由定义及 (5) 式推出, 性质 (iii) 则是 (5) 式和结合律的推论 (习题).

3) 从群的观点来看, 括积就是李群 G 的 "不可换性" 的线性化. 而上述 Jacobi 恒等式则是群的运算之结合律的线性化形式. 用无穷小的术语来说, 就是当 s, t 都是一阶无穷小时,

$$\mathrm{Exp}\,(sX)\mathrm{Exp}\,(tY) \cdot \mathrm{Exp}\,(-sX)\mathrm{Exp}\,(-tY) \doteq \mathrm{Exp}\,(st[X,Y])$$

在略去高于二阶的高阶无穷小后成立. 换言之, $[X,Y]$ 就是度量 $\mathrm{Exp}\,(sX)$ 和 $\mathrm{Exp}\,(tY)$ 之间不可交换性的主导项, 它是一个二阶的量.

总结本节的讨论, 我们通过对单参数子群的探讨来达成李群结构的线性化, 所得的结构是一个具有 (6) 式中性质 (i), (ii) 和 (iii) 的括积的向量空间 $\mathfrak{g}$, 叫做李群 G 的**李代数** (当年, Sophus Lie 把它叫做无穷小群). 还可以自然地定义由 $\mathfrak{g}$ 到 G 的指数映射 $\mathrm{Exp} : \mathfrak{g} \to G$, 其特征性质是由等式

$$\phi_X(t) = \mathrm{Exp}\,(tX) \quad (t \in \mathbf{R}, X \in \mathfrak{g})$$

所定义的映射 $\phi_X : \mathbf{R} \to G, X$ 为 "初速" 向量的单参数子群. 而 $\mathfrak{g}$ 和 G 的结构关系可以用下列两个式子说明:

$$\begin{cases} \mathrm{Exp}\,(sX) \cdot \mathrm{Exp}\,(tY) \doteq \mathrm{Exp}\,(sX + tY) \text{ (精确到一阶)}, \\ \mathrm{Exp}\,(sX)\mathrm{Exp}\,(tY) \cdot \mathrm{Exp}\,(-sX)\mathrm{Exp}\,(-tY) \doteq \mathrm{Exp}\,(st[X,Y]) \text{ (精确到二阶)}. \end{cases} \tag{7}$$

(7) 式中两等式的严格证明是比较繁杂的, 在此略去, 有兴趣的读者可参看 [3]. 但我们愿意指出, 当 G 为矩阵群时, (7) 式可直接验证, 在下面例子中将看到这一点.

现在让我们举几个李群的实例, 来看一看它们的李代数和指数映射.

例 1 设 V 是一个复 (实) 向量空间, V 的全线性群 $\mathrm{GL}\,(V)$ 是一个李群. 事实上, 由于 $\mathrm{GL}\,(V)$ 是 $\mathscr{L}(V,V) \cong \mathbf{C}^{n^2}(\mathbf{R}^{n^2})$ 中的开集, 所以它具有自然的流形结构. 另一方面, 视 $\mathrm{GL}\,(V)$ 为可逆矩阵组成的群, 则它的乘法和求逆运算的可微性则是显然的. $\mathrm{GL}\,(V)$ 在 e 点的切空间, 以 $\mathfrak{gl}(V)$ 记之. 显然 $\mathfrak{gl}(V)$ 可以和向量空间 $\mathscr{L}(V,V)$ 对等起来.

令 $A \in \mathscr{L}(V,V)$ 是 V 上一个任给的线性变换. 我们可以用下述指数级数来定义 $\mathrm{Exp}\,A$, 即

$$\mathrm{Exp}\,A = I + A + \frac{1}{2!}A^2 + \cdots + \frac{1}{k!}A^k + \cdots. \tag{8}$$

不难验证: (8) 式中的级数总是收敛的, 而且当 $AB = BA$ 时,

$$(\mathrm{Exp}\,A)(\mathrm{Exp}\,B) = \mathrm{Exp}\,(A + B). \tag{9}$$

(9) 式的一个特殊情形是

$$(\operatorname{Exp} t_1 A)(\operatorname{Exp} t_2 A) = \operatorname{Exp}((t_1 + t_2)A). \tag{9'}$$

换句话说, $t \mapsto \operatorname{Exp}(tA)$ 就定义了一个单参数子群 $\mathbf{R} \to G$, 而且从 (8) 式求 t 的微分, 再以 $t = 0$ 代入即得

$$\left.\frac{\mathrm{d}}{\mathrm{d}t}(\operatorname{Exp} tA)\right|_{t=0} = A. \tag{10}$$

这说明 $\operatorname{Exp}(tA) = \phi_A(t)$. 所以 $\operatorname{GL}(V)$ 的李代数应该就是 $\mathfrak{gl}(V) \cong \mathscr{L}(V,V)$, 而且由指数级数 (即 (8) 式) 所定义的映射也正好就是前面所说的从李代数到李群的指数映射 (其实, 这也就是指数映射这个名称的源起). 再者, 由 (8) 式不难验证

$$\operatorname{Exp}(sA)\operatorname{Exp}(tB) \cdot \operatorname{Exp}(-sA)\operatorname{Exp}(-tB) \doteq \operatorname{Exp}(st(AB - BA))$$

在略去含有 s, t 的二阶以上无穷小项之后成立. 这也就说明了 $\mathfrak{gl}(V)$ 上的括积应该是

$$[A, B] = AB - BA, \tag{11}$$

其中 AB, BA 表示 $\mathscr{L}(V,V)$ 中的组合积.

例 2　令 $\det(A)$ 表示 A 的行列式. 则

$$\det : \operatorname{GL}(V) \to \mathbf{C}^*(\mathbf{R}^*)$$

是 $\operatorname{GL}(V)$ 到非零复 (实) 数的乘法群的一个满同态. 所以

$$\operatorname{SL}(V) = \{A \in \operatorname{GL}(V); \det(A) = 1\}$$

构成 $\operatorname{GL}(V)$ 的一个正规闭子群. 以后我们将证明, 在这种情形下, $\operatorname{SL}(V)$ 本身也是一个李群, 称之为 V 上的特殊线性群. 从下述命题不难看出 $\operatorname{SL}(V)$ 的李代数应该就是

$$\mathfrak{sl}(V) = \{A \in \mathfrak{gl}(V) = \mathscr{L}(V,V); \operatorname{Tr} A = 0\} \tag{12}$$

(注意: $\operatorname{Tr}[A, B] = \operatorname{Tr}(AB - BA) = \operatorname{Tr} AB - \operatorname{Tr} BA = 0$, 对任何 $A, B \in \mathscr{L}(V,V)$ 恒成立).

命题 1　对于任给的 $A \in \mathscr{L}(V,V)$, 恒有

$$\det(\operatorname{Exp} A) = \mathrm{e}^{\operatorname{Tr} A}. \tag{13}$$

证 因为 V 是实向量空间的情形可以经由复化而归于复向量空间的情形来讨论, 我们不妨假设 V 是复向量空间. 设 A 为一任给线性变换, 一个熟知的事实是在 V 中必存在一组基底 $\{e_1,\cdots,e_n\}$, 使得 A 的相应矩阵为一个上三角矩阵 (亦即: 子空间 $\mathrm{span}\{e_1,\cdots,e_i\}$ $(i=1,\cdots,n)$ 都是在 A 的作用之下不变的).

$$A = \begin{pmatrix} \lambda_1 & & & * \\ & \lambda_2 & & \\ & & \ddots & \\ & & & \lambda_n \end{pmatrix}. \tag{14}$$

因此,

$$A^k = \begin{pmatrix} \lambda_1^k & & & * \\ & \lambda_2^k & & \\ & & \ddots & \\ & & & \lambda_n^k \end{pmatrix}, \quad k=0,1,2,\cdots. \tag{15}$$

用上述 $A^k(k=0,1,2,\cdots)$ 的矩阵形式, 就可以算得

$$\det(\mathrm{Exp}\,A) = \det \begin{pmatrix} \mathrm{e}^{\lambda_1} & & & \\ & \mathrm{e}^{\lambda_2} & & \\ & & \ddots & \\ & & & \mathrm{e}^{\lambda_n} \end{pmatrix} \tag{16}$$

$$= \prod_{j=1}^n \mathrm{e}^{\lambda_j} = \exp\left\{\sum_{j=1}^n \lambda_j\right\} = \mathrm{e}^{\mathrm{Tr}\,A}. \qquad \square$$

例 1′ 我们将以 $\mathrm{GL}(n,\mathbf{C})$ 表示由所有 $\det \neq 0$ 的 n 阶复方阵所组成的群, 以 $\mathrm{GL}(n,\mathbf{R})$ 表示由所有 $\det \neq 0$ 的 n 阶实方阵组成的群. 相对于 V 的一组基底 $\{e_1,\cdots,e_n\}$ 就有一个群的同构关系

$$\mathrm{GL}(V) \cong \begin{cases} \mathrm{GL}(n,\mathbf{C}), & V \text{ 是 } n \text{ 维复空间}, \\ \mathrm{GL}(n,\mathbf{R}), & V \text{ 是 } n \text{ 维实空间}. \end{cases} \tag{17}$$

$\mathrm{GL}(n,\mathbf{C})$ 和 $\mathrm{GL}(n,\mathbf{R})$ 上的流形结构和群运算可微性是显然的. 因此, 严格地说, $\mathrm{GL}(V)$ 上的流形结构是从 $\mathrm{GL}(n,\mathbf{C})$ 或 $\mathrm{GL}(n,\mathbf{R})$ 上借助上述同构 "搬" 过来的.

定义 李群 G 和 G' 称为是**同构**的, 若存在映射 $\varphi: G \to G'$ 使得
1) φ 是群 G 到 G' 上的同构映射;

2) φ 是流形 G 到 G' 上的微分同胚 (diffeomerphism), 映射 φ 称做 G 到 G' 上的 (李群的) **同构映射**.

由此定义可知, (17) 式中的同构是李群的同构.

定义　设 $\mathfrak{g}$ 和 $\mathfrak{g}'$ 分别是李群 G 和 G' 的李代数, 若存在一个映射 $\rho : \mathfrak{g} \to \mathfrak{g}'$, 满足下列条件

1) ρ 是向量空间 $\mathfrak{g}$ 到 $\mathfrak{g}'$ 上的同构映射;

2) $[\rho X, \rho Y] = \rho[X, Y], \forall X, Y \in \mathfrak{g}_1$,

则我们称 $\mathfrak{g}'$ 与 $\mathfrak{g}'$ 是同构的, ρ 称做李代数 $\mathfrak{g}$ 到 $\mathfrak{g}'$ 上的同构映射.

由矩阵的指数级数可知, $\mathrm{GL}(n, \mathbf{C})$ 和 $\mathrm{GL}(n, \mathbf{R})$ 的李代数分别是 $M(n, \mathbf{C})$ 和 $M(n, \mathbf{R})$, 在这里 $M(n, \mathbf{C})$ 和 $M(n, \mathbf{R})$ 分别是 n 阶复、实方阵全体构成的集合. 而且显然有李代数的同构关系

$$\mathfrak{gl}(V) \cong \mathscr{L}(V, V) \cong \begin{cases} M(n, \mathbf{C}), \\ M(n, \mathbf{R}). \end{cases} \tag{18}$$

例 2′　我们将以 $\mathrm{SL}(n, \mathbf{C})$ 和 $\mathrm{SL}(n, \mathbf{R})$ 分别表示由行列式为 1 的复、实方阵所构成的李群, 叫做特殊线性群. $\mathfrak{sl}(n, \mathbf{C})$ 和 $\mathfrak{sl}(n, \mathbf{R})$ 分别表示它们的李代数. 则不难看出, $\mathfrak{sl}(n, \mathbf{C})$ 和 $\mathfrak{sl}(n, \mathbf{R})$ 分别由其迹为零的复、实方阵所组成. 而且存在同构关系:

$$\mathrm{SL}(V) \cong \begin{cases} \mathrm{SL}(n, \mathbf{C}), \\ \mathrm{SL}(n, \mathbf{R}), \end{cases} \quad \text{及} \quad \mathfrak{sl}(V) \cong \begin{cases} \mathfrak{sl}(n, \mathbf{C}), \\ \mathfrak{sl}(n, \mathbf{R}). \end{cases}$$

由例 1′ 和例 2′, 今后我们对上述两组群 $\mathrm{GL}(V)$ 与 $\mathrm{GL}(n, \mathbf{C})$ (或 $\mathrm{GL}(n, \mathbf{R})$), 及其李代数将不加区别. 对 $\mathrm{SL}(V)$ 及 $\mathrm{SL}(n, \mathbf{C})$ (或 $\mathrm{SL}(n, \mathbf{R})$) 也不加区别.

例 3　设 V 是一个 m 维复向量空间, $\langle , \rangle$ 是定义在 V 上的非退化双线性型. 若对任何的 $x, y \in V, \langle x, y \rangle = \langle y, x \rangle$ 恒成立, 称为**对称的**; 若 $\langle x, y \rangle = -\langle y, x \rangle$ 恒成立, 则称为**反对称**或**斜对称**的.

设 $\langle , \rangle$ 是 V 上一个任意给定的对称的或反对称的非退化双线性型. 容易验证: $\mathrm{GL}(V)$ 中所有令 $\langle , \rangle$ 不变的元素 g (亦即 $\langle gx, gy \rangle = \langle x, y \rangle$ 对任何 $x, y \in V$ 恒成立), 组成它的一个闭子群, 因此它本身也是一个李群.

当 $\langle , \rangle$ 是对称的时, 这个子群称为复正交群, 记为 $O(V)$. 类似于例 1 与例 1′ 的讨论, 我们也可以讨论相应的矩阵群. 由线性代数的知识可知, V 中存在一组基 $e, \cdots, e_m$, 使得

$$\langle e_i, e_j \rangle = \delta_{ij} \quad (1 \leqslant i, j \leqslant m),$$

称为标准正交基. 任取 $g \in O(V), g$ 在上述基下的矩阵仍记为 g, 则容易验证:

$g \in O(V)$ 当且仅当

$$g^{\mathrm{T}} \cdot g = g \cdot g^{\mathrm{T}} = I_m \quad (g^{\mathrm{T}} \text{ 表示 } g \text{ 的转置}). \tag{19}$$

满足 (19) 式的复矩阵称为复正交阵. 我们把 $\mathrm{GL}\,(m, \mathbf{C})$ 中所有复正交矩阵组成的子群记为 $O(m, \mathbf{C})$, 则 (19) 式表明

$$O(V) \cong O(m, \mathbf{C}).$$

今后对这两个群将不加区别, 通称为 m 阶复正交群.

现在我们来讨论复正交群的李代数, 记之为 $\mathfrak{o}(n, \mathbf{C})$. 任取 $X \in \mathfrak{o}(n, \mathbf{C})$, 有 $\mathrm{Exp}\, tX \in O(n, \mathbf{C}), t \in \mathbf{R}$. 因此对于任何 $u, v \in V$,

$$\langle \mathrm{Exp}\, tX \cdot u, \mathrm{Exp}\, tX \cdot v \rangle = \langle u, v \rangle. \tag{20}$$

对 (20) 式两边分别在 $t = 0$ 处求导, 我们立刻得出

$$\langle Xu, v \rangle + \langle u, Xv \rangle = 0. \tag{21}$$

(21) 式表明, X 在标准正交基下的矩阵 (仍记为 X) 是一个斜对称矩阵. 反过来也是对的, 因为由 (21) 式可推出 (20) 式. 因此

$$X \in \mathfrak{o}(n, \mathbf{C}) \Longleftrightarrow X \text{ 是斜对称的.} \tag{22}$$

如果我们以上述标准正交基为基底来造一个实数域上的向量空间 V', 则 V' 是一个欧氏空间. $\mathrm{GL}\,(V')$ 中令 $\langle\ ,\ \rangle$ 不变的元素全体组成 $\mathrm{GL}\,(m, \mathbf{R})$ 的一个闭子群, 称为**实正交群**, 简称为**正交群**, 记为 $O(m)$. 不难证明它是一个紧李群, 且有

$$g \in O(m) \Longleftrightarrow g^{\mathrm{T}} \cdot g = g \cdot g^{\mathrm{T}} = I_m, \quad g \in \mathrm{GL}\,(m, \mathbf{R}).$$

若 $\langle\ ,\ \rangle$ 是反对称的, 由 $\mathrm{GL}\,(V)$ 中令 $\langle\ ,\ \rangle$ 不变的元素组成的子群叫做**复辛群**, 记为 $\mathrm{Sp}\,(V)$. 由线性代数知识可知, $\dim V$ 一定是偶数. 设 $m = 2n$, 则在 V 中存在一组基 $e_1, \cdots, e_m$, 满足

$$\begin{cases} \langle e_i, e_{n+i} \rangle = -\langle e_{n+i}, e_i \rangle = 1 \quad (i = 1, \cdots, n), \\ \langle e_k, e_l \rangle = 0, \quad \text{若 } k, l \text{ 不满足上述条件.} \end{cases} \tag{23}$$

如果我们仍把 $\mathrm{GL}\,(V)$ 中元素 g 在上述基下的矩阵记为 g, 则不难验证:

$$g \in \mathrm{Sp}\,(V) \Longleftrightarrow g^{\mathrm{T}} J_n g = J_n, \tag{24}$$

其中

$$J_n = \begin{pmatrix} 0 & I_n \\ -I_n & 0 \end{pmatrix}.$$

令 $\mathrm{Sp}\,(n, \mathbf{C}) = \{g \in \mathrm{GL}\,(m, \mathbf{C}); g^{\mathrm{T}} J_n g = J_n (m = 2n)\}$, 则 $\mathrm{Sp}\,(V)$ 与 $\mathrm{Sp}\,(n, \mathbf{C})$ 之间存在自然同构. 今后对这两个群也不加区别, 均称为复辛群.

现在讨论复辛群的李代数 $\mathfrak{sp}(n, \mathbf{C})$. 任取 $X \in \mathfrak{sp}(n, \mathbf{C})$, 令 $g = \mathrm{Exp}\, tX (t \in \mathbf{R})$. 注意到

$$A\mathrm{Exp}\, X A^{-1} = \mathrm{Exp}\, (AXA^{-1}) \quad \text{以及} \quad (\mathrm{Exp}\, X)^{\mathrm{T}} = \mathrm{Exp}\, X^{\mathrm{T}},$$

因此有

$$g^{\mathrm{T}} J_n g = \mathrm{Exp}\, (tX)^{\mathrm{T}} J_n \mathrm{Exp}\, tX = J_n,$$

或者

$$J_n^{-1} \mathrm{Exp}\, (tX)^{\mathrm{T}} J_n = \mathrm{Exp}\, (-tX),$$

即

$$\mathrm{Exp}\, t(J_n^{-1} X^{\mathrm{T}} J_n) = \mathrm{Exp}\, t(-X).$$

所以, 我们得知

$$X \in \mathfrak{sp}(n, \mathbf{C}) \Longleftrightarrow X^{\mathrm{T}} J_n + J_n X = 0. \tag{25}$$

将 X 写成分块形式:

$$X = \begin{pmatrix} X_1 & X_2 \\ X_3 & X_4 \end{pmatrix},$$

则条件 (25) 等价于

$$X = \begin{pmatrix} X_1 & X_2 \\ X_3 & X_4 \end{pmatrix} \in \mathfrak{sp}(n, \mathbf{C}) \Longleftrightarrow \begin{array}{l} X_2 = X_2^{\mathrm{T}}, X_3 = X_3^{\mathrm{T}}, \\ X_1^{\mathrm{T}} + X_4 = 0. \end{array}$$

所以

$$\mathfrak{sp}(n, \mathbf{C}) = \left\{ \begin{pmatrix} X_1 & X_2 \\ X_3 & -X_1^{\mathrm{T}} \end{pmatrix}; \begin{array}{l} X_i\ (i = 1, 2, 3)\ \text{是}\ n \times n\ \text{复矩阵}, \\ X_2, X_3\ \text{是对称的} \end{array} \right\}.$$

例 4 设 V 是一个 n 维酉空间, $(,)$ 是其上定义的正定 Hermite 型 (也称为酉积). 则 $\mathrm{GL}\,(V)$ 中所有令 $(,)$ 不变的元素全体组成它的一个闭子群, 称为**酉群**, 记为 $U(n)$. 容易看出, $U(n)$ 也是一个紧群.

现在讨论与之相应的矩阵群. 众所周知, 在 V 中存在标准正交基 (或称为酉基) $e_1, \cdots, e_n$, 我们也将 $g \in \mathrm{GL}(V)$ 与它在此基下的矩阵用同一记号 g 表示. 则容易验证:

$$g \in U(n) \Longleftrightarrow \bar{g}^{\mathrm{T}} \cdot g = g \cdot \bar{g}^{\mathrm{T}} = I_n.$$

换句话说, $g \in U(n)$ 当且仅当 g 是一个酉矩阵. 因此, 所有 n 阶酉矩阵组成的李群与 $U(n)$ 同构, 今后也不加区别, 通记为 $U(n)$.

类似于正交群的情况, 可证它的李代数由所有 n 阶斜 Hermite 矩阵组成.

上述这些李群, 在李群理论中占有非常重要的地位, 它们是李群的典型实例, 应用十分广泛, 一般统称为**典型群**.

在本节的最后, 我们愿意指出, 李代数本身也是一种具有独立研究价值的数理模型. 我们可以独立于李群, 给出下列抽象李代数的定义.

定义 设 $\mathfrak{g}$ 是一个实 (复) 向量空间, 在 $\mathfrak{g}$ 上定义一种新的运算 $[\,,\,]: \mathfrak{g} \times \mathfrak{g} \to \mathfrak{g}$, 称之为括积, 满足 (6) 式中条件 1), 2) 和 3). 这样一个代数体系, 我们称为实 (复) 数域上的 (抽象) 李代数.

进一步推广之, 我们还可以研究一般域上的李代数. 抽象李代数的研讨是近世代数学中一个蓬勃开展的领域, 而且还和许多其他领域相辅相成, 相得益彰 (注: 把 Sophus Lie 原来叫做无穷小群的数理结构改称为李代数, 而且指出抽象李代数应该具有独立研讨的价值, 乃是 H. Weyl 的远见).

§2 基 本 定 理

在上一节中, 我们通过对单参数子群的探讨, 运用常微分方程组解的存在性和唯一性定理来达成了李群结构的线性化, 从而对于每一个李群 G, 作出了它的李代数 $\mathfrak{g}$, 它是一种具有 (6) 式中性质 1), 2) 和 3) 的括积的线性空间. 再者, 设 $h: G_1 \to G_2$ 是一个由 G_1 到 G_2 的可微同态映射. $\mathfrak{g}_1, \mathfrak{g}_2$ 分别是 G_1 和 G_2 的李代数, 眼下我们可以采用它们是单参数子群的身份来考虑. 对于任给 $X \in \mathfrak{g}_1, \phi_X: \mathbf{R} \to G_1$ 是 G_1 的相应的单参数子群, 则显然

$$h \circ \phi_X: \mathbf{R} \to G_1 \to G_2 \tag{26}$$

是 G_2 中的一个单参数子群, 所以唯一存在一个 $\widetilde{h}(X) \in \mathfrak{g}_2$, 使得

$$(h \circ \phi_X)(t) = \phi_{\widetilde{h}(X)}(t).$$

改用指数映射的符号来写, 就是: 存在一个由 h 诱导出来的李代数同态 (即: 保

持括积不变的向量空间的同态) $\widetilde{h}: \mathfrak{g}_1 \rightarrow \mathfrak{g}_2$, 使得下述图解是可换的.

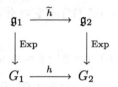

其中 $h\mathrm{Exp}\,(tX) = \mathrm{Exp}\,(t \cdot \widetilde{h}(X))$. 上面的结果说明 $\widetilde{h}$ 也就是 h 的线性化. 总之, 线性化的过程就好像给所有的李群和李群之间的各种可微同态所组成的范畴 (category) 照了一张集体照. 一个李群 G 的像就是它的李代数 $\mathfrak{g}$, 而一个可微同态 $h: G_1 \rightarrow G_2$ (以后我们简称为李群的同态) 的像就是它所诱导而得的李代数同态 $\widetilde{h}: \mathfrak{g}_1 \rightarrow \mathfrak{g}_2$. 不言而喻, 李代数及其同态这个范畴在本质上是远比李群及其同态那个范畴较为初等的事物. 因此, 这张 "集体照" 当然是研讨李群及其同态这个范畴的好工具. 但是这个工具用处的大小可就要看这张 "集体照" 的 "传真度" 有多高了, 亦即它究竟反映了原给事物结构的多少成分? 这也就是本节所要探讨的课题. 我们将如何着手来研讨这个问题呢? 且让我们先把目前的情况分析一下.

分析　中国有句老话:"前事不忘, 后事之师." 所以我们不妨先回顾一下前面一节进行李群线性化的手法, 那就是由单参数子群的探讨入手! 这就启示着应该进一步去研究一个李群的高维子群 (即维数大于 1 者).

定义　设 G 是一个李群. 它的一个子流形 H 称为 G 的**李子群** (Lie subgroup), 若

1) H 是一个 (抽象) 子群,

2) H 本身是一个拓扑群.

注意　子流形的定义并不要求它是 G 的闭子集! 我们在附录二中还会说明采用这种定义的原因.

设 H 是 G 的李子群, 它自然是一个李群. 设 $\mathfrak{h}$ 是 H 的李代数, 则不难证明 $\mathfrak{h}$ 是 $\mathfrak{g}$ 的李子代数 (亦即: 在括积之下封闭的线性子空间, $[\mathfrak{h}, \mathfrak{h}] \subset \mathfrak{h}$). 在上一节中, 我们研讨的基本问题就是单参数子群的存在性和唯一性. 很自然地, 我们现在所要研讨的基本问题就是下面所述的李子群的存在性和唯一性问题:

问题　对于 $\mathfrak{g}$ 中的任给李子代数 $\mathfrak{h}$, 是否一定存在一个连通李子群 H, 以 $\mathfrak{h}$ 为其李代数? 这样的连通李子群是否唯一?

上述问题的答案又是肯定的, 这就是 Sophus Lie 在李群论中首先建立起来的基本定理. 在下面的证明中可以看出, 其证明的主要途径也是上一节的一个直接推广.

基本定理 设 G 是一个李群, 对于 G 的李代数 $\mathfrak{g}$ 的任何一个李子代数 $\mathfrak{h}$, 存在有唯一的一个 G 的连通李子群 H, 使得下述图解是可交换的.

$$
\begin{array}{ccc}
\mathfrak{h} & \subset & \mathfrak{g} \\
\text{Exp} \downarrow & & \downarrow \text{Exp} \\
H & \subset & G
\end{array}
$$

证 设 $X_1, X_2, \cdots, X_m$ 是向量子空间 $\mathfrak{h}$ 的任取的一组基底, 我们现在采用它们是 G 上的左不变向量场这种身份. 则它们在 G 的每一点 g 的切空间中张成一个子空间, 亦即 $\mathscr{D}(g) = \mathrm{span}\{X_1(g), \cdots, X_m(g)\}$, 其中 $X_i(g)$ 表示向量场 X_i 在 g 点的值. 这种在每点的切空间中取定一个 m 维子空间叫做 G 上的一个 m 维**分布** (distribution). 本质上, 它可以说是向量场的高维推广. 因为 X_i $(1 \leqslant i \leqslant m)$ 都是左不变的, 即 $\mathrm{d}l_a(X_i(g)) = X_i(ag)$, 所以由它们所张成的分布 $\mathscr{D}$ 也是左不变的, 即 $\mathrm{d}l_a(\mathscr{D}(g)) = \mathscr{D}(ag)$. 再者, 因为 $\mathfrak{h} = \mathrm{span}\{X_1, X_2, \cdots, X_m\}$ 是个李子代数, 所以 $[X_i, X_j]$ $(1 \leqslant i, j \leqslant m)$ 总是可以用 $X_1, \cdots, X_m$ 的适当线性组合加以表达. 这就说明了上述分布 $\mathscr{D}$ 满足 Frobenius 定理中的可积条件. 所以存在着一个唯一的相应于 $\mathscr{D}$ 的极大积分子流形, 它通过单位元素 e, 以 H 表示 (参看附录二).

现在证明 H 是一个连通子群. 设 h 是 H 中的任意元素. 因为 $\mathscr{D}$ 是左不变的, 所以 $l_{h^{-1}} \cdot H = h^{-1} \cdot H$ 当然也是 $\mathscr{D}$ 的一个极大积分子流形. 由定义, $e \in h^{-1} \cdot H$, 即 $h^{-1} \cdot H$ 也是过 e 点的. 由极大积分子流形的唯一性即得 $h^{-1} \cdot H = H$. 但是 h 是任意的, 所以

$$
H^{-1} \cdot H = \bigcup_{h \in H} h^{-1} \cdot H = H.
$$

这也就证明了 H 是一个连通子群. $\qquad\square$

现在让我们把上面对于李子代数和李子群的结果进一步推广到同态的情况.

基本定理的推论 设 G_1 是一个单连通李群, G_2 是一个连通李群. $\mathfrak{g}_1, \mathfrak{g}_2$ 分别是 G_1 和 G_2 的李代数, 则对于任给的李代数同态 $\widetilde{h}: \mathfrak{g}_1 \to \mathfrak{g}_2$, 存在一个唯一的李群同态 $h: G_1 \to G_2$, 使得下述图解可换.

$$
\begin{array}{ccc}
\mathfrak{g}_1 & \xrightarrow{\widetilde{h}} & \mathfrak{g}_2 \\
\text{Exp} \downarrow & & \downarrow \text{Exp} \\
G_1 & \xrightarrow{\ h\ } & G_2
\end{array}
$$

证 要把上述关于同态的问题归于业已解答的子群的情形, 常用的手法是把 "映射" 转换为它的图像 (graph), 其具体做法如下:

令 $\Gamma(\tilde{h}) = \{(X_1, \tilde{h}(X_1)); X_1 \in \mathfrak{g}_1\} \subset \mathfrak{g}_1 \times \mathfrak{g}_2$, 则 $\Gamma(\tilde{h})$ 是 $\mathfrak{g}_1 \times \mathfrak{g}_2$ 的李子代数. 而 $\mathfrak{g}_1 \times \mathfrak{g}_2$ 显然就是 $G_1 \times G_2$ 的李代数, 所以由基本定理可知, 在 $G_1 \times G_2$ 中存在一个唯一的连通李子群 K, 使得下列图解可换.

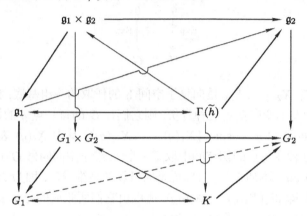

在上述图解中, 所有垂直向下的映射都是 Exp. 再者, 因为 $\Gamma(\tilde{h}) \to \mathfrak{g}_1$ 是一个李代数的同构, 所以相应的映射 $K \to G_1$ 是一个覆盖同态 (参看附录三). 但 G_1 是单连通的, 因此这个由 K 到 G_1 上的同态必须是同构, 它的逆映射自然是由 G_1 到 K 上的同构. 把它与 K 到 G_2 的同态映射组合, 便得出所求之由 G_1 到 G_2 的同态 h, 它与 $\tilde{h}$ 可换是显然的. □

利用基本定理, 我们还可以证明下列重要定理.

定理 2 设 G 是一个李群, H 是 G 的一个 (抽象) 子群. 假设 H 是 G 的一个闭子集, 则在 H 上存在唯一的可微结构, 使得 H 是 G 的一个拓扑李子群.

定理证明的思路是这样的: 设 $\mathfrak{g}$ 是 G 的李代数. 令

$$\mathfrak{h} = \{X \in \mathfrak{g}; \operatorname{Exp} tX \in H, \text{ 对所有 } t \in \mathbf{R}\}.$$

利用 (7) 式证明 $\mathfrak{h}$ 是 $\mathfrak{g}$ 的李子代数 (这里要用到闭性). 由基本定理, G 中有一个连通子群 H^*, 它的李代数是 $\mathfrak{h}$. 显然 $H^* \subset H$. 进一步可以证明, 若 H 取 G 的相对拓扑, 且记 H 的单位元连通分支为 H_0, 则作为拓扑群, $H^* = H_0$. 从而得出定理的结论. 详细证明可参看 [3].

注 1) 对于任给连通李群 G, 都存在唯一的一个单连通覆盖群 $\tilde{G} \to G$. 上述覆盖同态的核 (kernel) 是 $\tilde{G}$ 中的一个离散正规子群, 由附录三可知: 这样的正规子群必定包含在 $\tilde{G}$ 的中心子群之中.

2) Ado 定理证明了任何 (有限维) 抽象李代数都可以与某个 $\mathfrak{gl}(n, \mathbf{C})$ 的一个适当的李子代数同构. 由此可见抽象李代数都可以实现为一个李群的李代数!

3) 综合上述两点, 即可推论得出所有有限维李代数及其同态和所有单连通李群及其同态之间的一一在上的对应. 换句话说, 当我们局限于单连通李群和它们之间的同态这个子范畴时, 用线性化手法给它们照的 "集体照" 是完全忠诚 (faithful) 的.

最后我们举两个有关覆盖同态的例子.

例 5　$(\mathbf{R}^1, +)$ 和 $(S^1, \cdot)$ 都是一维可换连通李群. 它们的李代数显然是同构的. 存在很多由 $\mathbf{R}^1$ 到 S^1 的覆盖同态, 如 $t \mapsto e^{2\pi i n t}, n \in \mathbf{Z}$. 但是 S^1 到 $\mathbf{R}^1$ 的唯一同态是把所有元素都映射到零者 (这个事实请读者自行证明). 上述现象的基本原因是: $\mathbf{R}^1$ 是单连通的, 但是 S^1 则不是单连通的.

例 6　在第一章定理 8 的证明中, 我们业已指出 S^3 的伴随表示就是 $S^3 \to$ SO (3) $\cong S^3/\{\pm 1\}$, 即把 $q \in S^3$ 映射到由 $X \mapsto q \times q^{-1}$ $(X \in \mathbf{Q} \cong \mathbf{R}^4)$ 在与实轴垂直的 $\mathbf{R}^3$ 上所诱导的正交变换. 这也就是说 $S^3 \to$ SO (3) 是 SO (3) 的覆盖群. 所以它们的李代数是同构的. 但是不存在 SO (3) 到 S^3 的非平凡同态. 其基本原因也是在于 S^3 是单连通的, 而 $\pi_1(\text{SO}(3)) \cong \mathbf{Z}_2$.

习　　题

1. 证明: 当 X, Y 是左不变向量场时, $[X, Y]$ 也是一个左不变向量场.

2. 验证本章 (6) 式中所述的括积的三个性质.

3. 对于矩阵群, 验证本章的 (7) 式.

4. 设 $H \subset G$ 是 G 的一个李子群, $\mathfrak{g}, \mathfrak{h}$ 分别是 G 和 H 的李代数, 求证 $\mathfrak{h}$ 是 $\mathfrak{g}$ 的李子代数.

5. 利用指数映射证明每一个李群 G 都有一个单位元 e 点的邻域, 它不包含任何不等于 $\{e\}$ 的子群.

6. 证明由 SO (3) 到 S^3 的同态是平凡的.

7. 设 G 是 GL $(4, \mathbf{R})$ 中下列元素组成的李子群

$$\begin{pmatrix} \cos\gamma & \sin\gamma & 0 & \alpha \\ -\sin\gamma & \cos\gamma & 0 & \beta \\ 0 & 0 & 1 & \gamma \\ 0 & 0 & 0 & 1 \end{pmatrix} \quad (\alpha, \beta, \gamma \in \mathbf{R}),$$

求它的李代数 $\mathfrak{g} \subset \mathfrak{gl}(4, \mathbf{R})$.

8. 在矩阵群中, 还有几种十分重要的群:

$$SU(n) = U(n) \bigcap SL(n, \mathbf{C}),$$

$$SO(n) = O(n) \bigcap SL(n, \mathbf{R}),$$

$$Sp(n) = Sp(n, \mathbf{C}) \bigcap U(2n).$$

验证它们都是紧致连通李群, 并求出它们的李代数.

第三章 伴随变换的几何

一个可交换的群, 它的结构是相当简单的. 例如: 所有有限生成的可交换群具有十分简单的结构定理. 任何连通可换李群都是向量加群除以一个部分格点子群的商群. 因此, 群论的重点在于群的 "不可交换性" 的研讨. 什么是一个群 G 的不可交换性呢? 一个直截了当的提法就是: 一个群 G 的**不可交换性**就是下述伴随变换:

$$\widetilde{\mathrm{Ad}} : G \times G \to G, \quad (g, x) \mapsto gxg^{-1}. \tag{1}$$

也就是说将群 G 表示成作用在其本身上的共轭 (内) 自同构群的这个变换映射. 例如上述变换群是平凡变换群的情形就说明 G 是交换群. 再者, 若 G 是一个李群, 则其伴随变换就是一个可微变换群, 它的几何结构可以说是整个李群论的枢纽. 这也就是本章所要讨论的中心课题.

§1 伴随变换与伴随表示

伴随变换 $\widetilde{\mathrm{Ad}} : G \times G \to G$ 把每一个 $g \in G$ 表示成一个 G 本身的 (内) 自同构

$$\sigma_g : G \to G, \quad \sigma_g(x) = gxg^{-1}.$$

因此, 相应地就有它在李代数 $\mathfrak{g}$ 上所诱导而得的自同构 $\mathrm{Ad}(g) : \mathfrak{g} \to \mathfrak{g}$, 即下图

是可换的.

$$\begin{array}{ccc} \mathfrak{g} & \xrightarrow{\mathrm{Ad}\,(g)} & \mathfrak{g} \\ \Big\downarrow{\scriptstyle \mathrm{Exp}} & & \Big\downarrow{\scriptstyle \mathrm{Exp}} \\ G & \xrightarrow{\ \sigma_g\ } & G \end{array}$$

$$g(\mathrm{Exp}\,tX)g^{-1} = \mathrm{Exp}\,(t\mathrm{Ad}\,(g)X), \quad X \in \mathfrak{g}, \quad t \in \mathbf{R}. \tag{2}$$

让上述 g 在 G 中变动, 就得到一个同态

$$\mathrm{Ad} : G \to \mathrm{GL}\,(\mathfrak{g}), \tag{3}$$

叫做 G 的**伴随表示**. 再者, 上述同态又进而诱导出下述的李代数同态 ad: $\mathfrak{g} \to$ $\mathfrak{gl}(\mathfrak{g})$, 使得下图可交换:

$$\begin{array}{ccc} \mathfrak{g} & \xrightarrow{\ \mathrm{ad}\ } & \mathfrak{gl}(\mathfrak{g}) \\ \Big\downarrow{\scriptstyle \mathrm{Exp}} & & \Big\downarrow{\scriptstyle \mathrm{Exp}} \\ G & \xrightarrow{\ \mathrm{Ad}\ } & \mathrm{GL}\,(\mathfrak{g}) \end{array} \tag{4}$$

亦即

$$\mathrm{Ad}\,(\mathrm{Exp}\,sY) = \mathrm{Exp}\,(s \cdot \mathrm{ad}\,Y), \quad Y \in \mathfrak{g}, \quad s \in \mathbf{R}.$$

在本质上, 上面所做的就是对于伴随变换映射 $\widetilde{\mathrm{Ad}}\,(g,x) = gxg^{-1}$ 这个 "二变数" 映射进行逐步线性化. 换句话说, 先把 x 代以 $\mathrm{Exp}\,tX$, 就可以把 x 这个 "变数" 线性化而得

$$g(\mathrm{Exp}\,tX)g^{-1} = \mathrm{Exp}\,(t\mathrm{Ad}\,(g)X).$$

第二步再把 g 代以 $\mathrm{Exp}\,(sY)$, 这样就可以把 g 这个 "变数" 也线性化了, 即得

$$\mathrm{Exp}\,(sY) \cdot \mathrm{Exp}\,(tX) \cdot \mathrm{Exp}\,(-sY)$$
$$= \mathrm{Exp}\,(t \cdot \mathrm{Ad}\,(\mathrm{Exp}\,sY)X)$$
$$= \mathrm{Exp}\,(t\mathrm{Exp}\,(s \cdot \mathrm{ad}\,Y)X)$$
$$= \mathrm{Exp}\,(tX + ts(\mathrm{ad}\,(Y)X) + \text{高阶项}). \tag{5}$$

由 (5) 式就可以得出

$$\mathrm{Exp}\,(sY)\mathrm{Exp}\,(tX)\mathrm{Exp}\,(-sY)\mathrm{Exp}\,(-tX)$$
$$\doteq \mathrm{Exp}\,(ts\,\mathrm{ad}\,(Y)X) \text{(精确到二阶项)}. \tag{5'}$$

但是在第二章的 (7) 式中业已说明

$$\mathrm{Exp}\,(sY)\mathrm{Exp}\,(tX)\mathrm{Exp}\,(-sY)\mathrm{Exp}\,(-tX)$$
$$\doteq \mathrm{Exp}\,(ts[Y, X]) \text{(精确到二阶项)},$$

这就证明了下述定理:

定理 1　$\text{ad}\,(Y)\cdot X = [Y,X]$.

例 1　先以 $\text{GL}(V)$ 为例, 来看一看它的伴随表示是什么? 由第二章 §1 中例 1 得知, $\text{GL}(V)$ 的李代数就是 $\mathfrak{gl}(V)\cong\mathscr{L}(V,V)$, 而其指数映射可以用幂级数直接写出, 即:

$$\text{Exp}\,X = I + X + \frac{1}{2!}X^2 + \cdots + \frac{1}{k!}X^k + \cdots,$$
$$X \in \mathscr{L}(V,V). \tag{6}$$

由 (6) 式不难看出, 对于任给 $A \in \mathscr{L}(V,V), X \in \mathfrak{gl}(V) = \mathscr{L}(V,V)$, 恒有

$$A\text{Exp}\,tXA^{-1} = A\left(I + tX + \frac{t^2}{2!}X^2 + \cdots + \frac{t^k}{k!}\cdot X^k + \cdots\right)A^{-1}$$
$$= I + t(AXA^{-1}) + \frac{t^2}{2!}(AXA^{-1})^2 + \cdots + \frac{t^k}{k!}(AXA^{-1})^k + \cdots$$
$$= \text{Exp}\,t(AXA^{-1}). \tag{7}$$

将 (7) 式和 (2) 式相比即得:

$$\text{Ad}\,(A)X = AXA^{-1}. \tag{8}$$

由于 $\text{GL}(V)\cong\text{GL}(n,\mathbf{C})$ (或 $\text{GL}(n,\mathbf{R})$), $\mathfrak{gl}(V)\cong M(n,\mathbf{C})$ (或 $M(n,\mathbf{R})$), 所以, 我们很容易把上述结果改写为 $\text{GL}(n,\mathbf{C})$ 和 $\text{GL}(n,\mathbf{R})$ 的伴随表示的应有形式.

设 H 是 G 的一个连通李子群, $\mathfrak{h}$ 是它的李代数, 则 $\text{Ad}_G : G \to \text{GL}(\mathfrak{g})$ 和 $\text{Ad}_H : H \to \text{GL}(\mathfrak{h})$ 之间有如下关系: 以符号 $\text{Ad}_{G|H}$ 表示线性表示 $H \subset G \xrightarrow{\text{Ad}_G} \text{GL}(\mathfrak{g})$, 则显然 $\mathfrak{h}$ 是在 $\text{Ad}_{G|H}$ 的作用下不变的子空间, 把 H 的作用限制在 $\mathfrak{h}$ 上即得 Ad_H.

根据定理 1, 对任何 $Z \in \mathfrak{g}, \text{ad}\,Z \in \mathfrak{gl}(\mathfrak{g})$. 由 Jacobi 恒等式可知, $\text{ad}\,Z$ 有下列性质:

$$\text{ad}\,Z\cdot[X,Y] = [Z,[X,Y]]$$
$$= [[Z,X],Y] + [X,[Z,Y]]$$
$$= [\text{ad}\,Z\cdot X,Y] + [X,\text{ad}\,Z\cdot Y]. \tag{9}$$

定义　李代数 $\mathfrak{g}$ (作为向量空间) 的一个线性变换 D 叫做 $\mathfrak{g}$ 的**导子** (derivation), 若

$$\text{D}[X,Y] = [\text{D}X,Y] + [X,\text{D}Y], \quad \forall X,Y \in V. \tag{10}$$

我们用 $\partial(\mathfrak{g})$ 表示 $\mathfrak{g}$ 的所有导子组成的集合. $\text{ad}\,Z(Z\in\mathfrak{g})$ 自然是 $\mathfrak{g}$ 的一个导子, 这样的导子叫做**内导子**. $\text{ad}\,(\mathfrak{g})\subset\partial(\mathfrak{g})$.

令 Aut (g) 表示 g 的自同构群, 则有

命题 1　$D \in \partial(\mathfrak{g})$ 当且仅当 $\operatorname{Exp} t D \in \operatorname{Aut}(\mathfrak{g})$.

证　只要证明 $D[X,Y] = [DX,Y] + [X,DY]$ 当且仅当

$$(\operatorname{Exp} t D)[X,Y] = [\operatorname{Exp} t D \cdot X, \operatorname{Exp} t D \cdot Y] \tag{11}$$

即可. 由 Exp 的定义, (11) 式两边对 t 在 $t = 0$ 处求导, 就得出 (10) 式. 另一方面, 对任何自然数 k, 不难验证

$$D^k[X,Y] = \sum_{i+j=k} \frac{k!}{i!j!}[D^i X, D^j Y], \quad i \geqslant 0, \quad j \geqslant 0, \tag{12}$$

其中 D^0 表示恒等映射, 用 (10) 式立刻可由 (12) 式推出 (11) 式. □

§2　极大子环群

从本节开始, 我们将假设所讨论的李群都是紧致连通的而不再另外声明. 有了紧致性, 就可以在李群 G 的单位元 e 点的切空间 $\mathfrak{g}$ 上取定一个在 $\operatorname{Ad}(G)$ 的作用下不变的内积 $\langle , \rangle$, 即

$$\langle \operatorname{Ad}(g)X, \operatorname{Ad}(g)Y \rangle = \langle X, Y \rangle, \quad X, Y \in \mathfrak{g}, \quad g \in G.$$

对于这样取定的内积, 我们再任取 $\mathfrak{g}$ 的一组标准正交基 $\{X_i; 1 \leqslant i \leqslant n\}$, 即 $\langle X_i, X_j \rangle = \delta_{ij}$. 然后, 我们再用左平移把 $\{X_i; 1 \leqslant i \leqslant n\}$ 分别扩张成 G 上左不变向量场, 而且依然用符号 X_i 记之. 这样就可以**唯一**地在 G 上的每点的切空间上都取定内积, 使得 $\{X_i(x); 1 \leqslant i \leqslant n\}$ 恰为在 x 点的切空间的标准正交基. 这也就在流形 G 上建立了一个**黎曼空间**的结构. 由正交向量场组 $\{X_i; 1 \leqslant i \leqslant n\}$ 的左不变性容易看出: 所有左平移都是这个黎曼空间的保长变换. 再者, 由于在 $\mathfrak{g}$ 上的内积是 $\operatorname{Ad}(G)$ 不变的, 不难验证所有右平移也是它的保长变换. 令 $\mathfrak{g}(a)$ 为 G 在 a 点的切空间, $\mathfrak{g}(e) = \mathfrak{g}$. dl_a, dr_a 分别是左, 右平移 l_a, r_a 在切空间之间所诱导的线性映射, 则有下列可换图解:

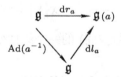

其中 $a \cdot a^{-1}xa = xa$. 因为 dl_a 和 $\operatorname{Ad}(a^{-1})$ 都是保长的, 所以 dr_a 也是保长的. 因此, 从本节开始, 我们总是假定一个紧致连通李群 G 具有一个在左、右平移下

都保长的黎曼结构而不再另加声明. 当然, 伴随变换 $\widetilde{\mathrm{Ad}} : G \times G \to G$ 对于上述黎曼结构而言也是一个保长变换群, 本章的主要课题就是要研讨这个保长变换群的轨道结构的几何 (the geometry of orbit structure), 简称为**轨几何** (orbital geometry). 一个群 G 的伴随变换的轨道就是它的共轭类. 所以伴随变换的轨几何也就是共轭类的几何.

分析

先拿几个实例来分析一下它们的共轭类几何. 例如在第一章定理 8 的证明中, 我们就分析了 S^3 这个紧致李群的共轭类几何. 其结果为: S^3 中的任何共轭类都和 S^1 垂直相交, 而且和半圆 $\{e^{i\theta}; 0 \leqslant \theta \leqslant \pi\}$ 只交于一点; 再者, 含有 $e^{i\theta}$ 的共轭类的面积是 $c \cdot \sin^2 \theta$, 其中 c 是一个常数. 上述关于共轭类几何的结果在 S^3 的所有复不可约线性表示的分类中起了决定性的作用.

现在让我们再以 $U(n)$ 为例, 来看一看它的共轭类几何. 在线性代数中有一个熟知的事实: 任何酉矩阵 A 在 $U(n)$ 中可以对角化. 换句话说, 存在适当的 $g \in U(n)$, 使得 gAg^{-1} 为一个对角酉矩阵. 令

$$T^n = \left\{ \begin{pmatrix} e^{i\theta_1} & & & \\ & e^{i\theta_2} & & \\ & & \ddots & \\ & & & e^{i\theta_n} \end{pmatrix} ; \quad 0 \leqslant \theta_i \leqslant 2\pi \right\} \cong S^1 \times \cdots \times S^1 \qquad (13)$$

为所有 n 阶对角酉矩阵所组成的子群, 它同构于 n 个 S^1 的直积, 称为秩 n 的**环群** (torus of rank n). 则上述事实的另一说法是 T^n 和 $U(n)$ 中的任何共轭类都相交. 再者, 设 T' 是 $U(n)$ 中的一个任给的子环群. 我们可以把 $T' \subset U(n)$ 想成一个 T' 的作用在 $\mathbf{C}^n$ 上的酉表示, $e_1, \cdots, e_n$ 是 $\mathbf{C}^n$ 相应的酉基. 因为 T' 是可换的, 而任何可换群的不可约复表示都必须是一维的, 所以必存在一个 $\mathbf{C}^n$ 的正交分解:

$$\mathbf{C}^n = V_1 \oplus V_2 \oplus \cdots \oplus V_n,$$

其中 V_i 都是复一维的 T'-不变子空间. 在每个 V_i 中各取一个单位长向量 a_i. 令 $Ae_i = a_i$ $(i = 1, \cdots, n)$, 则 A 是一个酉变换, 且不难看出

$$A^{-1}T'A \subset T^n. \qquad (14)$$

亦即 $U(n)$ 中的任给子环群都共轭于 T^n 中的一个子群, 所以 T^n 当然是 $U(n)$ 中的一个极大子环群, 而且 $U(n)$ 中的任给的极大子环群都和 T^n 共轭!

基于上述分析, 很自然就要问一问: 上面这个关于 $U(n)$ 的共轭类几何和子环群的基本结果是否可以推广到所有的紧致连通李群呢? É. Cartan 在李群论方面的重要贡献之一就是下述极大子环群定理:

定理 2　设 G 为一个紧致连通李群, T 为其中任一极大子环群. 则 T 和 G 的任何共轭类都一定相交; G 中的任何极大子环群都和 T 共轭.

证　我们把证明分成几步来做:

1) 设 T 是 G 的一个极大子环群. 我们将 G 的伴随变换 $\widetilde{\mathrm{Ad}} : G \times G \to G$ 和伴随表示 $\mathrm{Ad} : G \times \mathfrak{g} \to \mathfrak{g}$ 分别限制到 T 上, 即得 $\widetilde{\mathrm{Ad}}\big|_T : T \times G \to G$ 和 $\mathrm{Ad}\big|_T : T \times \mathfrak{g} \to \mathfrak{g}$. 则显然有: T 在 $\widetilde{\mathrm{Ad}}\big|_T$ 的作用下每点都固定不动, 而且对于 T 上的任意一点 $t, \widetilde{\mathrm{Ad}}\big|_T$ 在 t 点的 $(G$ 的$)$ 切空间 $\mathfrak{g}(t)$ 上所诱导的线性表示都和 $\mathrm{Ad}\big|_T : T \times \mathfrak{g} \to \mathfrak{g}$ 等价 (其实, $dl_t : \mathfrak{g} \to \mathfrak{g}(t)$ 就是等价同构).

因为任何可换群的不可约复表示都必须是一维的, 不难由此推论而得: 任何环群的非平凡实不可约表示都是二维的. 所以 $\mathrm{Ad}\big|_T$ 可以分解如下, 即

$$\mathrm{Ad}\big|_T = k \text{ 维平凡表示 } \oplus \sum \varphi_i. \tag{15}$$

相应地, $\mathfrak{g}$ 就分解成不变子空间的直和

$$\mathfrak{g} = \mathbf{R}^k \oplus \sum \mathbf{R}^2(\varphi_i), \tag{16}$$

其中 $\mathbf{R}^2(\varphi_i)$ 是非平凡表示 $\varphi_i : T \to \mathrm{SO}\,(2)$ 的表示空间. 由 T 的可换性容易看出上述 $\mathbf{R}^k$ 包含 T 的李代数 $\mathfrak{h}$. 再由 T 的极大性就可断言 $\mathbf{R}^k \cong \mathfrak{h}$. 要不然, 就可以找到一个包含 $\mathfrak{h}$ 而且比 $\mathfrak{h}$ 更高维的可换李子代数, 再用基本定理即得 G 中一个包含 T 而且比 T 高维的可换连通子群, 它的闭包 T' 当然是一个包含 T 而且比 T 高维的子环群, 这就和 T 的极大性相矛盾, 所以 $\mathbf{R}^k = \mathfrak{h}$. 今后称 $\mathfrak{h}$ 为 $\mathfrak{g}$ 的 Cartan 子代数.

2) 因为 $\varphi_i : T \to \mathrm{SO}\,(2)$ 都是非平凡的, 所以 $\ker(\varphi_i)$ 都是 T 中的低一维子群. 因此, $\bigcup_{\varphi_i} \ker(\varphi_i) \neq T$, 而且不含 T 中的任何非空开集. 任取 $t_0 \in T \backslash \bigcup_{\varphi_i} \ker(\varphi_i)$, 令 G_{t_0} 是 t_0 在 G 中的中心化子, 即: $G_{t_0} = \{g \in G; gt_0g^{-1} = t_0\}$, 它自然是 G 的一个子群. 记 $G_{t_0}^0$ 表示由 G_{t_0} 的单位元连通分支所组成的连通子群, $\mathfrak{g}_{t_0}$ 是 $G_{t_0}^0$ 的李代数 (注意, 这里的 $\mathfrak{g}_{t_0}$ 不表示 G 在 t_0 点的切空间, 也就是说 $\mathfrak{g}_{t_0} \neq \mathfrak{g}(t_0)$). 由中心化子的定义, 显然有 $G_{t_0}^0 \supset T$, 我们要证明 $G_{t_0}^0 = T$. 设 $X \in \mathfrak{g}_{t_0}$ 是其中任给元素, 则 $\mathrm{Exp}\,(sX) \in G_{t_0}^0$, 亦即

$$\mathrm{Exp}\,s(\mathrm{Ad}\,(t_0)x) = t_0(\mathrm{Exp}\,sX)t_0^{-1} = \mathrm{Exp}\,sX, \quad s \in \mathbf{R}, \tag{17}$$

因此, $\mathrm{Ad}\,(t_0)X = X$. 由于 $t_0 \in T \backslash \bigcup \ker(\varphi_i)$, 这只有在 $X \in \mathfrak{h}(\cong \mathbf{R}^k)$ 时才可能, 所以 $\mathfrak{g}_{t_0} = \mathfrak{h}, G_{t_0}^0 = T$.

3) 令 $G(t_0)$ 表示过 t_0 点的 $\widetilde{\mathrm{Ad}}(G)$-轨道, 也就是包含 t_0 的共轭类. 显然, $G(t_0) \cong G/G_{t_0}$ (作为流形). 所以

$$\dim G(t_0) = \dim G \backslash G_{t_0} = \dim G - \dim T, \tag{18}$$

亦即

$$\dim G(t_0) + \dim T = \dim G. \tag{18'}$$

再者, 在 $\widetilde{\mathrm{Ad}}\big|_T$ 的作用之下, $t_0 \in T$ 是一个不动点, $G(t_0)$ 和 T 则分别是不变子流形, 它们相交于 t_0 点. 因此, $\widetilde{\mathrm{Ad}}\big|_T$ 在定点 t_0 处关于 G 的切空间 $\mathfrak{g}(t_0)$ 上所诱导的线性表示当然也就有两个不变线性子空间, 那就是 T 在 t_0 点的切空间和 $G(t_0)$ 在 t_0 点的切空间. 再者, 在 1) 中我们也已指出: 可以用 $\mathrm{d}l_{t_0}$ 把表示 $(T, \mathfrak{g})$ 与 $(T, \mathfrak{g}(t_0))$ 两者等同起来, 所以有

$$\mathfrak{g}(t_0) = \mathbf{R}^k \oplus \sum \mathbf{R}^2(\varphi_i). \tag{19}$$

在上述分解式中, 显然 $\mathbf{R}^k = \mathfrak{h}$ 就是那个 T 在 t_0 点的切空间, 而 $\sum \mathbf{R}^2(\varphi_i)$ 就是那个 $G(t_0)$ 在 t_0 点的切空间 (因为 T 对于 $G(t_0)$ 在 t_0 点的切空间的作用不可能含有任何非零的不动向量. 不然的话, 就容易推出 T 并非是极大子环群). 所以 $G(t_0)$ 和 T 在 t_0 点**正交**!

4) 现在我们就容易运用前述的 G 上的黎曼结构来完成本定理的证明.

先介绍两个有关黎曼几何的结论, 读者可参看 [7].

(a) 在任何黎曼流形中, 保长变换群的不动点子集总是一个**全测地子流形** (totally geodesic submanifold)[①].

(b) 紧致连通黎曼空间 M 的任何两点之间都存在有联结这两点的极短测地线.

令 $F(T, G)$ 是 $\widetilde{\mathrm{Ad}}\big|_T$ 在 G 上作用的不动点子集, 则不难看出, T 是 $F(T, G)$ 的一个连通分支 (其实 $T = F(T, G)$, 但是这一点的证明要用到本定理, 参看推论 4). 由 (a), T 是 G 的一个全测地子流形.

设 $G(y)$ 是 G 中的一个任给的共轭类. 因为 $G(t_0)$ 和 $G(y)$ 是 G 中的两个紧致子流形, 所以不难用 (b) 证明存在一条联结于两者之间的极短测地线. 它显然与 $G(t_0)$ 和 $G(y)$ 都是正交的 (利用极短性即可证明). 设这样一条测地线段 γ 的端点分别是 $x_1 \in G(t_0)$ 和 $y_1 \in G(y)$, 设 $x_1 = g t_0 g^{-1}$. 我们可以把上述测地线段 γ 用共轭 $\widetilde{\mathrm{Ad}}(g^{-1})$ 这个保长变换加以搬动, 即得 $\tilde{\gamma} = \widetilde{\mathrm{Ad}}(g^{-1})\gamma$. 它是一条过 t_0 点、垂直于 $G(t_0)$ 的测地线段, 而且以 $y_0 = g^{-1} y_1 g \in G(y)$ 为其另一端点. 再

[①]全测地子流形的定义是: 其上任一点沿它的任一个切方向所定的外在流形的测地线都包含在子流形之内.

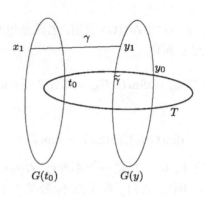

图 3.1

者, 因为 $\bar{\gamma}$ 和 T 相切 (这是由于 $\bar{\gamma} \perp G(t_0)$ 且 $T \perp G(t_0)$) 而 T 又是个全测地子流形, 所以 $\bar{\gamma} \subset T$. 这就证明了 T 与 $G(y)$ 至少交于一点, 例如: y_0, 但是 $G(y)$ 是任意一个共轭类, 这也就证明了 T 和 G 中的任何共轭类都相交.

5) 设 T_1 是 G 中任给的另一极大子环群. 我们可以在 T_1 中取一个元素 t_1, 使得它所生成的子群 $\langle t_1 \rangle$ 在 T_1 中到处稠密, 亦即 $\overline{\langle t_1 \rangle} = T_1$. 由 4) 可知, 存在 $g \in G$, 使得 $gt_1g^{-1} \in T$, 因此,

$$gT_1g^{-1} = g\overline{\langle t_1 \rangle}g^{-1} = \overline{\langle gt_1g^{-1} \rangle} \subset T.$$

由于 T_1 和 T 的极大性就可知 $gT_1g^{-1} = T$. □

推论 1　一个紧致连通李群 G 的所有极大子环群的维数相同 (因此, 我们可以定义 G 的秩为它的极大子环群的秩, 也就是它的维数, 记为 $\mathrm{rank}\,G(= \dim T)$).

推论 2　G 的一个子环群 T 是极大子环群的充要条件就是它和 G 中的任何共轭类都相交.

推论 3　设 φ, ψ 是 G 的任给的两个线性表示, T 是 G 的任一极大子环群. 令 $\psi|_T : T \hookrightarrow G \xrightarrow{\psi} \mathrm{GL}(W)$, 而 $\varphi|_T : T \hookrightarrow G \xrightarrow{\varphi} \mathrm{GL}(V)$. 则

$$\varphi \cong \psi, \quad 当且仅当 \ \varphi|_T \cong \psi|_T. \tag{20}$$

证　显然有 $\chi_\varphi|_T = \chi_{\varphi|_T}, \chi_\psi|_T = \chi_{\psi|_T}$. 再者, 因为 χ_φ 和 χ_ψ 都是在 G 的任一共轭类上取等值的函数, 而 T 又和 G 中任何的共轭类都相交, 所以

$$\chi_\varphi = \chi_\psi \iff \chi_\varphi|_T = \chi_\psi|_T. \tag{21}$$

将 (21) 式和第一章定理 4 相结合, 就得出本推论. □

推论 4 设 S 是 G 的一个任给的子环群, $Z(S)$ 为 S 的中心化子, 即

$$Z(S) = \{g \in G; gsg^{-1} = s, \text{ 对所有 } s \in S\},$$

则有

$$Z(S) = \bigcup \{T'; T' \supset S\},$$

其中求并时 T' 取遍 G 的一切包含 S 的极大子环群. 由此可知 $Z(S)$ 是连通的. 特别地, 一个极大子环群 T 的中心化子就是其本身.

证 设 x 是 $Z(S)$ 中的任意一个元素, $\langle x, S \rangle$ 表示由 x 和 S 生成的子群, $\overline{\langle x, S \rangle}$ 是它的闭包. 则 $\overline{\langle x, S \rangle}$ 显然是 G 中的一个可换闭子群. 它自然应该是 $\langle g_0 \rangle \times S'$ 这种形式的群, 其中 $S' \supset S$ 是一个子环群, 而 g_0 是一个有限阶的元素, 即 $g_0^m = e$ (m 是某个正整数). 先取 $x_0 \in S'$, 使得 $S' = \overline{\langle x_0 \rangle}$, 再取 $a \in S'$, 使得 $a^m = x_0$. 令 $y = g_0 \cdot a$, 则有

$$y^m = g_0^m \cdot a^m = e \cdot x_0 = x_0,$$

所以

$$\overline{\langle y \rangle} \supset \overline{\langle x_0 \rangle} = S'.$$

这说明 $a \in \overline{\langle y \rangle}$, 从而 $g_0 = ya^{-1}$ 也属于 $\overline{\langle y \rangle}$, 即

$$\overline{\langle y \rangle} = \langle g_0 \rangle x S' = \overline{\langle x, S \rangle}.$$

由定理 2, 存在 g_1 使得 $g_1 y g_1^{-1} \in T$, 亦即 $y \in g_1^{-1} T g_1$, 因此 x 属于极大子环群 $g_1^{-1} T g_1$. 但是 x 是 $Z(S)$ 中的一个任意元素, 所以 $Z(S) \subset \bigcup\{T'\}$, 其中 T' 取遍 G 的所有包含 S' 的极大子环群. 再者, 任何包含 S 的极大子环群 T' 自然应包含在 $Z(S)$ 中, 于是推论得证.   □

注 推论 4 的一个特款就是 $Z(T) = T$, 其中 T 是极大子环群. 换句话说 $F(T, G) = T$.

定义 令 $N(T, G) = \{g \in G; gTg^{-1} = T\}$, 称为 T 在 G 中的**正规化子**. 令 $W(G) = N(T, G)/T$, 称为 G 的 **Weyl 群**. 它是个作用在 $T = F(T, G)$ 上的变换群.

$W(G)$ 也可视为 T 的李代数 $\mathfrak{h}$ 上的变换群. 事实上, 对于 $g \in N(T, G)$, 总有 $gTg^{-1} = T$, 即 $\widetilde{\mathrm{Ad}}(g)T = T$, 所以, $\mathrm{Ad}(g)\mathfrak{h} \subset \mathfrak{h}$, 且下列图解可交换.

$$
\begin{array}{ccc}
T & \xrightarrow{\widetilde{\mathrm{Ad}}(g)} & T \\
{\scriptstyle \mathrm{Exp}}\big\uparrow & & \big\uparrow{\scriptstyle \mathrm{Exp}} \\
\mathfrak{h} & \xrightarrow{\mathrm{Ad}(g)} & \mathfrak{h}
\end{array}
$$

由此不难看出,

$$N(T, G) = \{g \in G; \mathrm{Ad}\,(g)\mathfrak{h} \subset \mathfrak{h}\},$$

$$T = F(T, G) = \{g \in G; \mathrm{Ad}\,(g)|_{\mathfrak{h}} = \mathrm{id}\,\}.$$

换句话说, $N(T, G)$ 也是 $\mathfrak{h}$ (在 G 中) 的正规化子, 而 T 则是 $\mathfrak{h}$ (在 G 中) 的中心化子, 所以 $W(G)$ 也是 $\mathfrak{h}$ 上的变换群.

我们将以符号 $G/\widetilde{\mathrm{Ad}}, \mathfrak{g}/\mathrm{Ad}$ 分别表示伴随变换群和伴随表示的轨道空间. 即: 以 $G/\widetilde{\mathrm{Ad}}$ 为例, $G/\widetilde{\mathrm{Ad}}$ 中的每个点都是由 G 中的一个共轭类所组成, 也就是说, $\pi : G \to G/\widetilde{\mathrm{Ad}}$ 把每个轨道映射到一点, 并取商拓扑.

再者, 我们以 T/W 和 $\mathfrak{h}/W$ 分别表示 T 和 $\mathfrak{h}$ 在 $W(G)$ 作用下的轨道空间, 则不难看出有下列可换图解.

$$
\begin{array}{ccc}
T & \stackrel{\subset}{\longrightarrow} & G \\
\pi \downarrow & & \downarrow \pi \\
T/W & \longrightarrow & G/\widetilde{\mathrm{Ad}}
\end{array}
\qquad
\begin{array}{ccc}
\mathfrak{h} & \stackrel{\subset}{\longrightarrow} & \mathfrak{g} \\
\pi \downarrow & & \downarrow \pi \\
\mathfrak{h}/W & \longrightarrow & \mathfrak{g}/\mathrm{Ad}
\end{array}
\tag{22}
$$

推论 5　在上述图解中, 映射 $T/W \to G/\widetilde{\mathrm{Ad}}$ 和 $\mathfrak{h}/W \to \mathfrak{g}/\mathrm{Ad}$ 都是一一在上的映射.

证　因为 $\mathfrak{h}/W \to \mathfrak{g}/\mathrm{Ad}$ 就是 $T/W \to G/\widetilde{\mathrm{Ad}}$ 的线性化和局部化, 所以我们只需证明 $T/W \to G/\widetilde{\mathrm{Ad}}$ 是一一在上的映射.

首先, 由定理 2, T 和 G 中任何共轭类都相交, 这表明 $T/W \to G/\widetilde{\mathrm{Ad}}$ 是一个满射. 下面, 我们要证明它也是一一的. 这也就是要证明下述事实: 对于任给元素 $t_0 \in T, G(t_0) \bigcap T = W(t_0)$, 这里 $W(t_0)$ 表示 t_0 在 $W(G_0)$ 作用之下的轨道. 显然有

$$G(t_0) \bigcap T = G(t_0) \bigcap F(T, G) = F(T, G(t_0)). \tag{23}$$

又因为 $G(t_0) \cong G/G_{t_0}, G_{t_0} \supset T$, 而且显然有

$$xG_{t_0} \in F(T, G/G_{t_0}) \Longleftrightarrow xG_{t_0}x^{-1} \supset T \Longleftrightarrow G_{t_0} \supset x^{-1}Tx,$$

所以我们只要证明, 对于任给的 $xG_{t_0} \in F(T, G/G_{t_0})$, 一定有一个元素 $n \in N(T, G)$, 使得 $xG_{t_0} = nG_{t_0}$ 即可. 由于 T 和 $x^{-1}Tx$ 都是 $G_{t_0}^0$ 的极大子环群, 所以存在 $g \in G_{t_0}^0$, 使得 $gTg^{-1} = x^{-1}Tx$, 亦即 $(xg)^{-1}T(xg) = T, xg \in N(T, G)$, 这就证明了

$$xG_{t_0} = (xg)G_{t_0}, \quad xg \in N(T, G). \qquad \square$$

§3 权系、根系和 Cartan 分解

第二节中所证明的极大子环群定理是关于伴随变换的轨几何的基本定理, 也是整个紧致李群论的枢纽. 本节将把这个定理和第一章的结果相结合, 为系统地研讨紧致李群的结构论和表示论做好准备工作.

(A) **权系的定义** 设 $\varphi: G \to \mathrm{GL}(V)$ 是一个给定的复表示. 由 §2 中定理 2 的推论 3 可知, $\varphi|_T: T \subset G \to \mathrm{GL}(V)$ 是 φ 的一个完全不变量. 但是 $\varphi|_T$ 又可以唯一地分解为一维复不可约表示的和, 即

$$\varphi|_T = \varphi_1 \oplus \cdots \oplus \varphi_n, \quad \dim \varphi_i = 1 \ (i = 1, \cdots, n). \tag{24}$$

上述 φ_i 都是一个由 T 到 $U(1) = S^1$ 的同态, 而它的线性化 $\mathrm{d}\varphi_i$, 则是一个由 T 的李代数 $\mathfrak{h}$ 到 $U(1)$ 的李代数 $\mathbf{R}^1$ 的李代数同态. 但是 $\mathfrak{h}$ 和 $\mathbf{R}^1$ 都是可换的, 亦即: 其上括积恒为零, 所以 $\mathrm{d}\varphi_i$ 其实就是向量空间 $\mathfrak{h}$ 到 $\mathbf{R}^1$ 的同态, 即 $\mathfrak{h}$ 上的线性函数, 或者说, $\mathrm{d}\varphi_i \in \mathfrak{h}^*$($\mathfrak{h}$ 的对偶空间), 称为表示 φ 的权. 总结上面的分析, 我们可以用下述图解表达:

$$
\begin{array}{ccc}
\mathbf{Z}^r & \longrightarrow & \mathbf{Z}^1 \\
\downarrow & & \downarrow \\
\mathbf{R}^r \cong \mathfrak{h} & \xrightarrow{\mathrm{d}\varphi_i} & \mathbf{R}^1 \ni 1 \\
{\scriptstyle \mathrm{Exp}} \downarrow & & \downarrow {\scriptstyle \mathrm{Exp}\, 1} \\
T & \xrightarrow{\sigma_i} & U(1) = S^1 \ni \mathrm{e}^{2\pi i t}
\end{array}
\tag{25}
$$

其中 $r = \mathrm{rank}\,(T) = \mathrm{rank}\,(G)$, 亦即 $\varphi_i(\mathrm{Exp}\,H) = \exp\{2\pi \mathrm{id}\varphi^i(H)\}$.

$\mathrm{d}\varphi$ 在 $\mathfrak{h} \cong \mathbf{R}^r$ 中的格点集 $\mathbf{Z}^r$ 上取整数值. 这种线性函数叫做整线性函数. 请注意, 在 (24) 式的分解中, 当然可能会有相互等价的, 即: 存在不等的 i 和 j, 使得 $\varphi_i = \varphi_j$, 这种情形下也就有 $\mathrm{d}\varphi_i = \mathrm{d}\varphi_j$. 习惯上, 我们可以把相同的 $\mathrm{d}\varphi_i$ 合并起来, 标记以它们的重数. 这样, 由 (24) 式, $\varphi|_T$ 的分解就唯一地给出 $\mathfrak{h}^*$ 中一个带有重数的子集, 我们将以符号 $\Omega(\varphi)$ 表示, 叫做复表示 φ 的**权系** (the weight system of φ), 它是 φ 的一组完全不变量. 再者, 若 φ 是一个实表示, 我们定义 $\Omega(\varphi) = \Omega(\varphi \otimes \mathbf{C})$, 即以其复化后的权系为其权系 ($\varphi \otimes \mathbf{C}: G \xrightarrow{\varphi} \mathrm{GL}(V) \subset \mathrm{GL}(V \otimes \mathbf{C})$, 或者说 $G \xrightarrow{\varphi} \mathrm{GL}(n, \mathbf{R}) \subset \mathrm{GL}(n, \mathbf{C})$).

(B) **根系的定义** 设 G 是一个紧致连通李群, T 是 G 的一个选定的极大子环群. G 的伴随表示 Ad_G 的非零权, 即 $\mathrm{Ad}_G \otimes \mathbf{C}$ 的非零权, 叫做 G 的**根** (root), 而 Ad_G 的非零权的全体组成的集合, 叫做 G 的**根系** (root system), 我们将以符号 $\Delta(G)$ 表示.

注 $\mathrm{Ad}_G \otimes \mathbf{C}$ 的零权的重数就是 $\mathrm{rank}\,(G)$. 而在下面我们将要证明它的所有非零权的重数都是 1. 因此, 我们得知, $\Delta(G)$ 是 $\mathfrak{h}^*$ 中一个不带重数的子集 (每个根重数都是 1). 但是这要在证明了上述事实之后才可以这样说.

(C) **Cartan 分解** 根系的定义乃是基于 $(\mathrm{Ad}_G|_T) \otimes \mathbf{C}$ 的分解, 它是一个作用于 $\mathfrak{g} \otimes \mathbf{C}$ 上的 T-变换群. 在上述 T 的作用之下, $\mathfrak{g} \otimes \mathbf{C}$ 可分解为下列不变子空间的直和, 即

$$\mathfrak{g} \otimes \mathbf{C} = \mathfrak{h} \otimes \mathbf{C} \oplus \sum_{\alpha \in \Delta(G)} V_\alpha, \quad \dim_{\mathbf{C}} V_\alpha = \alpha \text{ 的重数}, \tag{26}$$

其中 T 在 $\mathfrak{h} \otimes \mathbf{C}$ 上的作用是平凡的, 而 $\mathrm{Exp}\,H \in T$ 在 V_α 上的作用就是将其中每个向量乘以 $\mathrm{e}^{2\pi\mathrm{i}\alpha(H)}$, 亦即

$$\mathrm{Ad}\,(\mathrm{Exp}\,H)X_\alpha = \mathrm{e}^{2\pi\mathrm{i}\alpha(H)}X_\alpha, \quad H \in \mathfrak{h}, X_\alpha \in V_\alpha. \tag{27}$$

分解式 (26) 叫做 $\mathfrak{g}$ 的**复 Cartan 分解**, 其实, 它是 $\mathfrak{g} \otimes \mathbf{C}$ 的一个分解式.

因为任何 T 的非平凡实不可约表示都是二维的, 所以我们也可以直接把 $\mathfrak{g}$ 本身加以分解, 即有

$$\mathfrak{g} = \mathfrak{h} \oplus \sum_{\pm\alpha \in \Delta(G)} m_\alpha \mathbf{R}^2_{(\pm\alpha)}, \tag{28}$$

其中 m_α 是根 α 在 $\Delta(G)$ 中的重数 (以后将证明 $m_\alpha = 1$), $m_\alpha \mathbf{R}^2_{(\pm\alpha)}$ 是 m_α 个 $\mathbf{R}^2_{(\pm\alpha)}$ 的直和, 而 T 在 $\mathbf{R}^2_{(\pm\alpha)}$ 上的作用如下: 对于任给的 $H \in \mathfrak{h}, \mathrm{Exp}\,H \in T$ 在 $\mathbf{R}^2_{(\pm\alpha)}$ 上的作用是一个 $2\pi\alpha(H)$ 角的旋转, 亦即对于 $\mathbf{R}^2_{(\pm\alpha)}$ 中的一组正交基 X_α, Y_α 来说, $\mathrm{Exp}\,H$ 相应的矩阵为

$$\begin{pmatrix} \cos 2\pi\alpha(H) & -\sin 2\pi\alpha(H) \\ \sin 2\pi\alpha(H) & \cos 2\pi\alpha(H) \end{pmatrix}. \tag{29}$$

分解式 (28) 叫做 $\mathfrak{g}$ 的**实 Cartan 分解**.

例 2 $G = S^3$. 我们在第一章 §4, (C) 中业已对于它的结构和复不可约表示做过详细的讨论. 现在把在那里所得的结果再用权系、根系的概念加以重述如下:

1) $S^1 = \{\mathrm{e}^{2\pi\mathrm{i}\theta}; 0 \leqslant \theta \leqslant 1\}$ 就是 S^3 的一个极大子环群.

2) 将 $\varphi_1 : S^3 \xrightarrow{\cong} \mathrm{SU}\,(2)$ 限制到 S^1 上, 即得

$$\varphi_1|_{S^1} : S^1 \to \mathrm{SU}\,(2) : \mathrm{e}^{2\pi\mathrm{i}\theta} \mapsto \begin{pmatrix} \mathrm{e}^{2\pi\mathrm{i}\theta} & 0 \\ 0 & \mathrm{e}^{-2\pi\mathrm{i}\theta} \end{pmatrix}. \tag{30}$$

如果我们仍用 θ 及 $-\theta$ 表示 $\mathbf{R}^1$ 上的线性函数 $\theta(t) = t$ 以及 $(-\theta)(t) = -t\ (t \in \mathbf{R})$, 则由权系的定义即有

$$\Omega(\varphi_1) = \{\theta, -\theta;\ \text{重数均为 1}\}.$$

3) S^3 的伴随表示 $\operatorname{Ad}_{S^3} : S^3 \to \mathrm{SO}\,(3)$ 是一个三维实表示, 它的复化 $\operatorname{Ad}_{S^3} \otimes \mathbf{C}$ 则是一个三维复不可约表示, 而 S^3 的三维复不可约表示在等价意义下是唯一的, 即 φ_2, 因此 $\operatorname{Ad}_{S^3} \otimes \mathbf{C} \cong \varphi_2$. 由 φ_2 的定义不难得出

$$\varphi_2|_{S^1} : S^1 \to U(3); \mathrm{e}^{2\pi\mathrm{i}\theta} \mapsto \begin{pmatrix} \mathrm{e}^{4\pi\mathrm{i}\theta} & 0 & 0 \\ 0 & 1 & 0 \\ 0 & 0 & \mathrm{e}^{-4\pi\mathrm{i}\theta} \end{pmatrix}. \tag{31}$$

所以 $\Omega(\varphi_2) = \{2\theta, 0, -2\theta\}$, 因此 $\Delta(S^3) = \{2\theta, -2\theta\}$. 换句话说, S^3 只有一对根, 一正一负, 互为相反, 重数为 1.

4) 同理可得 S^3 的任一复不可约表示 φ_k (k 为正整数) 的权系是

$$\Omega(\varphi_k) = \{k\theta, (k-2)\theta, \cdots, -(k-2)\theta, -k\theta\}, \tag{32}$$

权的重数皆为 1, 它们构成一个由 $k\theta$ 到 $-k\theta$ 的 “等差向量列”, 其公差为 2θ, 这恰是 S^3 的唯一正根.

例 3 $G = \mathrm{SO}\,(3)$. S^3 的伴随表示 $\operatorname{Ad} : S^3 \to \mathrm{SO}\,(3)$ 是一个三维实不可约表示, 它的核 $\operatorname{Ad}^{-1}(e) = \{\pm 1\}$, 因此

$$S^3/\{\pm 1\} \cong \mathrm{SO}\,(3). \tag{33}$$

这表明 Ad 是一个覆盖同态 (参看附录三). 由此可知, $\mathrm{SO}\,(3)$ 也是秩一的, 而且有下述图群.

$$\begin{array}{ccccc} \{\theta\} = \mathbf{R}^1 & \longrightarrow & \mathbf{R}^1 = \{\theta'\} & \cong & \left\{ \begin{pmatrix} 0 & -\theta' & \\ \theta' & 0 & \\ & & 0 \end{pmatrix} \right\} \\ \Big\downarrow & \Big\downarrow{\scriptstyle\mathrm{Exp}} & \Big\downarrow{\scriptstyle\mathrm{Exp}} & & \Big\downarrow \\ \{\mathrm{e}^{2\pi\mathrm{i}\theta}\} = S^1 & \longrightarrow & \mathrm{SO}\,(2) & \cong & \left\{ \begin{pmatrix} \cos 2\pi\mathrm{i}\theta' & -\sin 2\pi\mathrm{i}\theta' & \\ \sin 2\pi\mathrm{i}\theta' & \cos 2\pi\mathrm{i}\theta' & \\ & & 1 \end{pmatrix} \right\} \\ \cap\Big\downarrow & & \Big\downarrow\cap & & \\ S^3 & \xrightarrow{\ \operatorname{Ad}\ } & \mathrm{SO}\,(3) \cong S^3/\{\pm 1\} & & \end{array} \tag{34}$$

在上述图解中, 映射 $\mathbf{R}^1 \to \mathbf{R}^1$ 将 $\theta \mapsto \theta' = 2\theta$, 其中 θ 和 θ' 分别是 S_1 和 SO (2) 的基准参数. 利用上述覆盖同态, 我们可以把 SO (3) 的任何一个表示 $\psi : \mathrm{SO}\,(3) \to \mathrm{GL}\,(V)$ 提升为一个 S^3 的表示, 即

$$\varphi = \psi \circ \mathrm{Ad}_{S^3} : S^3 \overset{\mathrm{Ad}}{\to} \mathrm{SO}\,(3) \to \mathrm{GL}\,(V).$$

它是一个满足 $\ker(\varphi) \supset \{\pm 1\}$ 的表示. 反之, S^3 的任何满足 $\ker(\varphi) \supset \{\pm 1\}$ 的表示 $\varphi : S^3 \to \mathrm{GL}\,(V)$ 也都可以压缩成一个 SO (3) 的表示 ψ, 使得 $\varphi = \psi \circ \mathrm{Ad}_{S^3}$. 我们可以用下面的图解表明上述关系.

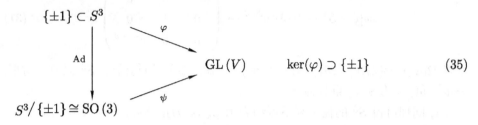

$$\tag{35}$$

再者, 除了 φ 是平凡表示的特殊情形外, 均有 $\ker(\varphi) \subset S^1$, 而且只有 $\ker(\varphi) = \{1\}$ 和 $\ker(\varphi) = \{\pm 1\}$ 这两种可能. 也就是说, $\ker(\varphi) = \ker(\varphi|_{S^1})$. 而 $\ker(\varphi) = \{\pm 1\}$ 的充分必要条件是权系 $\Omega(\varphi)$ 中所含的向量都是 θ 的偶数倍. 所以, 从权系的观点来看, 上述相应的线性表示 φ 和 ψ 之间的关系就是

$$\begin{cases} \Omega(\varphi) \text{ 中所含的向量都是 } 2\theta \text{ 的整数倍,} \\ \Omega(\psi) \text{ 就是把 } \Omega(\varphi) \text{ 中的 } 2\theta \text{ 改写成 } \theta' \text{ 者.} \end{cases} \tag{36}$$

在 S^3 的所有复不可约表示 $\mathrm{IR}\,(S^3) = \{\varphi_k; k = 0, 1, 2, \cdots\}$ 之中, 当且仅当 k 是偶数 $2l$ 时, $\ker(\varphi_k) = \{\pm 1\}$. 所以

$$\begin{cases} \mathrm{IR}\,(\mathrm{SO}\,(3)) = \{\psi_l; l = 0, 1, 2, \cdots, \varphi_{2l} = \psi_l \circ \mathrm{Ad}\,\}, \\ \Omega(\psi_l) = \{l\theta', (l-1)\theta', \cdots, -l\theta'\}, \text{ 重数皆为 } 1. \end{cases} \tag{37}$$

例 4　S^3 和 SO (3) 的李代数. 由于 $S^3 \to \mathrm{SO}\,(3)$ 是覆盖同态, 所以两者的李代数是同构的, 我们将以 $\mathfrak{a}_1$ 表示. $\mathfrak{a}_1$ 是一个三维秩一的不可换李代数, 它的实 Cartan 分解式为

$$\mathfrak{a}_1 = \mathbf{R}^1 \oplus \mathbf{R}^2_{(\pm\theta)} \ (\text{或 } \mathbf{R}^1 \oplus \mathbf{R}^2_{(\pm 2\theta)}). \tag{38}$$

我们可以在 $\mathbf{R}^1$ 中选取基底 H, 使得

$$\mathrm{Ad}\,(\mathrm{Exp}\,tH) = \begin{pmatrix} \cos t & -\sin t \\ \sin t & \cos t \end{pmatrix} \in \mathrm{SO}\,(2), \tag{39}$$

并且令 X, Y 是 $\mathbf{R}^2_{(\pm\theta')}$ 中的一组相应的正交基底, 则有

$$\begin{cases} \mathrm{Exp}\,(t\,\mathrm{ad}\,H) \cdot X = \mathrm{Ad}\,(\mathrm{Exp}\,tH)X = (\cos t)X + (\sin t)Y, \\ \mathrm{Exp}\,(t\,\mathrm{ad}\,H) \cdot Y = \mathrm{Ad}\,(\mathrm{Exp}\,tH)Y = (-\sin t)X + (\cos t)Y, \end{cases} \tag{40}$$

将 (40) 式左、右两边分别对 t 求导, 然后代以 $t = 0$, 即得

$$\begin{cases} [H, X] = \mathrm{ad}\,H \cdot X = Y, \\ [H, Y] = \mathrm{ad}\,H \cdot Y = -X. \end{cases} \tag{41}$$

因此, 再利用 Jacobi 恒等式, 我们便得到

$$[[X, Y], H] = -[[H, X], Y] - [[Y, H], X] = 0. \tag{42}$$

由 (42) 式可知, $[X, Y]$ 与 H 必定线性相关. 要不然, $\mathfrak{a}_1$ 中就有一个二维的可换子代数, 这显然与 $\mathfrak{a}_1$ 是秩一的事实相违背. 设 $[X, Y] = \lambda H$, 我们要说明 $\lambda > 0$. 令 (,) 为 $\mathfrak{a}_1$ 上任取的一个 Ad-不变内积 (参看本章 §2 开端部分的讨论), 则有

$$(\mathrm{Ad}\,(\mathrm{Exp}\,tX)Y, \mathrm{Ad}\,(\mathrm{Exp}\,tX)H) \equiv (Y, H) \ (\text{与 } t \text{ 无关}). \tag{43}$$

将 (43) 式对 t 在 $t = 0$ 处求导, 即得

$$([X, Y], H) + (Y, [X, H]) = 0, \tag{44}$$

亦即

$$(\lambda H, H) + (Y, -Y) = 0,$$

从而

$$\lambda = (Y, Y)/(H, H) > 0.$$

再令 $X_1 = \dfrac{1}{\sqrt{\lambda}}X, Y_1 = \dfrac{1}{\sqrt{\lambda}}Y$, 即有

$$\begin{cases} [H, X_1] = Y_1, \\ [H, Y_1] = -X_1, \\ [X_1, Y_1] = H. \end{cases} \tag{45}$$

这样一组基底 $\{H, X_1, Y_1\}$ 叫做李代数 $\mathfrak{a}_1$ 的**标准基底**.

现在我们综合上述诸例的结果, 来证明下述简单而又基本的定理:

定理 3 设 G 为一个任给的紧致连通李群, 若 $\mathrm{rank}\,(G) = 1$, 则 G 必与 S^1, S^3 或 $\mathrm{SO}\,(3)$ 中之一同构.

证 因为所有的可换秩一紧致连通李群都和 S^1 同构, 所以我们只需要讨论 G 是不可换的情形. 设 T^1 是 G 的一个极大子环群, 由假设 $\mathrm{rank}\,(G) = 1$, 所以 T^1 是一阶的, 我们采用参数 $0 \leqslant t \leqslant 2\pi$ 来表达 T^1 中的元素, 亦即: $T^1 \cong \mathbf{R}^1/\{2\pi\mathbf{Z}\}$. 设 $\mathfrak{g}$ 的实 Cartan 分解为

$$\mathfrak{g} = \mathbf{R}^1 \oplus \mathbf{R}^2_{(n_1)} \oplus \cdots \oplus \mathbf{R}^2_{(n_k)}, \tag{46}$$

由参数的选取可知, $n_1, \cdots, n_k$ 均为正整数, 而 $\mathbf{R}^2_{(n_i)}(1 \leqslant i \leqslant k)$ 就是 $\mathrm{Ad}_G|_{T^1}$ 的不可约子空间, 而且 T^1 在 $\mathbf{R}^2_{(n_i)}$ 上的表示是

$$h_i : T^1 \to \mathrm{SO}\,(2), \quad h_i(t) = \begin{pmatrix} \cos n_i t & -\sin n_i t \\ \sin n_i t & \cos n_i t \end{pmatrix}, \tag{47}$$

我们不妨假设上述正整数集 $\{n_i, 1 \leqslant i \leqslant k\}$ 满足 $n_1 \leqslant \cdots \leqslant n_k$.

参照例 4 的讨论, 我们可以分别取 $\mathbf{R}^1$ 和 $\mathbf{R}^2_{(n_1)}$ 的基底 H 和 $\{X, Y\}$, 使得

$$\begin{cases} \mathrm{Ad}\,(\mathrm{Exp}\,tH)X = (\cos n_1 t)X + (\sin n_1 t)Y, \\ \mathrm{Ad}\,(\mathrm{Exp}\,tH)Y = (-\sin n_1 t)X + (\cos n_1 t)Y. \end{cases} \tag{48}$$

同样地, 将上式对 t 在 $t = 0$ 处微分, 就得出

$$[H, X] = n_1 Y \quad \text{和} \quad [H, Y] = -n_1 X. \tag{49}$$

令 $H' = \dfrac{1}{n_1}H$, 则有

$$[H', X] = Y \quad \text{和} \quad [H', Y] = -X. \tag{49'}$$

从这里, 就可以像例 4 中一样地改取 $X' = \dfrac{1}{\sqrt{\lambda}}X, Y' = \dfrac{1}{\sqrt{\lambda}}Y$ (其中 $[X, Y] = \lambda H', \lambda > 0$), 即得括积关系

$$\begin{cases} [H', X'] = Y', \\ [H', Y'] = -X', \\ [X', Y'] = H'. \end{cases} \tag{50}$$

将 (50) 式与 (45) 式相对比, 就看出由 H', X', Y' 张成的子代数 $\mathfrak{g}_1$ 是一个与 $\mathfrak{a}_1$ 同构的李子代数! 再由第二章的基本定理便可知, 在 G 中含有一个与 S^3 或 $\mathrm{SO}\,(3)$ 同构的李子群 G_1, 它的李代数就是上述 $\mathfrak{g}_1$. 到此为止, 本定理的证明也就归结到要去证明 G 必须等于 G_1. 换句话说, 就是要从假设 $G \supsetneq G_1$ 得出矛盾. 兹证之如下:

设 $\mathfrak{g} \supsetneq \mathfrak{g}_1$. 将 Ad_G 在 $\mathfrak{g}$ 上的作用限制到 G_1 上, 则 $\mathfrak{g}_1$ 显然是 G_1-不变的, 所以 $\mathfrak{g}_1$ 的正交补空间

$$\mathfrak{g}_1^\perp = \mathbf{R}_{(n_2)}^2 \oplus \cdots \oplus \mathbf{R}_{(n_k)}^2 \tag{51}$$

也当然是 G_1-不变的. 现在我们分 $G_1 \cong S^3$ 和 $G \cong \mathrm{SO}(3)$ 这两种情形来讨论.

1) 若 $G_1 \cong S^3$, 则上述 G_1 在 $\mathfrak{g}_1^\perp \otimes \mathbf{C}$ 上的作用就是 S^3 的一个复表示 $\varphi : S^3 \to U(2k-2)$. 因为 $n_i \geqslant n_1$ $(i = 2, \cdots, k)$, 所以权系 $\Omega(\varphi)$ 中的向量不是 $\geqslant 2\theta$, 就是 $\leqslant -2\theta$ (注意 $\Delta(G_1) = \Delta(S^3) = \{\pm 2\theta\}$), 换句话说, $\Omega(\varphi)$ 中不含有任何向量 $w, -2\theta < w < 2\theta$. 但是, 由例 2 的讨论可知, $\Omega(\varphi)$ 必须是由某些对称的、公差为 2θ 的等差向量列所合并而成的, 所以当然不可能出现像上面这种跨度为 4θ 的间隙! 因此这种情形不可能出现.

2) 若 $G \cong \mathrm{SO}(3)$, 则上述 G_1 在 $\mathfrak{g}_1^\perp \otimes \mathbf{C}$ 的作用就是 $\mathrm{SO}(3)$ 的复表示 $\psi : \mathrm{SO}(3) \to U(2k-2)$, 而它的权系不含有零权, 这是与例 3 的结果相矛盾 (因为 $\mathrm{SO}(3)$ 的任何复不可约表示的权系一定含有零权, 参看例 3).

总之, $G \supsetneq G_1$ 这种假设是绝对不可能的, 所以只能是 $G = G_1$. □

定理 4 设 $\Delta(G)$ 是紧致连通李群 G 的根系, 则其中的任何一个根 α 的重数都是 1, 而且 $k\alpha \in \Delta(G)$ 的充要条件是 $k = \pm 1$.

证 由权的定义, $\alpha : \mathbf{R}^n = \mathfrak{h} \to \mathbf{R}^1$ 是 $\mathfrak{h}$ 上的一个整线性函数. 令 T_α 是以 $\ker(\alpha)$ 为其李代数的子环群, 且令

$$\begin{cases} G_\alpha = Z(T_\alpha, G) = \{g \in G; gt = tg, \forall t \in T_\alpha\}, \\ \widetilde{G}_\alpha = G_\alpha / T_\alpha.^{①} \end{cases} \tag{52}$$

令 $\mathfrak{g}_\alpha$ 和 $\widetilde{\mathfrak{g}}_\alpha$ 分别是 G_α 和 $\widetilde{G}_\alpha$ 的李代数. 由本章 §1 中 (2) 和 (4) 两式, 不难验证

$$\begin{aligned} \mathfrak{g}_\alpha &= \{X \in \mathfrak{h}; \mathrm{Ad}(t)X = X, \forall t \in T_\alpha\} \\ &= \{X \in \mathfrak{g}; [H, X] = 0, \forall H \in \ker(\alpha)\}. \end{aligned} \tag{53}$$

于是由 $\mathfrak{g}$ 的实 Cartan 分解及 (53) 式就不难看出 $\mathfrak{g}_\alpha$ 及 $\widetilde{\mathfrak{g}}_\alpha$ 的实 Cartan 分解应是

$$\begin{aligned} \mathfrak{g}_\alpha &= \mathfrak{h} \oplus \sum_{\beta = k\alpha} m_\beta \mathbf{R}_{(\pm\beta)}^2, \\ \widetilde{\mathfrak{g}}_\alpha &= \mathfrak{h}/\mathrm{Ker}(\alpha) \oplus \sum_{\beta = k\alpha} m_\beta \mathbf{R}_{(\pm\beta)}^2 \cong \mathbf{R}^1 \oplus \sum_{\beta = k\alpha} m_\beta \mathbf{R}_{(\pm\beta)}^2. \end{aligned} \tag{54}$$

在 (54) 式中, β 取一切与 α 线性相关的根 (亦即 $\ker\beta = \ker\alpha$ 者), 所以 $\widetilde{G}_\alpha$ 是一个秩一的紧致连通李群, 由定理 3 得知, $\dim\widetilde{\mathfrak{g}}_\alpha = 3$. 从而

$$\beta = \pm\alpha \quad \text{且} \quad m_\alpha = m_{-\alpha} = 1. \quad \square$$

---

①本章定理 2 的推论 4 已证明 $Z(T', G)$ 总是连通的, 所以 $G_\alpha, \widetilde{G}_\alpha$ 都是连通李群.

注意　为了便于运用几何术语来描述根系的结构, 我们将从现在开始, 在 $\mathfrak{g}$ 上**取定**一个 Ad_G-不变的内积, 然后利用其局限于 $\mathfrak{h}$ 上的内积结构把 $\mathfrak{h}^*$ 与 $\mathfrak{h}$ 对等起来, 亦即

$$\iota : \mathfrak{h}^* \stackrel{\cong}{\to} \mathfrak{h}, \quad (\iota(\alpha), H) = \alpha(H) \tag{55}$$

对任何 $\alpha \in \mathfrak{h}^*$ 及 $H \in \mathfrak{h}$ 恒成立. 这样, 就可以把原先是 $\mathfrak{h}^*$ 中的子集 $\Delta(G)$ 和 $\mathfrak{h}$ 中的子集 $\iota(\Delta(G))$ 对等起来. 而我们从现在开始, 就把根系的定义更新为上述 $\mathfrak{h}$ 中的子集. 所以, 今后 $\Delta(G)$ 是 $\mathfrak{h}$ 中一个不带重数的 (因为每个根 α 的重数皆为 1) 的非零向量子集. 当然, 在改用根系的新定义之后, 原先用以描述复 Cartan 分解的 (27) 式就得改写为

$$\mathrm{Ad}\,(\mathrm{Exp}\,H)X_\alpha = e^{2\pi\mathrm{i}(\alpha, H)}X_\alpha, \quad H \in \mathfrak{h}, X_\alpha \in V_\alpha. \tag{27'}$$

而原先的 $\ker(\alpha)$ 就可以改写为 $(\alpha)^\perp$, 即 α 的正交补空间.

为进一步讨论根系的性质, 我们对 G_α 的表示 $\mathrm{Ad}_G|_{G_\alpha}$ 作进一步的分析.

分析

1) 对于 $\Delta(G)$ 中任给的一对根 $\{\pm\alpha\}, G_\alpha$ 是一个和 G 本身同秩的紧致连通李群, 其根系和李代数分别是

$$\Delta(G_\alpha) = \{\pm\alpha\}, \mathfrak{g}_\alpha = \mathfrak{h} \oplus \mathbf{R}^2_{(\pm\alpha)} = \langle\alpha\rangle^\perp \oplus \langle\alpha\rangle \oplus \mathbf{R}^2_{(\pm\alpha)} = \langle\alpha\rangle^\perp \oplus \tilde{\mathfrak{g}}_\alpha, \tag{56}$$

其中 $\tilde{\mathfrak{g}}_\alpha = \langle\alpha\rangle \oplus \mathbf{R}^2_{(\pm\alpha)}$ 是一个和 $\mathfrak{a}_1$ 同构的三维李代数, 所以存在一个由 $T_\alpha \times S^3$ 到 G_α 的覆盖同态

$$p : T_\alpha \times S^3 \to G_\alpha. \tag{57}$$

2) 当我们将 G 在 $\mathfrak{g} \otimes \mathbf{C}$ 上的伴随表示限制到 T 上时, $\mathfrak{g} \otimes \mathbf{C}$ 的 T-不可约直和分解就是它的复 Cartan 分解 (26):

$$\mathfrak{g} \otimes \mathbf{C} = \mathfrak{h} \otimes \mathbf{C} \oplus \sum_{\alpha \in \Delta(G)} V_\alpha, \quad \dim V_\alpha = 1.$$

上述 G_α 是一个介于 G 与 T 之间的子群. 所以, 在 $\mathrm{Ad}_G|_{G_\alpha}$ 的作用下, $\mathfrak{g} \otimes \mathbf{C}$ 的 G_α-不可约直和分解可以说是上述复 Cartan 分解的前身. 换句话说, $\mathfrak{g} \otimes \mathbf{C}$ 中的任一 G_α-不可约子空间都是由分解式 (26) 中的某一适当部分合并而成. 再者, 如同本节例 3 的讨论一样, 我们也可以把 G_α 的一个复不可约表示 ψ 用覆盖同态 p 把它提升成一个 $T_\alpha \times S^3$ 的复不可约表示 $\varphi = \psi \circ p$. 这样, 我们就可以对于 $\mathrm{Ad}_G|_{G_\alpha}$ 的每一个不可约部分运用第一章的定理 7 和定理 8. 由第一章定理 7 可知, $T_\alpha \times S^3$ 的复不可约表示都有下列形式: $\rho \hat{\otimes} \varphi_i$, 其中 ρ 是 T_α 的一个复一维表示, 它的权是 $\langle\alpha\rangle^\perp$ 中一个向量, 而 φ_i 是 S^3 的 $i+1$ 维复不可约表示, 它的

权系是一个公差为 α (S^3 的唯一正根) 的等差向量列, 它们都在子空间 $\langle\alpha\rangle$ 中, 且对于 $\langle\alpha\rangle^\perp$ 成反射对称. 另一方面, 由权与特征值的关系以及作张量积时特征值相乘这一基本事实不难看出, $\rho\widehat{\otimes}\varphi_i$ 的权系与 φ_i 的权系以及 ρ 的权之间的关系可以用下图表示 (图 3.2). 因此, $\rho\widehat{\otimes}\varphi_i$ 亦即 $T_\alpha\times S^3$ 的复不可约表示的权系也是一个公差为 α, 关于 $\langle\alpha\rangle^\perp$ 成反射对称的 α-等差向量列. 以后简称为 α-等差向量列.

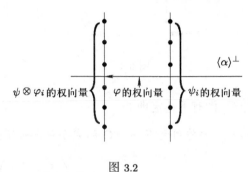

图 3.2

3) 因为 $\mathfrak{g}_\alpha$ 当然是 G_α-不变的, 所以我们可以先把 $\mathfrak{g}\otimes\mathbf{C}$ 分解成下述三个不变子空间的直和, 即

$$\mathfrak{g}\otimes\mathbf{C} = \langle\alpha\rangle^\perp\otimes\mathbf{C}\oplus\widetilde{\mathfrak{g}}_\alpha\otimes\mathbf{C}\oplus\sum_{\substack{\beta\neq\pm\alpha\\\beta\in\Delta(G)}}V_\beta. \tag{58}$$

再者, 若 U 是包含 V_β 的那个 G_α-不可约子空间, 则由 2) 及第一章定理 7 和定理 8, (G_α, U) 这个复不可约表示的权系必构成一个 α-等差向量列 $\{\beta+j\alpha; q\leqslant j\leqslant p\}$, 而且 $\beta+p\alpha$ 与 $\beta+q\alpha$ 关于 $\langle\alpha\rangle^\perp$ 对称. 由于关于 $\langle\alpha\rangle^\perp$ 的对称 r_α 可表示为

$$r_\alpha(\xi) = \xi - \frac{2(\xi,\alpha)}{(\alpha,\alpha)}\alpha, \tag{59}$$

所以

$$\beta+q\alpha = r_\alpha(\beta+p\alpha) = (\beta+p\alpha) - \frac{2(\beta+p\alpha,\alpha)}{(\alpha,\alpha)}\alpha,$$

即

$$\begin{aligned}
(q+p)a &= -\frac{2(\beta,\alpha)}{(\alpha,\alpha)}\alpha,\\
\frac{2(\beta,\alpha)}{(\alpha,\alpha)} &= -(p+q).
\end{aligned} \tag{60}$$

请参看图 3.3.

又因为 V_β 的维数都是 1, 不难看出, $\Delta(G)$ 中除了上述 α-等差向量列之外, 就不可能再含有其他也能写成 $\beta+j\alpha$ 形式的根了!

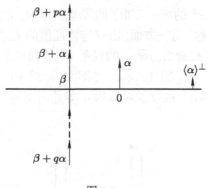

图 3.3

总结上述三点分析, 即有下述定理 5:

定理 5　在 $\mathrm{Ad}\,_G|_{G_\alpha}$ 的作用之下, $\mathfrak{g} \otimes \mathbf{C}$ 的完全分解如下:

$$\mathfrak{g} \otimes \mathbf{C} = \langle \alpha \rangle^\perp \otimes \mathbf{C} \oplus \widetilde{\mathfrak{g}}_\alpha \otimes \mathbf{C} \oplus \sum_\beta \left(\sum_{j=q}^{p} V_{\beta+j\alpha} \right), \tag{61}$$

其中 $\{\beta + j\alpha; q \leqslant j \leqslant p\}$ 表示包含于 $\Delta(G)\setminus\{\pm\alpha\}$ 之中的过 β 的 α-向量列. 再者, 我们还有下述重要关系式

$$\frac{2(\alpha,\beta)}{(\alpha,\alpha)} = -(p+q). \qquad\qquad \square$$

§4　伴随变换的轨几何

在本章一开头, 我们就指出了伴随变换的轨几何在群论研究中的重要性. 例如: 在 $G = S^3$ 这个实例中, 我们可以把它想成是 $Q \cong \mathbf{R}^4$ 中的单位球面, 则其伴随变换就可以看做是以实数轴为转轴的 $\mathrm{SO}\,(3)$ 旋转变换. 所以 S^3 的伴随变换的轨几何是简明易算的. 第一章末节的定理 8 可以说就是上述轨几何和群表示论的一般性定理 (亦即定理 4) 的自然结合. 本节将以上面两节的结果为基础, 把前面对于 S^3 上的共轭类几何的这种了解, 推广到一般紧致连通李群的范围. 有了这种了解, 就可以直截了当地得出紧致连通李群表示论的基本定理. 它也就是第一章定理 8 的推广, 我们将在 §5 中加以论证.

分析

1) 在 §2 的推论 5 中业已证明了下述基本事实:

$$G/\widetilde{\mathrm{Ad}} \cong T/W, \quad \mathfrak{g}/\mathrm{Ad} \cong \mathfrak{h}/W. \tag{62}$$

再者, $T \subset G$ 和 $\mathfrak{h} \subset \mathfrak{g}$ 都分别是 G 和 $\mathfrak{g}$ 的全测地子流形, 而且它们又都分别与 G 和 $\mathfrak{g}$ 中的任一轨道正交. 这也就说明了: G 或 $\mathfrak{g}$ 上的轨几何的**法向部分** (normal part) 是可以转化为 (W, T) 或 $(W, \mathfrak{h})$ 的轨几何来加以理解与计算的.

2) 由于特征函数的积分计算在群表示论中所占的重要地位 (参看第一章定理 4 和定理 8), 讨论 G 的共轭类几何的**切向部分** (tangential part) 的重点显然应该是: 如何有效地计算各共轭类的体积, 并且把它们组织成一个**体积函数** (在 S^3 的情形, 这个体积函数就是 $c \cdot \sin t$).

3) 对于任给的 $\{\pm\alpha\} \subset \Delta(G)$, 显然有

$$T \subset N(T, G_\alpha) \subset N(T, G),$$

由此即可得到 $W = W(G)$ 中的一个二阶子群

$$W(G) = \frac{N(T, G)}{T} \supset \frac{N(T, G_\alpha)}{T} = W(G_\alpha) \cong \mathbf{Z}_2 \tag{63}$$

(参看本章习题), 我们将以 r_α 表示 $W(G_\alpha)$ 中的那个二阶元素, 不难看出它在 T 和 $\mathfrak{h}$ 上的作用是分别以 T_α 和 $\langle\alpha\rangle^\perp$ 为不动点集 (fixed point set) 的那个**反射对称** (reflection symmetry). 令

$$W' = \langle r_\alpha; \pm\alpha \in \Delta(G)\rangle \tag{64}$$

是 W 中由所有 r_α 这种反射对称所生成的子群. 我们在下面将证明 $W' = W$.

4) 由于 $W = W'$, 所以 (W, T) 是一个反射变换群. 对每个反射对称 r_α, 它的不动点点集 $F(r)$ 是余一维的, 而且每个 $F(r)$ 把全空间分成两个不相交的部分. 而开集 $T \backslash \bigcup_{r \in \Delta} F(r)$ 是一块块连通开集的并集, 每一个连通区域 C, 就叫做一个 **Weyl 房**. 在附录四中, 我们证明了 W 在 Weyl 房组成的集合上的作用是单可递的. 因此我们只要在 T 中任取一个 Weyl 房 C_0, 则 $\overline{C}_0$ 构成 (W, T) 的一个基本域. 所以

$$G/\widetilde{\mathrm{Ad}} \cong T/W \cong \overline{C}_0, \tag{65}$$

亦即 $\overline{C}_0$ 和 G 中的任一共轭类都相交于且仅交于一点! 而且对于任一个内点 $t_0 \in C_0$, 均有 $W_{t_0} = \{e\}, G_{t_0} = T$.

基于上述分析, 我们先来证明下列定理:

定理 6 $W(G) = N(T, G)/T$ *在 T 和 $\mathfrak{h}$ 上的作用都是反射变换群, 亦即它就是由反射对称 $\{r_\alpha; \pm\alpha \in \Delta(G)\}$ 所生成的群.*

证 在上面的分析 3) 中业已指出 W 包含那个由反射对称 $\{r_\alpha; \pm\alpha \in \Delta(G)\}$ 所生成的子群 W', 所以我们只要证明 $W' \supset W$ 即可. 另一方面, 因为 $(W, \mathfrak{h})$ 是 (W, T) 的局部化和线性化, 所以我们在证明中只要讨论前面的情形也就足够了.

假设 $W \supsetneqq W'$, 因为 W' 在 Weyl 房的集合上是单可递的. 所以一定有 W 中的元素 $\sigma \neq e$, 及一个 Weyl 房 C_0, 使得 $\sigma(C_0) = C_0$. σ 是保长变换, 所以 σ 在 C_0 上的作用一定有不动点 x_0[①]. 由于 x_0 是 C_0 中的点, 自然是一个内点, 而且 σ 不是单位元素, 把这些结果与 §2 定理 2 证明中 2) 的一段讨论相对照便可知, $G_{x_0}^0 = T$ 但 G_{x_0} 本身非连通! 另一方面, G_{x_0} 是单参数子群 $\{\text{Exp}\, tX_0; t \in \mathbf{R}\}$ 的中心化子, 亦即是它的闭包 $S = \{\text{Exp}\, tX_0\}$ 这个子环群的中心化子 $Z(S)$, 但是定理 2 的推论 4 证明了 $Z(S)$ 必须是连通的, 即 G_{x_0} 连通, 这与上述 G_{x_0} 非连通性矛盾! 所以只能 $\sigma = e$ 且 $W = W'$. $\qquad\qquad\square$

为了建立 Weyl 的积分公式, 我们先给一些定义, 这对以后的讨论也很有用处. 设 $\mathfrak{h}$ 是 T 的李代数. 在 $\mathfrak{h}$ 上我们选取一个向量之间的大小次序 (例如按 $\mathfrak{h}$ 上某个坐标系建立起来的字典排列法, 即: 若 $\alpha, \beta \in \mathfrak{h}, \alpha, \beta$ 对某个取定的坐标系来说, 坐标分别是 $(x_1, \cdots, x_k)$ 和 $(y_1, \cdots, y_k)$, 则 $\alpha > \beta$ 当且仅当对某个 i $(1 \leqslant i \leqslant k)$, 总有 $x_j = y_j$ $(j < i)$ 且 $x_i > y_i$). 对这种取定的次序, 把 $\Delta(G)$ 中的所有根分成两类, 即 $\alpha > 0$ 及 $\alpha < 0$, 分别称为正根和负根. 所有正根的集合记为 Δ^+ (叫正根系), 负根集合为 Δ^- (叫负根系), 于是 $\Delta(G) = \Delta^+ \bigcup \Delta^-$. 不仅如此, 令

$$C_0 = \{H \in \mathfrak{h}; (\alpha, H) > 0, \forall \alpha \in \Delta^+\}.$$

不难验证 C_0 是一个 Weyl 房, 称为相应于上述次序的**基本 Weyl 房**. 在 Δ^+ 中, 使得 $C_0 = \{H \in \mathfrak{h}; (\alpha_i, H) > 0, \alpha_i \in \Pi\}$ 成立的极小子集 Π, 叫做相应于这个次序的**素根系**, 其中的根叫素根. 不难证明: 素根系构成 $\mathfrak{h}$ 的一组基底, 每个正根 α 均可表示为 $\alpha_1, \cdots, \alpha_k$ 的非负整线性组合. 有关素根系的性质的详细讨论, 我们将在第四章中去进行.

定理 7 (Weyl 积分公式)   设在紧致连通李群 G 中业已取定了总体积为 1 的左、右不变的黎曼结构, f 为其上任何一个中心函数 (亦即在任何共轭类上皆取等值的函数, 或者说是 $\widetilde{\text{Ad}}$-不变函数). 则有下列 Weyl 积分公式:

$$\int_G f(g)\mathrm{d}g = \frac{1}{|W|} \int_T f(t)|Q(t)|^2 \mathrm{d}t, \tag{66}$$

其中 $|W|$ 表示 W 中元素个数. 当 $t = \text{Exp}\, H$ $(H \in \mathfrak{h})$ 时, $Q(t)$ 可以用下式表达:

$$Q(\text{Exp}\, H) = \sum_{\sigma \in W} \text{sign}\,(\sigma) \mathrm{e}^{2\pi \mathrm{i}(\sigma(\delta), H)}, \tag{67}$$

---

①一个作用在凸体上的有限保长变换群当然会有不动点, 且是内点. 例如: 任一轨道的重心即是.

其中 δ 是所有对于 C_0 而言的正根之和的一半, 亦即

$$\delta = \frac{1}{2} \sum_{\alpha \in \Delta^+(G)} \alpha. \tag{68}$$

证 1) 从上面对于 G 上 $\widetilde{\mathrm{Ad}}$ 的轨几何的分析, 我们知道 T 是一个全测地子流形, 而且和每个共轭类都正交. 再者, $\overline{C}_0 \cong T/W \cong G/\widetilde{\mathrm{Ad}}$ 是一个优良的基本域, 其上任给两点 t_1 和 t_2, 它们在 $\overline{C}_0$ 中的距离也就是共轭类 $G(t_1)$ 和 $G(t_2)$ 在 G 中的最短距离, 简称为**轨距离** (orbital distance).

2) 对于任给内点 $t \in C_0$, 其轨道型皆为 G/T. 但是对于任给的边界点 $t \in \partial \overline{C}_0 = \overline{C}_0 \backslash C_0$, 则其轨道的维数恒小于 $\dim G/T$, 所以不难看出: 所有非 G/T 型轨道的并集, 即

$$G(\partial \overline{C}_0) = \bigcup_{x \in \partial \overline{C}_0} G(x) \tag{69}$$

的测度为零. 换句话说, 在 G 上求积分时, 上述子集 $G(\partial \overline{C}_0)$ 可以略去不计, 只要在 $G(C_0)$ 上计算之即可.

3) 令 t 为 C_0 上的一个动点, $m = \dim G/T = \dim G - \dim T$, 则 $G(t)$ 为 G/T 型的轨道而它的 m 维体积就是一个以 C_0 为其定义域的函数, 我们称之为 (**主型**) **轨体积函数** (the volume function of principal orbits), 以符号 $v(t)$ 记之. 因为每个轨道 $G(t)$ 都是同样的 G/T 型齐性黎曼空间, 所以它们的体积之比就等于其体积元素之比. 我们可以取定一个基准的 G/T 型齐性黎曼空间, 对于每一个 G/T 型轨道 $G(t)$, 把陪集 $g \cdot T$ 映射到 $g(t)$ 就是一个同型的齐性黎曼空间之间的 G-等变 (G-equivariant) 映射 E_t [①]

$$E_t : G/T \to G(t), \quad g \cdot T \mapsto g(t) = gtg^{-1}, \tag{70}$$

则上述两者的 "体积元素" 之比也就是上述映射 E_t 的 Jacobi 行列式, 亦即 E_t 在基点的切空间所诱导的线性映射的行列式. 这就是说, 所要去求的体积函数 $v(t)$ 可以由下式来计算:

$$v(t) = c \cdot \det (\mathrm{d}E_t|_0), \tag{71}$$

其中 c 是一个待定的比例常数, 而 $\mathrm{d}E_t|_0$ 是基点的切空间上的线性映射

$$\mathrm{d}E_t|_0 : \bigoplus_{\alpha \in \Delta^+} \mathbf{R}^2_{(\pm\alpha)} \to \mathfrak{I}_0(G(t)). \tag{72}$$

[①]一个浸入 $f : M \to \overline{M}$ 称为是 G-等变的, 若存在连续群同态 $p : G \to I(\overline{M})$, 使得

$$f(gp) = p(g)f(p), \quad \forall g \in G, p \in M,$$

其中 $I(\overline{M})$ 是黎曼流形 $\overline{M}$ 的保长变换群.

4) 因为 E_t 是 G-等变的, 所以 $\mathrm{d}E_t|_0$ 是 T-等变的 (因为基点是在 T 的作用之下的不动点). 因此 $\mathrm{d}E_t|_0$ 可以分解为下述二维 T-不变子空间的线性映射的直和:

$$\mathrm{d}E_t|_{0,\alpha} : \mathbf{R}^2_{(\pm\alpha)} \to \mathfrak{I}_0(G_0(t)). \tag{73}$$

所以就可以用下式来计算 $\det(\mathrm{d}E_t|_0)$, 亦即

$$\det(\mathrm{d}E_t|_0) = \prod_{\alpha\in\Delta^+} \det(\mathrm{d}E_t|_{0,\alpha}). \tag{74}$$

另一方面, $\det(\mathrm{d}E_t|_{0,\alpha})$ 又是和 $G_\alpha/T_\alpha = \widetilde{G}_\alpha \cong S^3$ 中的 S^2-型 (主) 轨体积函数成比例者. 换句话说, 我们可以运用图解

$$\begin{array}{ccc} G_\alpha/T & \xrightarrow{E_{t,\alpha}} & G_\alpha(t) \subset G_\alpha/T_\alpha = \widetilde{G}_\alpha \\ \cap & & \cap \\ G/T & \xrightarrow{E_t} & G(t) \subset G \end{array} \tag{75}$$

把 $\det(E_t|_{0,\alpha})$ 的计算又归于 $\widetilde{G}_\alpha$ 中 S^2-型的体积函数 (由于 $\widetilde{G}_\alpha$ 或与 S^3 同构, 或与 SO(3) 同构, 所以 $\widetilde{G}_\alpha$ 与 S^3 有相同的体积元素, 从而在上述问题中可以视 $\widetilde{G}_\alpha$ 是 S^3), 这种体积函数在第一章 §4 定理 8 中已讨论过, 于是我们有

$$\det(\mathrm{d}E_t|_{0,\alpha}) = c' \cdot \sin^2 \pi(\alpha, H), \tag{76}$$

其中 H 满足 $t = \mathrm{Exp}\, H$ (注意, S^3 的正根是 2θ, 参看本章 §3 的例 2 和定理 3 的讨论). 综合 (71), (74) 和 (75) 式, 得出

$$v(\mathrm{Exp}\, H) = c'' \cdot \prod_{\alpha\in\Delta^+} \sin^2 \pi(\alpha, H) = c \cdot |\widetilde{Q}(\mathrm{Exp}\, H)|^2, \tag{77}$$

其中

$$\widetilde{Q}(\mathrm{Exp}\, H) = \prod_{\alpha\in\Delta^+} (\mathrm{e}^{\pi\mathrm{i}(\alpha,H)} - \mathrm{e}^{-\pi\mathrm{i}(\alpha,H)}).$$

5) 最后, 我们要证明上式中的 $\widetilde{Q}(\mathrm{Exp}\, H)$ 等于 (67) 式中的 $Q(\mathrm{Exp}\, H)$. 其证明如下:

设 $\{\alpha_1, \cdots, \alpha_k\}$ 是对于 Weyl 房 C_0 来说的素根系, 则由反射对称的定义可知, $r_{\alpha_i}(\alpha_i) = -\alpha_i$, 这相当于被 $\langle\alpha_i\rangle^\perp$ 所划分出的两个半空间正负侧选取的改变, 它自然对于其他正根 α 所对应的, 由 $\langle\alpha\rangle^\perp$ 所划分的两个半空间正负侧选取无影响, 所以在 r_{α_i} 下 $\Delta^+\backslash\{\alpha_i\}$ 仍变为 $\Delta^+\backslash\{\alpha_i\}$, 于是有

$$r_{\alpha_i}(\Delta^+) = (\Delta^+\backslash\{\alpha_i\}) \bigcup \{-\alpha_i\} \quad (1 \leqslant i \leqslant k). \tag{78}$$

(78) 式也可由 r_{α_i} 的表达式 (59) 出发通过直接计算及正根是素根系非负整线性组合这个事实给出一个代数的证明, 请读者自己证一证.

设 $\delta = \dfrac{1}{2}\sum_{\alpha\in\Delta^+}\alpha$, 由 (78) 式可知, $r_{\alpha_i}(\delta) = \delta - \alpha_i$. 由 (59) 式

$$r_{\alpha_i}(\delta) = \delta - \frac{2(\delta,\alpha_i)}{(\alpha_i,\alpha_i)}\alpha_i, \quad 1\leqslant i\leqslant k.$$

因此

$$\frac{2(\delta,\alpha_i)}{(\alpha_i,\alpha_i)} = 1. \tag{79}$$

再者, 由 $\widetilde{Q}(\operatorname{Exp} H)$ 的表达式及 (78) 式马上推知,

$$\widetilde{Q}(\operatorname{Exp} r_{\alpha_i}(H)) = (-1)\cdot\widetilde{Q}(\operatorname{Exp} H). \tag{80}$$

因此, 对 W 的作用来说, $\widetilde{Q}(\operatorname{Exp} H)$ 是一个奇函数, 亦即

$$\widetilde{Q}(\operatorname{Exp}\sigma H) = \operatorname{sign}(\sigma)\cdot\widetilde{Q}(\operatorname{Exp} H), \quad \sigma\in W. \tag{81}$$

其中 $\operatorname{sign}(\sigma)$ 就是 σ 作为 $\mathfrak{h}$ 上正交变换的行列式的符号.

在 $\widetilde{Q}(\operatorname{Exp} H)$ 的展开式中有一个主导项, 就是 $e^{2\pi i(\delta,H)}$. 由 (81) 式可知, 在 $\widetilde{Q}(\operatorname{Exp} H)$ 的展开式中就应包含所有的项 $\operatorname{sign}(\sigma)\cdot e^{2\pi i(\sigma(\delta),H)}(\sigma\in W)$. 再者, 由 (79) 式不难证明, 在它的展开式中不可能含有其他的项了, 因此只能是

$$\widetilde{Q}(\operatorname{Exp} H) = Q(\operatorname{Exp} H).$$

6) 设 f 为定义在 G 上的任一中心函数. 在求积分 $\int_G f(g)\mathrm{d}g$ 时, 我们先沿着 G-轨道求积. 因为 f 在每个 G-轨道 $G(t)$ 上都取等值, 所以有

$$\int_G f(g)\mathrm{d}g = \int_{C_0} f(t)v(t)\mathrm{d}t = \frac{1}{|W|}\int_T f(t)v(t)\mathrm{d}t \tag{82}$$
$$= \frac{c}{|W|}\int_T f(t)|Q(t)|^2\mathrm{d}t,$$

其中 c 是一个待定常数, $|W|$ 是 W 的阶数 (T 被分隔成 $|W|$ 个 Weyl 房); 再将 $f(g)\equiv 1$ 的情形代入 (82) 式, 就容易确定上述待定常数必为 1. $\qquad\square$

§5 Weyl 公式和复不可约表示的分类

有了定理 7 中的积分公式, 就不难把第一章 §4 中对于 S^3 的复不可约表示的分类结果, 即第一章定理 8, 推广到一般紧致连通李群的情形.

分析

1) 设 G 是一个给定的紧致连通李群, T 是 G 的一个选定的极大子环群, $\mathfrak{h}$ 是 T 的李代数 (也就是 $\mathfrak{g}$ 中的一个随 T 而定的 Cartan 子代数). 设 φ 是 G 的一个给定的复不可约表示, $\Omega(\varphi)$ 是它的权系, 它是 $\mathfrak{h}$ 中一个带重数的子集. 为了便于叙述, 我们在 $\mathfrak{h}$ 上选定一个次序, 于是

(a) $\Omega(\varphi)$ 中存在一个唯一的**最高权** Λ_φ, 亦即: Λ_φ 的重数 $m(\Lambda_\varphi) > 0$, 而且对于任给 $\lambda \in \Omega(\varphi)$, 都有 $\Lambda_\varphi \geqslant \lambda$;

(b) G 的根系 $\Delta(G)$ 有分解式 $\Delta(G) = \Delta^+ \bigcup \Delta^-, \Delta^+$ 表示在上述次序下的正根系. $\Delta^- = -\Delta^+$;

(c) 基本 Weyl 房 $C_0 = \{H \in \mathfrak{h}; (\alpha, H) > 0, \forall \alpha \in \Delta^+\}$;

(d) 相应于这个次序的素根系 $\Pi = \{\alpha_1, \cdots, \alpha_k\}$.

2) 由权系的定义可知, 对任何的权 $\lambda \in \Omega(\varphi), \sigma \in W, \sigma\lambda$ 仍是 φ 的一个权, 即: $\Omega(\varphi)$ 是一个 W-不变子集. 因此, 特征函数 $\chi_\varphi|_T = \chi_{\varphi|_T}$ 是一个 W-不变函数. 即

$$\chi_\varphi(\operatorname{Exp} \sigma H) = \chi_\varphi(\operatorname{Exp} H).$$

因此, 对于 W 的作用来说,

$$\chi_\varphi(\operatorname{Exp} H) \cdot Q(\operatorname{Exp} H), \quad H \in \mathfrak{h} \tag{83}$$

是一个奇函数, 亦即对于任给 $\sigma \in W$, 皆有

$$\chi_\varphi(\operatorname{Exp} \sigma H) Q(\operatorname{Exp} \sigma H)$$
$$= \operatorname{sign}(\sigma) \cdot \chi_\varphi(\operatorname{Exp} H) \cdot Q(\operatorname{Exp} H). \tag{84}$$

显然 (83) 式中的函数的主导项是 $m(\Lambda_\varphi) \cdot \mathrm{e}^{2\pi\mathrm{i}(\Lambda_\varphi + \delta, H)}$, 所以

$$\chi_\varphi(\operatorname{Exp} H) \cdot Q(\operatorname{Exp} H)$$
$$= m(\Lambda_\varphi) \cdot \sum_{\sigma \in W} \operatorname{sign}(\sigma) \cdot \mathrm{e}^{2\pi\mathrm{i}(\sigma(\Lambda_\varphi + \delta), H)}$$
$$+ \text{可能有的 "较低次" 项}. \tag{85}$$

定理 8 (É. Cartan–H. Weyl)　G 的一个复不可约表示 φ 的最高权 Λ_φ 的重数一定是 1, 而且它的特征函数 χ_φ 可用其最高权以下述公式简洁地加以表达:

$$\chi_\varphi(\operatorname{Exp} H) = \frac{\sum\limits_{\sigma \in W} \operatorname{sign}(\sigma) \mathrm{e}^{2\pi\mathrm{i}(\sigma(\Lambda_\varphi + \delta), H)}}{\sum\limits_{\sigma \in W} \operatorname{sign}(\sigma) \mathrm{e}^{2\pi\mathrm{i}(\sigma(\delta), H)}}, \quad H \in \mathfrak{h}. \tag{86}$$

因此, G 的两个复不可约表示 φ_1 和 φ_2 等价的充分必要条件是它们的最高权 Λ_{φ_1} 与 Λ_{φ_2} 相同.

证 从上面的分析, 我们只要证明在 (85) 式中, $m(\Lambda_\varphi) = 1$, 而且不可能有任何 "较低次" 项即可. 其证明如下:

在 (66) 式中取 $f(g) = |\chi_\varphi(g)|^2, t = \operatorname{Exp} H, H \in \mathfrak{h}$, 再将 (85) 式代入, 由第一章定理 4, 即得

$$
\begin{aligned}
1 &= \int_G |\chi_\varphi(g)|^2 \mathrm{d}g = \frac{1}{|W|} \int_T |\chi_\varphi(t) \cdot Q(t)|^2 \mathrm{d}t \\
&= \frac{1}{|W|} \int_T \left| m(\Lambda_\varphi) \sum_{\sigma \in W} \operatorname{sign}(\sigma) \mathrm{e}^{2\pi \mathrm{i}(\sigma(\Lambda_\varphi + \delta), H)} + \cdots \right|^2 \mathrm{d}t.
\end{aligned}
\tag{87}
$$

从 $L_2(T)$ 的观点来看, 上式右端被积函数的展开式也就是 $\chi_\varphi(t) \cdot Q(t)$ 对于 $L_2(T)$ 的标准正交基 $\{\mathrm{e}^{2\pi \mathrm{i}(W, H)}\}$ 的展开式, 所以 (87) 式又可以写为

$$
1 = |\chi_\varphi(g)|^2_{L_2(G)} = \frac{1}{|W|} |\chi_\varphi(t) Q(t)|^2_{L_2(T)}
$$

$$
= \frac{1}{|W|} \{ [m(\Lambda_\varphi)]^2 \cdot |W| + |\text{可能有的较低次项}|^2 \}.
\tag{87'}
$$

但是上式只有在 $m(\Lambda_\varphi) = 1$ 且不再含有低次项的情形才可能成立, 这就证明了 $m(\Lambda_\varphi) = 1$ 且 (86) 式成立. □

注 不难看出上述最高权 Λ_φ 必须满足下列条件

$$
\frac{2(\Lambda_\varphi, \alpha_i)}{(\alpha_i, \alpha_i)} = q_i, \quad q_i \text{ 是非负整数}, \quad \alpha_i \in \Pi.
\tag{88}
$$

若紧连通李群 G 是单连通的, 则可以证明: 对一组任给的非负整数 $\{q_i, i = 1, \cdots, k\}$, 由下式

$$
\frac{2(\Lambda, \alpha_i)}{(\alpha_i, \alpha_i)} = q_i \quad (i = 1, \cdots, k)
\tag{88'}
$$

所唯一确定的 Λ, 必定是 G 的某个复不可约表示的最高权, 亦即恒存在复不可约表示 $\varphi: G \to \operatorname{GL}(V)$, 使得 $\Lambda_\varphi = \Lambda$.

推论 上述复不可约表示的维数 $\dim \varphi$, 可以由下述公式由最高权 Λ_φ 直接计算:

$$
\dim \varphi = \frac{\prod\limits_{\alpha \in \Delta^+} (\Lambda_\varphi + \delta, \alpha)}{\prod\limits_{\alpha \in \Delta^+} (\delta, \alpha)}.
\tag{89}
$$

证　由特征函数的定义, 显然有 $\dim\varphi = \chi_\varphi(e) = \chi_\varphi(\text{Exp}\,0)$, 亦即以 $H = 0$ 代入所得之值. 但是要注意的是定理 8 的公式在 $H = 0$ 处却**退化**成 0/0 的这种**不定形式**! 所以我们不能够把 $H = 0$ 直接代入 (86) 式来求 $\dim\varphi$, 而是得改用令 $H = \lambda\delta, \lambda \to 0$ 代入, 然后对 (86) 式求极限值的办法来求 $\dim\varphi$. 亦即

$$\dim\varphi = \lim_{\lambda\to 0}\chi_\varphi(\text{Exp}\,\lambda\delta) \tag{90}$$

$$= \lim_{\lambda\to 0}\frac{\sum\limits_{\sigma\in W}\text{sign}\,(\sigma)\mathrm{e}^{2\pi\mathrm{i}(\sigma(\Lambda_\varphi+\delta),\lambda\delta)}}{\sum\limits_{\sigma\in W}\text{sign}\,(\sigma)\mathrm{e}^{2\pi\mathrm{i}(\sigma(\delta),\lambda\delta)}}.$$

因为 σ 是正交变换, 所以 $(\sigma(W),\lambda\delta) = (\sigma(\delta),\lambda w)(w\in\mathfrak{h})$, 而且我们又可以用等式 $Q(\text{Exp}\,\lambda w) = \widetilde{Q}(\text{Exp}\,\lambda w)$, 分别取 $w = \delta$ 和 $w = \Lambda_\varphi + \delta$, 从而把上述极限式改写为

$$\dim\varphi = \lim_{\lambda\to 0}\prod_{\alpha\in\Delta^+}\frac{\sin 2\pi\cdot\lambda(\alpha,\Lambda_\varphi+\delta)}{\sin 2\pi\cdot\lambda(\alpha,\delta)}$$

$$= \prod_{\alpha\in\Delta^+}\frac{(\alpha,\Lambda_\varphi+\delta)}{(\alpha,\delta)}. \qquad\qquad \square$$

习　　题

1. 求证: 设 D 是李代数 $\mathfrak{g}$ 上的导子, 则 $\forall X, Y \in \mathfrak{g}$,

$$\mathrm{D}^k[X,Y] = \sum_{i+j=k}\frac{k!}{i!j!}[\mathrm{D}^iX,\mathrm{D}^jY], \quad k = 0,1,2,\cdots.$$

2. 求证: 环群的非平凡实不可约表示一定是二维的.

3. 设 G 是一个紧致连通李群, T 是它的一个极大子环群, $Z(G)$ 是 G 的中心. 求证:

1) $G = \bigcup\limits_{q\in G}qTq^{-1}$.

2) $Z(G) = \bigcap\limits_{q\in G}qTq^{-1}$.

4. 设 φ_k 是在第一章 §4 所定义的 S^3 的 $(k+1)$ 维复不可约表示, 求证

$$\Omega(\varphi_k) = \{k\theta, (k-2)\theta, \cdots, -(k-2)\theta, -k\theta\}.$$

5. 设 $W(S^3)$ 表示 S^3 的 Weyl 群, 求证 $W(S^3) = \mathbf{Z}_2$.

6. 设 Λ_φ 是紧致连通李群 G 的复不可约表示 φ 的最高权, $\{\alpha_1, \cdots, \alpha_k\}$ 是 G 的根系 $\Delta(G)$ 在同一次序下的素根系. 求证:

$$\frac{2(\Lambda_\varphi, \alpha_i)}{(\alpha_i, \alpha_i)} = q_i$$

均为非负整数.

第四章 紧致连通李群的结构与分类

本章在前三章的基础上, 运用表示论这个工具和伴随变换轨几何的知识等内容进一步讨论一般紧致连通李群的结构, 并给出 (局部) 分类定理.

在讨论之前, 我们先回顾一下我们已知的有关结果. 首先, 由第二章中的基本定理可知, 在所有的有限维实李代数及其同态与所有单连通李群及其同态之间存在一一在上的对应 (或说成是完全忠诚的对应); 对任何一个连通李群 G, 都存在唯一的一个单连通覆盖群 $\widetilde{G}$, 而覆盖同态 $\widetilde{G} \to G$ 的核则是 $\widetilde{G}$ 的一个离散正规子群, 它包含于 $\widetilde{G}$ 的中心之中 (参看附录三). $\widetilde{G}$ 与 G 有相同的李代数. 因此紧致连通李群结构与分类的讨论实质上可基本归于它的李代数的结构与分类的讨论. 而后者的讨论正是本章的内容. 其次, 由于李群的伴随表示 Ad 是它的 (同构) 不变量而由极大子环群定理, $\mathrm{Ad}|_T$ (T 是紧致连通李群 G 的一个极大子环群) 又是它的完全不变量, 进一步考虑变化, 我们得出它的权系 (亦即 G 的根系), 它们自然也是一组 (同构) 不变量. 因此, 关于紧致李群的李代数的讨论自然而然地要围绕着根系以及 Cartan 分解而展开.

§1 紧致李代数

在讨论之前, 先介绍一些有关李代数的基本概念.

设 $\mathfrak{g}$ 是一个李代数. $\mathfrak{k}_i$ 是 $\mathfrak{g}$ 的一个子集 ($i = 1, 2$), 我们用记号 $[\mathfrak{k}_1, \mathfrak{k}_2]$ 表示所有元素 $[k_1, k_2]$ ($k_1 \in \mathfrak{k}_1, k_2 \in \mathfrak{k}_2$) 所生成的子空间.

若 $\mathfrak{l}$ 是 $\mathfrak{g}$ 的一个子空间, 而且 $[\mathfrak{g}, \mathfrak{l}] \subset \mathfrak{l}$, 则称 $\mathfrak{l}$ 是 $\mathfrak{g}$ 的一个**理想**.

不难证明: 若 L 是李群 G 的正规李子群, 则 L 的李代数 $\mathfrak{l}$ 是 G 的李代数 $\mathfrak{g}$

的理想; 反过来, 若 G 是连通的, $\mathfrak{l}$ 是 $\mathfrak{g}$ 的理想, 则以 $\mathfrak{l}$ 为李代数的连通李子群 L 是 G 的正规子群 (习题).

容易看出, $[\mathfrak{g},\mathfrak{g}]$ 是 $\mathfrak{g}$ 的一个理想, 称为 $\mathfrak{g}$ 的**导代数**. $\{X \in \mathfrak{g}; [X,\mathfrak{g}] = \{0\}\}$ 也是 $\mathfrak{g}$ 的理想, 叫做 $\mathfrak{g}$ 的**中心**, 记为 $Z(\mathfrak{g})$.

一个李代数, 若括积是平凡的, 则称为**交换李代数**或 **Abel 李代数**. 因此, 一个李代数 $\mathfrak{g}$ 是 Abel 的当且仅当 $[\mathfrak{g},\mathfrak{g}] = 0$.

若 $\mathfrak{l}_1, \mathfrak{l}_2$ 都是 $\mathfrak{g}$ 的理想, 则 $\mathfrak{l}_1 + \mathfrak{l}_2 = \{X + Y; X \in \mathfrak{l}_1, Y \in \mathfrak{l}_2\}$ 也是一个理想. 类似地, $[\mathfrak{l}_1, \mathfrak{l}_2]$ 也是一个理想.

李代数 $\mathfrak{g}$ 若除了 $\mathfrak{g}$ 和 $\{0\}$ 之外没有其他的理想, 且若 $[\mathfrak{g},\mathfrak{g}] \neq \{0\}$, 则称 $\mathfrak{g}$ 是**单纯的**.

$\mathfrak{g}$ 称为是**半单纯**或**半单**的, 若它可分解为单纯理想的直和.

定义 一个实李代数被称为是**紧致**的, 如果它是一个紧致李群的李代数 (在同构意义下).

设 G 是一个紧致连通李群, $\mathfrak{g}$ 是它的李代数. 由第一章 §2 定理 2, 在 $\mathfrak{g}$ 上一定存在一个 Ad_G-不变的内积,

$$(\mathrm{Ad}(\mathrm{Exp}\, tX)Y, \mathrm{Ad}(\mathrm{Exp}\, tX)Z) = (Y, Z), \quad X, Y, Z \in \mathfrak{g}, t \in \mathbf{R}.$$

将此式在 $t = 0$ 处求导, 我们便得出一个与其等价 (注意连通性的假设) 的表示式

$$([X,Y],Z) + (Y,[X,Z]) = 0, \quad X, Y, Z \in \mathfrak{g}. \tag{1}$$

由恒等式 (1), 我们立刻可以证明

定理 1 紧致李代数 $\mathfrak{g}$ 一定有如下形式的直和分解:

$$\mathfrak{g} = \mathfrak{g}_0 \oplus \mathfrak{g}_1 \oplus \cdots \oplus \mathfrak{g}_k,$$

其中 $\mathfrak{g}_0$ 是 $\mathfrak{g}$ 的中心, 而 $\mathfrak{g}_i$ $(1 \leqslant i \leqslant k)$ 则是 $\mathfrak{g}$ 的单纯理想. 而且除了理想排列的次序之外, 这个分解式是唯一的.

证 由恒等式 (1) 容易证明: $\mathfrak{g}$ 的任何一个理想 $\mathfrak{k}$ 的正交补 $\mathfrak{k}^{\perp}$ 也是一个理想, 而且分解式 $\mathfrak{g} = \mathfrak{k} \oplus \mathfrak{k}^{\perp}$ 也是李代数的直和分解. 若 $\mathfrak{k}$ 或 $\mathfrak{k}^{\perp}$ 仍不是极小理想, 则可依此继续分解. 由此可知, $\mathfrak{g}$ 一定可分解为它的极小理想的直和形式. 而 $\mathfrak{g}$ 的极小理想或是单纯的, 或是一维的. 所有一维理想的直和恰是 $\mathfrak{g}$ 的中心 $\mathfrak{g}_0$, 这样就得出所求的分解式. 下面证明唯一性. 设 $\mathfrak{g} = \mathfrak{g}_0 \oplus \mathfrak{g}_1' \oplus \cdots \oplus \mathfrak{g}_l'$ 是另一满足定理条件的直和分解, 则对于 $\mathfrak{g}_i$ $(1 \leqslant i \leqslant k), [\mathfrak{g}_1', \mathfrak{g}_i] \subset \mathfrak{g}_i$ 且 $[\mathfrak{g}_1', \mathfrak{g}_i] \subset \mathfrak{g}_1'$. 由于 $\mathfrak{g}_i$ 是单纯的, 所以或者 $[\mathfrak{g}_1', \mathfrak{g}_i] = \{0\}$ 或者 $[\mathfrak{g}_1', \mathfrak{g}_i] = \mathfrak{g}_i$. 若对所有的 i $(1 \leqslant$

$i \leqslant k$), $[\mathfrak{g}'_1, \mathfrak{g}_i] = \{0\}$, 则 $\mathfrak{g}'_1$ 在 $\mathfrak{g}$ 的中心之中, 这是不可能的. 所以, 必有某个 j ($1 \leqslant j \leqslant k$) 使 $[\mathfrak{g}'_1, \mathfrak{g}_j] = \mathfrak{g}_j$, 从而由 $\mathfrak{g}'_1$ 的单纯性可知, $\mathfrak{g}'_1 = \mathfrak{g}_j$. 类似地继续做下去便可知, $\mathfrak{g}'_i$ 都出现在 $\mathfrak{g}_1, \cdots, \mathfrak{g}_k$ 之中, 因此 $l \leqslant k$. 由于分解式处在对称的地位上, 同样可知, $\mathfrak{g}_j$ 也出现在 $\mathfrak{g}'_1, \cdots, \mathfrak{g}'_l$ 之中且 $k \leqslant l$, 这就证明了分解式唯一. □

我们要指出的是, 存在不变内积也是实李代数紧致的充分条件, 这就是下列定理 2.

定理 2　一个实李代数 $\mathfrak{g}$ 是紧致的充分必要条件是在 $\mathfrak{g}$ 上存在一个内积 (,), 使得

$$([X, Y], Z) + (Y, [X, Z]) = 0, \quad \forall X, Y, Z \in \mathfrak{g}. \tag{1'}$$

分析　必要性是第一章定理 2 的推论, 所以只要证充分性. 由定理 1 的证明可看出, 用恒等式 (1) 我们已可将 $\mathfrak{g}$ 分解为中心与单纯理想的直和. 中心是一个交换李代数, 而一个交换李代数可以是一个环群的李代数, 它自然是紧致李代数. 基于上述理由, 我们总可以把充分性的证明归于 $\mathfrak{g}$ 是一个单纯李代数的情形. 为证充分性, 我们必须找到一个紧李群, 它以 $\mathfrak{g}$ 为其李代数. 这样的李群自然要设法在 $\mathfrak{g}$ 的自同构群 $\mathrm{Aut}\,(\mathfrak{g})$ 的子群中去寻找. $\partial(\mathfrak{g})$ 是 $\mathfrak{gl}(\mathfrak{g})$ 的一个子代数, 由第三章 §1 命题 1 可知, $\partial(\mathfrak{g})$ 是 $\mathrm{Aut}\,(\mathfrak{g})$ 的李代数, 而 $\mathrm{ad}\,(\mathfrak{g})$ 则是 $\partial(\mathfrak{g})$ 的子代数, 我们把 $\mathrm{Aut}\,(\mathfrak{g})$ 的以 $\mathrm{ad}\,(\mathfrak{g})$ 为李代数的连通李子群叫做 $\mathfrak{g}$ 的伴随群或内自同构群, 记为 $\mathrm{Int}\,(\mathfrak{g})$. 因为 $\mathfrak{g}$ 是单纯的, 所以 $\mathrm{ad} : \mathfrak{g} \to \mathrm{ad}\,(\mathfrak{g})$ 是李代数的同构, 即: $\mathfrak{g} \cong \mathrm{ad}\,(\mathfrak{g})$. 所以如果我们能够证明 $\mathrm{Int}\,(\mathfrak{g})$ 是一个紧群, 就证明了 $\mathfrak{g}$ 是一个紧李代数. 由 (1) 式可知, $\mathrm{ad}\,X (X \in \mathfrak{g})$ 是反对称的, 因而再由第二章 §1 例 3 便可知, $\mathfrak{g}$ 也可以视为 $\mathfrak{g}$ 的正交变换群的某个子群的李代数. 而正交群是一个紧群, 于是为了要证 $\mathrm{Int}\,(\mathfrak{g})$ 是紧的, 只要证明它是闭的即可. 而这个证明的关键在于证明 $\mathfrak{g}$ 的每一个导子都是内导子 (参看第三章 §1 命题 1).

定义　设 $\mathfrak{g}$ 是一个李代数, 对任何 $X, Y \in \mathfrak{g}$, 规定

$$B(X, Y) = \mathrm{Tr}\,(\mathrm{ad}\,X\,\mathrm{ad}\,Y), \tag{2}$$

叫做 $\mathfrak{g}$ 的 **Cartan-Killing** 型, 或简称为 **Killing** 型.

不难验证 Cartan-Killing 型是一个在 $\mathfrak{g}$ 的自同构下不变的对称双线性型.

引理 1　一个实单李代数 $\mathfrak{g}$ 上存在不变内积, 则

$$\mathrm{ad}\,(\mathfrak{g}) = \partial(\mathfrak{g}).$$

证　由不变内积可知, $\mathrm{ad}\,X$ 是反对称的, 从而它的所有特征根都是纯虚数, 因此

$$B(X, X) = \mathrm{Tr}\,((\mathrm{ad}\,X)^2) < 0 \quad (X \neq 0),$$

即: B 是一个负定双线性型. 再者, 若 $D \in \partial(\mathfrak{g})$, 则有 $\mathrm{ad}(DX) = [D, \mathrm{ad}\, X]$ 对任何 $X \in \mathfrak{g}$ 均成立. 这表明 $\mathrm{ad}(\mathfrak{g})$ 是 $\partial(\mathfrak{g})$ 的一个理想. 将 $\mathrm{ad}(\mathfrak{g})$ 关于 $\partial(\mathfrak{g})$ 的 Cartan-Killing 型的正交补记为 $\mathfrak{a}$, 它也是 $\partial(\mathfrak{g})$ 的一个理想. 于是 $\mathfrak{a} \bigcap \mathrm{ad}(\mathfrak{g})$ 关于 $\mathrm{ad}(\mathfrak{g})$ 的 Cartan-Killing 型与 $\mathrm{ad}(\mathfrak{g})$ 正交; 再由 $\mathrm{ad}(\mathfrak{g}) \cong \mathfrak{g}$ 的 Cartan-Killing 型的负定性, 即得 $\mathfrak{a} \bigcap \mathrm{ad}(\mathfrak{g}) = \{0\}$. 这就说明, 若 $D \in \mathfrak{a}, [D, \mathrm{ad}\, X] \in \mathfrak{a} \bigcap \mathrm{ad}(\mathfrak{g}) = \{0\}$, 亦即: $\mathrm{ad}(DX) = 0$ 对任何 $X \in \mathfrak{g}$ 成立. 又由于 ad 是同构映射, 所以 $D = 0$, 于是 $\mathfrak{a} = \{0\}$. 现在由维数关系立刻可知: $\mathrm{ad}(\mathfrak{g}) = \partial(\mathfrak{g})$. $\quad\square$

推论 若一个实单李代数 $\mathfrak{g}$ 存在不变内积, 则 $\mathrm{Int}(\mathfrak{g})$ 是 $\mathrm{Aut}(\mathfrak{g})$ 的单位元连通分支, 从而它是 $\mathrm{Aut}(\mathfrak{g})$ 的闭子群.

注 1) 对于一般的李代数 $\mathfrak{g}$, $\mathrm{Int}(\mathfrak{g})$ 不一定是 $\mathrm{Aut}(\mathfrak{g})$ 的闭子群, 因此上述证明是必要的.

2) 对于引理 1 来讲, 存在不变内积的假定不是必要的. 事实上, 对于实半单李代数, 引理 1 及其推论均成立. 但证明要用到 Cartan 的半单性判别准则, 而这个准则我们尚未证明.

定理 2 的证明 我们知道 $\mathfrak{g} \cong \mathrm{ad}(\mathfrak{g})$, 而由 (1) 式可知, $\mathrm{ad}(\mathfrak{g})$ 是 $\mathfrak{g}$ 上的正交群某个子群的李代数. 由于 $\mathrm{Aut}(\mathfrak{g}) \subset \mathrm{GL}(\mathfrak{g})$, 且是 $\mathrm{GL}(\mathfrak{g})$ 的闭子群, 于是根据基本定理, $\mathrm{Int}(\mathfrak{g})$ 是 $\mathfrak{g}$ 上的正交群的子群, 由引理 1 的推论可知, 它是闭的, 从而它是一个紧子群. $\quad\square$

推论 一个实单纯 (或半单纯) 李代数是紧致的充要条件是它的 Cartan-Killing 型 B 是负定的.

证 必要性已知. 至于充分性, 由于 $-B$ 是一个不变内积, 由定理 2 立刻得到本推论. $\quad\square$

现在我们讨论紧致单纯李代数上 Ad_G-不变内积的唯一性问题.

首先, 由第三章 (4) 式立刻可以看出, 一个李代数 $\mathfrak{g}$ 的线性子空间 $\mathfrak{k}$ 是 Ad_G-不变的充分必要条件就是: $\mathfrak{k}$ 是 $\mathfrak{g}$ 的理想. 因此李群 G 的伴随表示 Ad 是不可约的充分必要条件就是 G (或 $\mathfrak{g}$) 的单纯性. 因此可利用不可约性来决定它的内积. 我们有下列结果:

引理 2 如果李群 G 的表示 $\varphi : G \to \mathrm{GL}(V)$ 容许一个非退化不变双线性型, 即:

$$(\varphi(g)X, \varphi(g)Y) = (X, Y), \quad \forall X, Y \in V, g \in G,$$

则 φ 与它的对偶表示 φ^* 等价, 亦即 $\varphi \cong \varphi^*$. 反之亦然.

证　若 $\varphi \cong \varphi^*$, 则存在一个线性空间的同构 $\sigma : V \to V^*$, 使得

$$\varphi^*(g)\sigma = \sigma\varphi(g), \quad \forall g \in G.$$

设 $\langle \, , \, \rangle$ 表示 $V \times V^*$ 上的双线性型

$$\langle x, f \rangle = f(x), \quad x \in V, f \in V^*.$$

作双线性型

$$(X, Y) = \langle X, \sigma(Y) \rangle.$$

容易验证 $(\, , \,)$ 是 V 上一个 G-不变非退化双线性型.

反之, 若 φ 令 $(\, , \,)$ 不变, 在 (X, Y) 中令 Y 取定值, 就可以看成 V 上的一个线性函数, 记为 $\sigma(Y) \in V^*$. 于是 $\sigma : V \to V^*$ 是一个同态. 又由 $(\, , \,)$ 的非退化性可知, σ 是一个同构. 再者,

$$\begin{aligned}
\langle X, \sigma(Y) \rangle &= (X, Y) = (\varphi(g)X, \varphi(g)Y) \\
&= \langle \varphi(g)X, \sigma\varphi(g)Y \rangle = \langle X, \varphi^*(g)^{-1}\sigma\varphi(g)Y \rangle \\
&= \langle X, (\varphi^*)^{-1}(g)\sigma\varphi(g)Y \rangle, \quad \forall X \in V.
\end{aligned} \tag{3}$$

因此, 由 (3) 式可知,

$$\sigma(Y) = (\varphi^*)^{-1}(g)\sigma\varphi(g)(Y), \quad \forall Y \in V, g \in G,$$

亦即 $\varphi^*(g)\sigma = \sigma\varphi(g), \forall g \in G$ 成立. 所以 $\varphi \cong \varphi^*$.　　　　□

引理 3　一个李群的不可约复表示空间若容许不变双线性型, 则它一定非退化, 且在差一个常数因子不计的意义下, 它是唯一的.

证　设 $(\, , \,)$ 是一个不变双线性型, 令

$$V_1 = \{x \in V; (X, Y) = 0, \forall Y \in V\}.$$

容易验证: V_1 是一个 G-不变子空间. 由于 (G, V) 不可约, $V_1 \neq V$, 只能 $V_1 = \{0\}$, 即 $(\, , \,)$ 非退化.

设 $\psi_1(\, , \,)$ 及 $\psi_2(\, , \,)$ 是 V 上两个 G-不变非退化双线性型. 由引理 2 的证明可知, 对于 ψ_1, 存在一个同构 $\sigma_1 : V \to V^*$, 使得 $\sigma_1\varphi(g)\sigma_1^{-1} = \varphi^*(g)$; 同理对于 ψ_2, 有同构 $\sigma_2 : V \to V^*$, 使得 $\sigma_2\varphi(g)\sigma_2^{-1} = \varphi^*(g)$. 因此有

$$\sigma_1\varphi(g)\sigma_1^{-1} = \sigma_2\varphi(g)\sigma_2^{-1}, \quad \forall g \in G.$$

令 $\tau = \sigma_2^{-1} \cdot \sigma_1 : V \to V$ 是 V 的自同构, 且有

$$\tau\varphi(g) = \varphi(g)\tau, \quad \forall g \in G.$$

由 Schur 引理的特殊形式可知: $\tau \equiv c$ (常数), 于是 $\sigma_1 = c\sigma_2$, 即:

$$\psi_1(X,Y) = c\psi_2(X,Y), \quad \forall X, Y \in V. \qquad \square$$

前面已经指出, $\mathfrak{g}$ 上的 Cartan-Killing 型 $B(X,Y)$ 在 $\mathfrak{g}$ 的自同构下不变. 由于 $\mathrm{Ad}\,(g) \in \mathrm{Aut}\,(\mathfrak{g})(g \in G)$, 因此 B 自然也是 Ad_G-不变的.

如果 $\mathfrak{g}$ 是一个紧致单李代数, 则相应李群 G 的伴随表示 Ad 是不可约的. 由引理 3, 如果 $(\ ,\ )$ 是 $\mathfrak{g} \otimes \mathbf{C}$ 上不变双线性型, 则它一定与 Cartan-Killing 型 B 成比例.

现在设 $(\ ,\ )$ 是 $\mathfrak{g}$ 上一个 Ad_G-不变内积, 它自然可线性扩成 $\mathfrak{g} \otimes \mathbf{C}$ 上的一个不变双线性型, 因此这个双线性型一定与 B 成比例. 另一方面, 定理 2 的推论说明: $-B$ 是 $\mathfrak{g}$ 上一个内在的不变内积. 因此, $(\ ,\ )$ 一定与之成比例. 换句话说, 紧致单纯李代数上的不变内积, 若差一个常数因子不计, 则是唯一的.

由于上述事实, 今后我们在讨论中经常可把不变内积视为由 Cartan-Killing 型所决定的内积, 或其常数倍.

§2 根系、Cartan 分解与紧致李代数的结构

本节将基于第三章对于伴随变换、根系和 Cartan 分解的讨论所得的基础, 进而对紧致李代数的结构作有系统的探讨. 首先, 让我们把原先的所得, 再作一次通盘的整理与分析.

分析

1) 由上一节的结果, 任何紧致李代数均可分解为它的中心与它的单纯理想的直和. 因此, 为方便起见, 今后我们总是假定 $\mathfrak{g}$ 是紧致单李代数. 再者, 当 $\mathfrak{g}$ 是紧单纯李代数时, 其上的 Cartan-Killing 型 $B(X,Y) = \mathrm{Tr}\,(\mathrm{ad}\,X \cdot \mathrm{ad}\,Y)$ 是负定的, 而且 $\mathfrak{g}$ 上的任何不变内积都是 B 的负常数倍. 在以后的讨论中, 若不加申明, 则以 $-B(X,Y)$ 作为 $\mathfrak{g}$ 上的内积. 它是一个由 $\mathfrak{g}$ 的内在结构所直接确定的内积, 所以其本身就是 $\mathfrak{g}$ 的一种结构不变量 (即: 在同构映射下保持不变).

2) 一个李代数 $\mathfrak{g}$ 的结构之要点在于其 "括积"; 而括积本身就是李群 G 的不可交换性的线性化. 采取一个全局的观点, 一个李群 G 的伴随变换 $\widetilde{\mathrm{Ad}} : G \times G \to G$ 也就是 G 的不可交换性的 "总体", 而 $\mathrm{Ad} : G \times \mathfrak{g} \to \mathfrak{g}$ 和 $\mathrm{ad} : \mathfrak{g} \times \mathfrak{g} \to \mathfrak{g}$ 则是二元映射 $\widetilde{\mathrm{Ad}}(g, x) = gxg^{-1}$ 的逐级线性化. 本节也就是接着前一章 §3 的讨论, 运用第一章线性表示论的手法, 对上述伴随表示作系统的剖析.

3) 将表示论和极大子环群定理相结合, 就会看到, 可以把伴随表示 Ad : $G \times \mathfrak{g} \to \mathfrak{g}$ 的研讨归于它局限到一个选定的极大子环群 T 的表示 $\mathrm{Ad}|_T : T \times \mathfrak{g} \to \mathfrak{g}$ 来探讨 (第三章 §2 推论 3). 这也就是在前一章 §3 所讨论的根系和 Cartan 分解, 即

$$
\begin{cases}
\text{复 Cartan 分解} \quad \mathfrak{g} \otimes \mathbf{C} = \mathfrak{h} \otimes \mathbf{C} \oplus \displaystyle\sum_{\alpha \in \Delta(G)} \mathbf{C}_\alpha, \\
\text{实 Cartan 分解} \quad \mathfrak{g} = \mathfrak{h} \oplus \displaystyle\sum_{\pm\alpha \in \Delta(G)} \mathbf{R}^2_{(\pm\alpha)}.
\end{cases}
\tag{4}
$$

它们是我们继续研讨李代数 $\mathfrak{g}$ 的结构与分类理论的起点.

4) 一个紧致连通李群 G 的根系 (亦即其李代数 $\mathfrak{g}$ 的根系) $\Delta(G)$ (或 $\Delta(\mathfrak{g})$) 也就是它的伴随表示的非零权系. 它的第一个重要特点就是每一个根 $\alpha \in \Delta$ 的重数都是 1, 而且 $k\alpha \in \Delta$ 当且仅当 $k = \pm 1$. 在前一章 §3 中, 对于上述基本事实的证明是采取了下述自然的定义, 即: $T_\alpha = \ker(\alpha : T \to U(1)), G_\alpha = Z(T_\alpha, G), \widetilde{G}_\alpha = G_\alpha/T_\alpha$, 这样就可以把它归结到秩 1 紧致连通李群的分类定理来推导 (参看第三章定理 3 和定理 4).

5) 从方法论的观点来看, 对应于每一对根 $\pm\alpha \in \Delta(G)$, 就有一个子群 $T \subset G_\alpha \subset G, \Delta(G_\alpha) = \{\pm\alpha\} \subset \Delta(G)$. 当我们把伴随表示局限于 T 时, 即得 $\mathfrak{g}$ 或 $\mathfrak{g} \otimes \mathbf{C}$ 的 Cartan 分解和根系, 而根系则是伴随表示的一组完全不变量. 再者, 当我们把伴随表示局限到 G_α 时, 则 $\mathfrak{g} \otimes \mathbf{C}$ 在 $\mathrm{Ad}|_{G_\alpha}$ 作用之下的不可约分解也就是 $\mathfrak{g} \otimes \mathbf{C}$ 的复 Cartan 分解的一个 "前身". 我们当然又可以运用对于 G_α 这种特殊群的表示论的知识 (本质上, 它就是 $S^3 \times T_\alpha$ 的表示论) 来剖析 $\mathrm{Ad}|_{G_\alpha}$-分解和 $\mathrm{Ad}|_T$-分解之间的关系, 即得

$$
\mathfrak{g} \otimes \mathbf{C} = \langle \alpha \rangle^\perp \otimes \mathbf{C} \oplus \widetilde{\mathfrak{g}}_\alpha \otimes \mathbf{C} \oplus \sum_\beta \left\{ \sum_{j=q}^{p} \mathbf{C}_{\beta+j\alpha} \right\},
$$

其中 $\{\beta + j\alpha; q \leqslant j \leqslant p\}$ 表示包含于 $\Delta(G) \backslash \{\pm\alpha\}$ 之中的 α-等差向量列. 再者, 上述 α-等差向量列显然都必须依 $\langle \alpha \rangle^\perp$ 成反射对称. 这也就是下述内积关系的原本:

$$
\frac{2(\alpha, \beta)}{(\alpha, \alpha)} = -(p + q)
\tag{5}
$$

(参看第三章 §3 之末的讨论). 本节将同样地引进

$$
T_{\alpha,\beta} = T_\alpha \bigcap T_\beta, \quad G_{\alpha,\beta} = Z(T_{\alpha,\beta}, G), \quad \widetilde{G}_{\alpha,\beta} = G_{\alpha,\beta}/T_{\alpha,\beta}.
$$

这样就可以进一步把根系之中的纵横交错的网络结构, 归于最基本的秩 2 紧致连通李群的情形来探讨.

6) 在前一章 §4 中, 我们讨论的出发点是

$$G/\widetilde{\mathrm{Ad}} \cong T/W, \quad \mathfrak{g}/\mathrm{Ad} \cong \mathfrak{h}/W,$$

而 $W = N(T,G)/T$ 叫做 G (或 $\mathfrak{g}$) 的 Weyl 群; 而且还证明了 W 作为在 T (或 $\mathfrak{h}$) 上的变换群是一种特别简单的反射变换群 (第三章定理 6). 这也就是为什么反射变换群的基本知识在李群论的讨论中扮演着一个重要的角色. 例如: 根系 Δ 这个 $\mathfrak{h}$ 中的子集就很显然是一个 W-不变子集.

总结上面六点分析, 对于一个紧单李代数 $\mathfrak{g}$, 我们已有下列几点基本的认识:

(a) $\mathfrak{g}$ 上有一个由其内在结构直接定义的内积

$$(X, Y) = -B(X, Y) = -\mathrm{Tr}(\mathrm{ad}\,X \cdot \mathrm{ad}\,Y).$$

因此把它限制到一个选定的 Cartan 子代数 (亦即极大子环群的李代数) $\mathfrak{h}$ 上所得的内积也是一种结构不变量.

(b) 根系 $\Delta(\mathfrak{g})$ 是 $\mathfrak{g}$ 的结构的基本不变量, 它和 $\mathfrak{g}$ 中的括积的关系也就是下述复 Cartan 分解

$$\mathfrak{g} \otimes \mathbf{C} = \mathfrak{h} \otimes \mathbf{C} \oplus \sum_{\alpha \in \Delta(g)} \mathbf{C}_\alpha.$$

对于 $\mathfrak{h}$ 中任给的元素 H 和 $\mathbf{C}_\alpha$ 中的元素 X_α,

$$[H, X_\alpha] = 2\pi\mathrm{i}(\alpha, H)X_\alpha. \tag{6}$$

(c) W 在 $\mathfrak{h}$ 上的作用是一个由 $\{r_\alpha; \alpha \in \Delta(\mathfrak{g})\}$ 所生成的反射变换群; r_α 就是欧氏空间 $\mathfrak{g}$ 对于 α 的正交补 $\langle\alpha\rangle^\perp$ 的反射对称, 亦即

$$r_\alpha(H) = H - \frac{2(\alpha, H)}{(\alpha, \alpha)}\alpha.$$

再者, 对于任给 $\beta \in \Delta$, 所有能够表示成 $\beta + j\alpha$ $(j \in \mathbf{Z})$ 形式的根构成一个 α-等差向量列, 亦即

$$\{\beta + j\alpha; j \in \mathbf{Z}\} \bigcap \Delta = \{\beta + j\alpha; q \leqslant j \leqslant p\},$$

其中 p, q 是随 $\alpha, \beta \in \Delta$ 的选取而确定, 而且

$$r_\alpha(\beta + p\alpha) = \beta + q\alpha, \quad \frac{2(\alpha, \beta)}{(\alpha, \alpha)} = -(p + q).$$

(上述 α-等差向量列也就是包含 β 的 G_α-复不可约表示的权系. 它当然是 r_α-对称的).

(d) 设 $\mathfrak{g}_1, \mathfrak{g}_2$ 是两个同构的紧单李代数, $\mathfrak{h}_1, \mathfrak{h}_2$ 分别是 $\mathfrak{g}_1$ 和 $\mathfrak{g}_2$ 中选定的 Cartan 子代数, 则必有一个同构映射 $\sigma : \mathfrak{g}_1 \to \mathfrak{g}_2$, 使得 $\sigma(\mathfrak{h}_1) = \mathfrak{h}_2$, 它当然也是保长的 (或称为等距的). 再者,

$$\sigma\{\Delta(\mathfrak{g}_1)\} = \Delta(\mathfrak{g}_2), \quad \sigma W(\mathfrak{g}_1)\sigma^{-1} = W(\mathfrak{g}_2),$$

换句话说, 变换群

$$(W(\mathfrak{g}_1), \mathfrak{h}_1, \Delta(\mathfrak{g}_1)) \cong (W(\mathfrak{g}_2), \mathfrak{h}_2, \Delta(\mathfrak{g}_2)).$$

这也就说明了 $(W(\mathfrak{g}), \mathfrak{h}, \Delta(\mathfrak{g}))$ 是一个紧单李代数 $\mathfrak{g}$ 的一种极为精简的不变量. 而本章所要证明的主要结果 $(W(\mathfrak{g}_1), \mathfrak{h}_1, \Delta(\mathfrak{g}_1))$ 和 $(W(\mathfrak{g}_2), \mathfrak{h}_2, \Delta(\mathfrak{g}_2))$ 之间等距同构的存在其实业已构成 $\mathfrak{g}_1 \cong \mathfrak{g}_2$ 的充分条件!

下面让我们先来讨论一下 $(W, \mathfrak{h}, \Delta)$ 的几何.

$(W, \mathfrak{h}, \Delta)$ 的几何

Cartan 子代数 $\mathfrak{h}$ 是一个欧氏空间 (其内积就是 $(-B)|_{\mathfrak{h}}$), Δ 是 $\mathfrak{h}$ 中一个具有"中心对称"性的有限子集, 亦即: $-\Delta = \Delta$. W 是作用于 $\mathfrak{h}$ 上的一个反射变换群. $\{r_\alpha; \pm\alpha \in \Delta\}$ 就是 W 中所含有的反射对称. 现在让我们来分析一下 $(W, \mathfrak{h}, \Delta)$ 的几何 (同构) 不变量.

1) 对应于 Δ 中的每一对根 $\{\pm\alpha\}$, 反射对称 r_α 的不动点集

$$P_\alpha = \{H \in \mathfrak{h}; (\alpha, H) = 0\}$$

就是 α 的正交补空间, 它把 $\mathfrak{h}$ 分割成两个半空间. 我们可以任取其中之一为正侧, 记为 S_α^+, 而另一半侧则记为 S_α^-, 称为负侧. 换句话说, 在每一对根中任取其一为正根, 另一个则为负根. 我们以 Δ^+ 表示所有正根的集合, Δ^- 表示负根的集合, $\Delta = \Delta^+ \bigcup \Delta^-$, 则对于任给的一个正根 $\alpha \in \Delta^+$, 有

$$\begin{cases} \mathfrak{h} = S_\alpha^+ \bigcup P_\alpha \bigcup S_\alpha^-, \\ S_\alpha^+ = \{H \in \mathfrak{h}; (\alpha, H) > 0\}, S_\alpha^- = \{H \in \mathfrak{h}; (\alpha, H) < 0\}, \\ P_\alpha = \{H \in \mathfrak{h}; (\alpha, H) = 0\} = F(r_\alpha) = \{H \in \mathfrak{h}; r_\alpha(H) = H\}, \\ r_\alpha(S_\alpha^+) = S_\alpha^-, r_\alpha(S_\alpha^-) = S_\alpha^+. \end{cases} \quad (7)$$

从上面这些正根的选定, 就唯一地确定了一个基本 Weyl 房:

$$C_0 = \bigcap_{\alpha \in \Delta^+} S_\alpha^+,$$

它是从空间 $\mathfrak{h}$ 中切除了 $\bigcup_{\alpha \in \Delta^+} P_\alpha$ 之后所得的开集 $\mathfrak{h} \backslash \bigcup_{\alpha \in \Delta^+} P_\alpha$ 的一个连通分支.

其实, 前述正根的选定也就是等于在 $\mathfrak{h} \backslash \bigcup_{\alpha \in \Delta^+} P_\alpha$ 的各个连通分支之中选定其中之一作为基本 Weyl 房 C_0. 因为从一个选定的 Weyl 房 C_0 出发, 我们就可以反过来把那个包含 C_0 的半空间选定为正侧, 这也就相当于在每一对根中选定其一作为正根. 于是 C_0 就是相应于这个正根系 Δ^+ 的基本 Weyl 房. 总之, 正根系 Δ^+ 的选定和基本 Weyl 房的选定其实是一回事, 两者之间的对应关系就是下列等式

$$C_0 = \bigcap_{\alpha \in \Delta^+} S_\alpha^+ = \{H \in \mathfrak{h}; (\alpha, H) > 0, \quad \forall \alpha \in \Delta^+\}.$$

2) 由附录四中关于一般反射变换群几何的讨论, 我们证明了下列一些基本事实:

(a) Weyl 房的个数等于 W 中元素的个数 (通常用符号 $|W|$ 来表示). 而且 W 在 Weyl 房集合上的作用是单可递的.

(b) $\overline{C}_0$ 构成 W-变换的一个基本域, 它和每一个 W-轨道有且仅有一个交点, 因此

$$\mathfrak{h}/W \cong \overline{C}_0.$$

(c) 在正根系 Δ^+ 中存在一个唯一的极小子集 Π, 使得 $C_0 = \bigcap_{\alpha_i \in \Pi} S_{\alpha_i}^+$. 它叫做 Δ^+ 中的素根系. 再者, $\{r_{\alpha_i}; \alpha_i \in \Pi\}$ 业已构成 W 的一组生成元.

往后的讨论将证明上述素根系的度量性质, 亦即

$$\{(\alpha_i, \alpha_j), \alpha_i, \alpha_j \in \Pi\},$$

这样一组内积就构成了 $(W, \mathfrak{h}, \Delta)$ 的一组既精简又完备的不变量. 它也就是紧单李代数 $\mathfrak{g}$ 的一组既精简又完备的同构不变量.

定理 3 对于选定的 Δ^+, 令 $\Pi = \{\alpha_1, \cdots, \alpha_k\}$ 是 Δ^+ 的素根系, 则

1) 若 $\alpha_i, \alpha_j \in \Pi, \alpha_i \neq \alpha_j$, 则 $(\alpha_i, \alpha_j) \leqslant 0$ 且 $\alpha_i - \alpha_j \notin \Delta(\mathfrak{g})$.

2) 对任何 $\beta \in \Delta(\mathfrak{g})$, 都有唯一一分解式

$$\beta = \sum_{\alpha_i \in \Pi} k_i \alpha_i,$$

其中 $k_i \in \mathbf{Z} \, (1 \leqslant i \leqslant k)$, 而且当 $\beta \in \Delta^+$ 时 k_i 均非负, 当 $\beta \in \Delta^-$ 时 k_i 均非正.

3) Π 构成 $\mathfrak{h}$ (或 $\mathfrak{h}^*$) 的一组基.

4) 若 $\beta \in \Delta^+, \beta \notin \Pi$, 则一定有一个 $\beta_1 \in \Delta^+$ 及一个素根 $\alpha_i \in \Pi$, 使得 $\beta = \beta_1 + \alpha_i$.

证 1) 注意到若正根 α 可分解为另外两个正根之和 $\alpha = \alpha_1 + \alpha_2$, 则 $(\alpha_1, H) > 0$ 和 $(\alpha_2, H) > 0$ 就蕴含着 $(\alpha, H) > 0$. 由 Π 的极小性可知, $\alpha \notin \Pi$. 这表明每个素根均不能分解为另外两个正根之和. 设 α_i, α_j 是 Π 中两个不相等的素根, 若 $\alpha_i - \alpha_j \in \Delta(\mathfrak{g})$, 或者 $\alpha_i - \alpha_j \in \Delta^+$, 则是

$$\alpha_i = (\alpha_i - \alpha_j) + \alpha_j;$$

或者 $\alpha_i - \alpha_j \in \Delta^-$, 于是

$$\alpha_j = (\alpha_j - \alpha_i) + \alpha_i.$$

这均与素根不可分解相矛盾, 所以 $\alpha_i - \alpha_j \notin \Delta(\mathfrak{g})$. 这个事实也表明在过 α_i 的 α_j-等差向量列中, 若 $q = 0$, 而 $p \geqslant q$, 则一定有 $p \geqslant 0$. 因此, 由 (5) 式可知,

$$(\alpha_i, \alpha_j) \leqslant 0.$$

2) 容易证明 $\alpha_1, \cdots, \alpha_k$ 是线性无关的. 事实上, 若它们线性相关, 不妨设

$$\alpha_k = \sum_{i=1}^{k-1} \lambda_i \alpha_i = \sum \lambda_j' \alpha_j + \sum \lambda_l'' \alpha_l,$$

其中 $\lambda_j' > 0, \lambda_l'' \leqslant 0$. 记

$$\sigma = \sum \lambda_j' \alpha_j, \quad \tau = \sum \lambda_l'' \alpha_l.$$

由于 $\alpha_k > 0$, 所以 $\sigma \neq 0$ (否则 $\alpha_k = \tau < 0$ 与 $\alpha_k > 0$ 矛盾), 而且有

$$(\sigma, \tau) = \sum \lambda_j' \lambda_l'' (\alpha_j, \alpha_l) \geqslant 0,$$

所以

$$(\sigma, \alpha_k) = (\sigma, \sigma) + (\sigma, \tau) > 0.$$

另一方面,

$$(\sigma, \alpha_k) = \sum \lambda_j' (\alpha_j, \alpha_k) \leqslant 0,$$

这是一个矛盾!

设 $\beta \in \Delta^+$, 并假定对于 $0 < \gamma < \beta$ 的每个根 γ 都具有 $\sum_{\alpha \in \Pi} k_\alpha \alpha$ 这种形式, 其中 k_α 是非负整数. 我们可假定 $\beta \notin \Pi$, 因此

$$\beta = \beta_1 + \beta_2, \quad \beta_i > 0 \ (i = 1, 2).$$

于是 $\beta > \beta_i \ (i = 1, 2)$. 由归纳假设,

$$\beta_1 = \sum_{\alpha \in \Pi} k_\alpha' \cdot \alpha, \quad \beta_2 = \sum_{\alpha \in \Pi} k_\alpha'' \cdot \alpha,$$

其中 k'_α, k''_α 均为非负整数. 因此,

$$\beta = \sum_{\alpha \in \Pi} (k'_\alpha + k''_\alpha) \cdot \alpha.$$

若 $\beta \in \Delta^-$, 则 $-\beta \in \Delta^+$, 因此 $\beta = \sum_{\alpha \in \Pi} h_\alpha \cdot \alpha, h_\alpha$ 是非正整数. 再者, 由 Π 的线性无关性自然推知 β 的表达式是唯一的.

3) 若 Π 不能构成 $\mathfrak{h}$ 的一组基, 令 $\mathfrak{h}'$ 是由 Π 张成的子空间, 则 $\mathfrak{h}' \subsetneqq \mathfrak{h}$. 令 $\mathfrak{h} = \mathfrak{h}' \oplus \mathfrak{h}'', \mathfrak{h}''$ 是 $\mathfrak{h}'$ 关于不变内积的正交补. 则对于任何 $\beta \in \Delta(\mathfrak{g})$, 都有

$$(\beta, H) = \left(\sum_{\alpha \in \Pi} h_\alpha \alpha, H \right) = \sum_{\alpha \in \Pi} h_\alpha (\alpha, H) = 0, \quad \forall H \in \mathfrak{h}'',$$

因此, 对任何 $X_\beta \in V_\beta$ $(\beta \in \Delta)$ 和 $H \in \mathfrak{h}''$ 也有

$$\mathrm{Ad}\,(\mathrm{Exp}\,tH)X_\beta = \mathrm{e}^{2\pi \mathrm{i} t(\beta, H)} X_\beta = X_\beta,$$

亦即

$$\mathrm{Exp}\,(\mathrm{ad}\,tH)X_\beta = X_\beta. \tag{8}$$

由 (8) 式可知, $[H, X_\beta] = 0$ $(H \in \mathfrak{h}'')$. 因此, $\mathfrak{h}''$ 包含于 $\mathfrak{g}$ 的中心之中, 这与 $\mathfrak{h}$ 的单纯性相矛盾!

4) 若对于所有的 $\alpha_i \in \Pi$, 都有 $(\beta, \alpha_i) \leqslant 0$, 则由 2) 的证明可以看出, $\Pi \bigcup \{\beta\}$ 是线性无关的, 但 Π 已构成 $\mathfrak{h}$ 的一组基, 这是不可能的. 所以一定有某个 $\alpha_i \in \Pi$, 使得 $(\beta, \alpha_i) > 0$, 再由 (5) 式可知, q 必定大于 0, 亦即 $\beta - \alpha_i \in \Delta$. 设 $\beta = \sum h_j \alpha_j$, 由 2) 可知, 所有 h_j 均非负, 因此在 $\beta - \alpha_i$ 的分解式各项的系数中至少有一个是正的, 于是 $\beta - \alpha_i \in \Delta^+$. $\square$

由定理 3 的 4), 我们马上可推知下面的事实:

任何 $\beta \in \Delta^+, \beta$ 均可表示为素根之和的形式,

$$\beta = \alpha_{i_1} + \cdots + \alpha_{i_s},$$

其中 $\{\alpha_{i_l}\}$ 可以有重复者, 且使得

$$\alpha_{i_1} + \cdots + \alpha_{i_l} \quad (1 \leqslant l \leqslant s)$$

均是 Δ^+ 中的元素. 换句话说, 每个正根都可以由素根出发, 逐步作适当的相加而得.

再者, 对于任何 $\alpha, \beta \in \Delta(\mathfrak{g})\ (\alpha \neq \pm\beta)$, 由 (5) 式可知,

$$2(\alpha, \beta)/(\alpha, \alpha)\quad 及\quad 2(\beta, \alpha)/(\beta, \beta)$$

均是整数. 设 α, β 之间的夹角为 θ, 则

$$(\alpha, \beta) = (\beta, \alpha) = |\alpha| \cdot |\beta| \cdot \cos\theta.$$

因此,

$$\frac{2(\alpha, \beta)}{(\alpha, \alpha)} \cdot \frac{2(\beta, \alpha)}{(\beta, \beta)} = 4\cos^2\theta < 4.$$

由此可知, 夹角 θ 只能取使 $\cos^2\theta = \dfrac{1}{4}, \dfrac{1}{3}, \dfrac{1}{2}$ 和 0 这些值. 若用 $\langle \beta, \alpha \rangle$ 表示 $2(\beta, \alpha)/(\alpha, \alpha)$, 称为 β 与 α 的尖积, 则当 $\alpha \neq \pm\beta, |\beta| \leqslant |\alpha|$ 时, 只有表 4.1 所列出的几种可能性.

表 4.1

$\langle \alpha, \beta \rangle$	$\langle \beta, \alpha \rangle$	θ	$|\beta|^2/|\alpha|^2$
0	0	$\dfrac{\pi}{2}$	不确定
1	1	$\dfrac{\pi}{3}$	1
-1	-1	$\dfrac{2\pi}{3}$	1
1	2	$\dfrac{\pi}{4}$	2
-1	-2	$\dfrac{3\pi}{4}$	2
1	3	$\dfrac{\pi}{6}$	3
-1	-3	$\dfrac{5\pi}{6}$	3

例　秩 2 紧半单李代数的根系:

设 $\mathfrak{g}$ 是一个秩 2 紧致半单李代数, $\mathfrak{h}$ 是它的一个任意选定的 Cartan 子代数, 它是一个二维欧氏空间. 再者, Weyl 群 W 是欧氏平面 $\mathfrak{h}$ 的一个反射变换群, 它的基本生成系是对于两条直线的反射对称, 这两条直线分别是

$$P_i = \{H \in \mathfrak{h}; (\alpha_i, H) = 0\}\quad (i = 1, 2),$$

其中 $\{\alpha_1, \alpha_2\} = \Pi$ 是 $\mathfrak{g}$ 的一组素根系. 因为 $(\alpha_1, \alpha_2) \leqslant 0$, 所以由表 4.1 即得出: α_1, α_2 之间的夹角 θ 只有 $\dfrac{\pi}{2}, \dfrac{2\pi}{3}, \dfrac{3\pi}{4}$ 和 $\dfrac{5\pi}{6}$ 这四种可能. 相应地, 基本 Weyl 房则

是一个夹角是 $\pi - \theta$ 的角区

$$C_0 = \{H \in \mathfrak{h}; (\alpha_1, H) > 0 \quad \text{且} \quad (\alpha_2, H) > 0\},$$

其角度 $\pi - \theta = \dfrac{\pi}{2}, \dfrac{\pi}{3}, \dfrac{\pi}{4}$ 和 $\dfrac{\pi}{6}$. 容易看出, 在上述四种可能性中, $|W|$ 和根对的个数如表 4.2.

表 4.2

$\pi - \theta$	$\dfrac{\pi}{2}$	$\dfrac{\pi}{3}$	$\dfrac{\pi}{4}$	$\dfrac{\pi}{6}$
$|W|$	4	6	8	12
根对个数	2	3	4	6

由表 4.2 不难看出, $(W, \mathfrak{h}, \Delta), \dim \mathfrak{h} = 2$ 只有图 4.1 中的四种可能的几何结构.

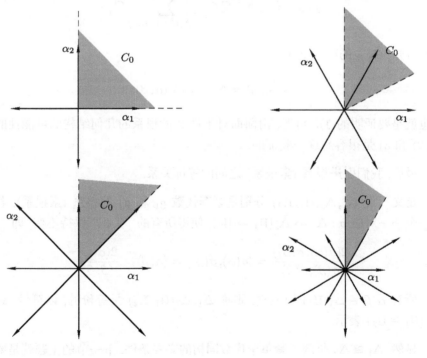

图 4.1

图中用阴影标出的区域就是基本 Weyl 房. 事实上, 只要将表 4.1 和表 4.2 相结合, 再利用 Δ 的 W-不变性, 就可推出 $(W, \mathfrak{h}, \Delta)$ 只有这四种可能, 请读者自证.

往后我们将说明恰有四个秩 2 的紧半单李代数, 其 $(W, \mathfrak{h}, \Delta)$ 分别具有上述四种几何结构. 再者, 由上面对于秩 2 这种特殊情形的讨论, 还可以推导出下述一般性的结论.

引理 4 设 $\Delta(G)$ 是一个紧单李群 G 的根系, α, β 是其中两个线性无关的根, $V(\alpha, \beta)$ 是由 α, β 所张成的二维子空间. 则

1) $\Delta(G) \bigcap V(\alpha, \beta)$ 与一个秩 2 紧李群的根系几何同构, 即: 它的几何结构与上述四种情形之一相同.

2) 过 β 的 α-等差向量列 $\{\beta + j\alpha; q \leqslant j \leqslant p\}$ 中向量个数 $p - q + 1 \leqslant 4$.

3) $1 - q = p \cdot \dfrac{(\alpha + \beta, \alpha + \beta)}{(\beta, \beta)}$ 恒成立.

证 令 $T_{\alpha, \beta}$ 是 G 中以 $V(\alpha, \beta)$ 在 $\mathfrak{h}$ 中的正交补为其李代数的子环群, $G_{\alpha, \beta} = Z(T_{\alpha, \beta}, G)$ 和 $\widetilde{G}_{\alpha, \beta} = G_{\alpha, \beta}/T_{\alpha, \beta}$. 由第三章定理 2 的推论 4 得知, $G_{\alpha, \beta}$ 是连通的. 令 $\mathfrak{g}_{\alpha, \beta}$ 为 $G_{\alpha, \beta}$ 的李代数. 由 $\mathfrak{g}$ 的 Cartan 分解和 (5) 式不难看出

$$\mathfrak{g}_{\alpha, \beta} \otimes \mathbf{C} = \mathfrak{h} \otimes \mathbf{C} \oplus \sum_{\gamma \in \Delta(G) \cap V(\alpha, \beta)} \mathbf{C}_{\gamma}.$$

由此可知, $\widetilde{G}_{\alpha, \beta}$ 的秩为 2, 而且

$$\Delta(\widetilde{G}_{\alpha, \beta}) = \Delta(G) \bigcap V(\alpha, \beta).$$

这也就是要证明的 1). 再者, 由前面对于秩 2 的根系的几何结构的可能性的分类, 2) 和 3) 是很容易逐一验证的. □

最后, 我们引进根系 (素根系) 之间的等价关系.

定义 设 $\Delta_1, \Delta_2(\Pi_1, \Pi_2)$ 分别是紧李代数 $\mathfrak{g}_1$ 和 $\mathfrak{g}_2$ 的根系 (素根系). 若存在一个一一对应 $\sigma : \Delta_1 \to \Delta_2(\Pi_1 \to \Pi_2)$, 使得所有的 "尖积" 保持不变, 即

$$\frac{2(\sigma(\alpha), \sigma(\beta))}{(\sigma(\beta), \sigma(\beta))} = \langle \sigma(\alpha), \sigma(\beta) \rangle = \langle \alpha, \beta \rangle = \frac{2(\alpha, \beta)}{(\beta, \beta)}$$

对于所有 $\alpha, \beta \in \Delta_1(\Pi_1)$ 恒成立, 则称 $\Delta_1, \Delta_2(\Pi_1, \Pi_2)$ 是**等价**的, 以符号 $\Delta_1 \cong \Delta_2 (\Pi_1 \cong \Pi_2)$ 表示.

显然, $\Delta_1 \cong \Delta_2$ 是两个紧单李代数同构的必要条件. 下一节的主题就是要证明它也是充分条件.

引理 5 设 Π_i 是 Δ_i 的一组素根系 $(i = 1, 2)$, 则 $\Pi_1 \cong \Pi_2$ 的充要条件是 $\Delta_1 \cong \Delta_2$.

证　设 Π_2, Π_2' 是 Δ_2 中对于两种不同的正根选取的两组素根系; C_0, C_0' 分别是 $\mathfrak{h}_2$ 中相应于 Π_2, Π_2' 的基本 Weyl 房, 则必存在唯一的元素 $\sigma_2 \in W_2$, 使得 (参看附录四)

$$\sigma_2(C_0') = C_0, \quad \sigma(\Pi_2') = \Pi_2.$$

先证 $\Delta_1 \cong \Delta_2 \Rightarrow \Pi_1 \cong \Pi_2$. 设 $\sigma : \Delta_1 \to \Delta_2$ 是一个保持尖积不变的一一对应, 则 $\Pi_2' = \sigma(\Pi_1)$ 显然是 Δ_2 中的一组素根系. 由上面的讨论, 存在 W_2 中的元素 $\sigma_2 : \Delta_2 \to \Delta_2$, 使得

$$\sigma_2(\Pi_2') = \Pi_2,$$

亦即 $\sigma_2 \cdot \sigma : \Delta_1 \to \Delta_2$ 是一个保持尖积的一一对应, 而且

$$\sigma_2 \cdot \sigma(\Pi_1) = \Pi_2,$$

这就证明了 $\Pi_1 \cong \Pi_2$.

再证 $\Pi_1 \cong \Pi_2 \Rightarrow \Delta_1 \cong \Delta_2$. 设 $\sigma_0 : \Pi_1 \to \Pi_2$ 是一个定义在素根系 Π_1, Π_2 之间的一一对应, 且保持尖积不变. 我们要进而说明可以唯一地把 σ_0 线性地扩张成一个 Δ_1, Δ_2 之间的一一对应 σ, 它当然也会保持尖积. 为了叙述方便, 我们将令

$$\Pi_1 = \{\alpha_1, \cdots, \alpha_l\}, \quad \Pi_2 = \{\alpha_1', \cdots, \alpha_l'\}, \quad \alpha_i' = \sigma_0(\alpha_i);$$

Δ_1^+, Δ_2^+ 分别表示 Δ_1, Δ_2 中相应于 Π_1, Π_2 的正根系. 由定理 3 可知, 我们需要证明的关键只有一点, 那就是对于同一组 k_i $(i = 1, \cdots, l)$ $(k_i \in \mathbf{Z}^+)$,

$$\beta = \sum_{i=1}^l k_i \alpha_i \in \Delta^+ \Longleftrightarrow \beta' = \sum_{i=1}^l k_i \alpha_i' \in \Delta^+.$$

对于任给的 $\beta = \sum_{i=1}^l k_i \alpha_i \in \Delta^+$, 置 $h(\beta) = \sum_{i=1}^l k_i$, 叫做 β 的**高度**. 我们下面对于这种高度 $h(\beta)$ 进行归纳来证明上述关系的普遍成立.

当 $h(\beta) = 1$ 时, $\beta \in \Pi_1$, 所以根本就是已知而不必再证. 其次, 设上述关系对于所有高度 $\leqslant h_0$ 的正根业已成立, 要从而推导上述关系对于所有高度为 $h_0 + 1$ 的正根也成立. 由定理 3 的 4), 任何一个高度为 $h_0 + 1$ 的 $\beta \in \Delta_1^+$, 都可 (适当地) 表示为

$$\beta = \beta_1 + \alpha_i, \quad h(\beta_1) = h_0,$$

所以我们只要证明下列逻辑关系, 即当 $h(\beta_1) = h_0$ 时,

$$\beta_1 + \alpha_i \in \Delta^+ \Longleftrightarrow \beta_1' + \alpha_i' \in \Delta^+.$$

其证明如下: 设 $\{\beta_1 + j\alpha_i; q \leqslant j \leqslant p\}$ 和 $\{\beta_1' + j\alpha_i'; q' \leqslant j \leqslant p'\}$ 分别是过 β_1, β_1' 的 α_i, α_i'-向量列, 由归纳假设, Δ_1^+ 和 Δ_2^+ 中高度 $\leqslant h_0$ 的正根已经是等价的, 所以 $q = q'$. 再者

$$-(p+q) = \langle \beta_1, \alpha_i \rangle = \langle \beta_1', \alpha_i' \rangle = -(p'+q'),$$

所以 $p' = p$. 这也就证明了:

$$\beta_1 + \alpha_i \in \Delta^+ \Longleftrightarrow p \geqslant 1 \Longleftrightarrow p' \geqslant 1$$
$$\Longleftrightarrow \beta_1' + \alpha_i' \in \Delta_2^+. \qquad \square$$

§3　分类定理与基底定理

前面的讨论说明了两个紧单李代数同构的必要条件是它们的素根系等价, 即 $\mathfrak{g}_1 \cong \mathfrak{g}_2 \Longrightarrow \Pi_1 \cong \Pi_2$. 本节将证明 $\Pi_1 \cong \Pi_2$ 业已构成 $\mathfrak{g}_1 \cong \mathfrak{g}_2$ 的充分条件. 这就是下述分类定理.

定理 4 (分类定理)　两个紧单李代数 $\mathfrak{g}_1, \mathfrak{g}_2$ 同构的充要条件是它们的素根系 Π_1, Π_2 互相等价, 亦即

$$\mathfrak{g}_1 \cong \mathfrak{g}_2 \Longleftrightarrow \Pi_1 \cong \Pi_2.$$

分析

1) 虽然必要性 $\mathfrak{g}_1 \cong \mathfrak{g}_2 \Longrightarrow \Pi_1 \cong \Pi_2$ 是在前面的章节中业已证明了的, 但是这里不妨再简要地提一下: 设

$$\mathfrak{g}_i \supset \mathfrak{h}_i \supset \Delta_i \supset \Delta_i^+ \supset \Pi_i \quad (i = 1, 2)$$

分别是 $\mathfrak{g}_i$ 中一连串选定的 Cartan 子代数, 根系, 正根系和素根系, 其中 Δ_i 随着 $\mathfrak{h}_i$ 的选定而唯一确定; Π_i 随着 Δ_i^+ 的选定而唯一确定.

由假设, 存在一个李代数同构 $\sigma : \mathfrak{g}_1 \to \mathfrak{g}_2$, 而必要性的证明要点也就是要证明有一个适当的同构 $\sigma' : \mathfrak{g}_1 \to \mathfrak{g}_2$, 使得 $\sigma'(\Pi_1) = \Pi_2$. 下面就证明这样的 σ' 存在.

$\sigma(\mathfrak{h}_1)$ 当然也是 $\mathfrak{g}_2$ 的一个 Cartan 子代数, 由极大子环群定理, $\mathfrak{g}_2$ 的任何两个 Cartan 子代数都是共轭的, 所以存在一个适当的内自同构 $\sigma_2 : \mathfrak{g}_2 \to \mathfrak{g}_2$, 使得

$$\sigma_2(\sigma(\mathfrak{h}_1)) = \mathfrak{h}_2.$$

亦即:

$$\sigma_2\sigma : \mathfrak{g}_1 \to \mathfrak{g}_2, \quad \sigma_2\sigma(\mathfrak{h}_1) = \mathfrak{h}_2, \quad \sigma_2\sigma(\Delta_1) = \Delta_2.$$

$\sigma_2\sigma(\Pi_1)$ 自然是 Δ_2 中的一组素根系. 设 C_0, C_0' 分别是对应于 Π_2 和 $\sigma_2\sigma(\Pi_1)$ 的基本 Weyl 房. 由附录四的结果得知, 存在唯一的 W_2 的元素 τ (它其实是 $\mathfrak{g}_2$ 的一个内自同构), 使得 $\tau(C_0') = C_0$, 亦即

$$\tau(\sigma_2\sigma(\Pi_1)) = \Pi_2,$$

这样就得到一个同构 $\tau\sigma_2\sigma : \mathfrak{g}_1 \to \mathfrak{g}_2$,

$$\tau\sigma_2\sigma(\Pi_1) = \Pi_2.$$

这也就证明了必要性.

2) 概括地来说, $\Pi_1 \cong \Pi_2$ 的充分性也就是说素根之间的尖积业已完全决定了一个紧单李代数的整体结构, 具体来说, 那就是可以从 Π_1 到 Π_2 的一个保持尖积的一一对应 $\tau : \Pi_1 \to \Pi_2$ 逐步扩张成一个 $\mathfrak{g}_1$ 到 $\mathfrak{g}_2$ 的李代数同构

$$\sigma : \mathfrak{g}_1 \to \mathfrak{g}_2, \quad \sigma|_{\Pi_1} = \tau.$$

为了便于往后可以同样适用于其他几种相关的情形, 本节将把上述紧李代数的同构 $\sigma : \mathfrak{g}_1 \to \mathfrak{g}_2$ 和它的复化 $\sigma \otimes \mathbf{C} : \mathfrak{g}_1 \otimes \mathbf{C} \to \mathfrak{g}_2 \otimes \mathbf{C}$ 相结合来讨论. 不难看出, $\sigma \otimes \mathbf{C}$ 是一个和 $\mathfrak{g}_1 \otimes \mathbf{C}, \mathfrak{g}_2 \otimes \mathbf{C}$ 上的复数共轭可交换的复李代数同构, 即

$$\begin{aligned}&\sigma \otimes \mathbf{C}(\overline{X_1}) = \overline{\sigma \otimes \mathbf{C}(X_1)}, \quad \forall X_1 \in \mathfrak{g}_1 \otimes \mathbf{C}, \\ &\mathfrak{g}_i = \{X_i \in \mathfrak{g}_i \otimes \mathbf{C}; \overline{X_i} = X_i\} \quad (i = 1, 2).\end{aligned} \tag{9}$$

反之, 若 $\Sigma : \mathfrak{g}_1 \otimes \mathbf{C} \to \mathfrak{g}_2 \otimes \mathbf{C}$ 是一个和复数共轭可交换的复李代数同构, 即

$$\Sigma(\overline{X_1}) = \overline{\Sigma(X_1)}, \quad \forall X_1 \in \mathfrak{g}_1 \otimes \mathbf{C},$$

则显然有 $\Sigma(\mathfrak{g}_1) = \mathfrak{g}_2$, 亦即 $\sigma = \Sigma|_{\mathfrak{g}_1}$ 是一个 $\mathfrak{g}_1$ 到 $\mathfrak{g}_2$ 上的实李代数同构. 本节的证明, 也就是要逐步去构造这样一个复李代数的同构 Σ.

3) Σ 的构造法, 一如初等几何中的作图题, 那就是先假设所求作事物 $\Sigma : \mathfrak{g}_1 \otimes \mathbf{C} \to \mathfrak{g}_2 \otimes \mathbf{C}$ 的存在性, 然后分析这样的 "求作事物" 和 "已给素材" 之间的内部联系. 这也就是我们即将着手构造 Σ 的思路和线索. 因为求作的 Σ 是 $\tau : \Pi_1 \to \Pi_2$ 的一个扩张, 而 Π_1, Π_2 又分别组成复向量空间 $\mathfrak{h}_1 \otimes \mathbf{C}$ 和 $\mathfrak{h}_2 \otimes \mathbf{C}$ 的一组基底, 所以

$$\Sigma(\mathfrak{h}_1 \otimes \mathbf{C}) = \mathfrak{h}_2 \otimes \mathbf{C},$$

而且有

$$\Sigma|_{\Delta_1} : \Delta_1 \xrightarrow{\cong} \Delta_2.$$

由引理 2 可知, 它也是保持尖积的. 不仅如此, 对于 $\mathfrak{g}_1 \otimes \mathbf{C}$ 和 $\mathfrak{g}_2 \otimes \mathbf{C}$ 的复 Cartan 分解来说, 它把每一个 $\mathbf{C}_\alpha$ ($\alpha \in \Delta_1$) 映射到 $\mathbf{C}_{\alpha'}, \alpha' = \Sigma(\alpha) \in \Delta_2$.

李代数的同构映射是一个保持括积的线性映射, 而括积则是一种双线性运算, 它可以由一组基底之间的括积系数来加以描述. 换句话说, 在 $\mathfrak{g}_1 \otimes \mathbf{C}$ 和 $\mathfrak{g}_2 \otimes \mathbf{C}$ 中各应有一组互相对应的基底, 它们相应的括积系数完全相同.

总结上面三点分析, 定理 4 的证明很自然地归结为对复 Cartan 分解

$$\mathfrak{g} \otimes \mathbf{C} = \mathfrak{h} \otimes \mathbf{C} + \sum_{\alpha \in \Delta} \mathbf{C}_\alpha$$

的各个子空间分别选取适当的基底, 使得它们之间的括积系数可以由 Π (或 Δ) 中的尖积系数直接推导而得, 而且所得同构与 $\mathfrak{g} \otimes \mathbf{C}$ 上的复数共轭可交换. 下面我们将证明一系列引理来达到上述 "选取适当的基底" 的目的. 我们的起点就是复 Cartan 分解:

$$\begin{cases} \mathfrak{g} \otimes \mathbf{C} = \mathfrak{h} \otimes \mathbf{C} \oplus \sum_{\alpha \in \Delta} \mathbf{C}_\alpha, \\ \mathbf{C}_\alpha = \{X \in \mathfrak{g} \otimes \mathbf{C}; [H, X] = 2\pi i(\alpha, H)X, \forall H \in \mathfrak{h}\}. \end{cases} \tag{10}$$

引理 6　若 $X \in \mathbf{C}_\alpha$, 则 $\overline{X} \in \mathbf{C}_{-\alpha}$.

证

$$\begin{aligned} X \in \mathbf{C}_\alpha &\iff [H, X] = 2\pi i(\alpha, H)X, \quad \forall H \in \mathfrak{h} \\ &\iff [H, \overline{X}] = \overline{[H, X]} = -2\pi i(\alpha, H)\overline{X}, \quad \forall H \in \mathfrak{h} \\ &\iff \overline{X} \in \mathbf{C}_{-\alpha}. \end{aligned}$$ □

引理 7　设 $\alpha, \beta \in \Delta$, 而且 $\beta \neq \pm\alpha$, 则有

$$[\mathbf{C}_\alpha, \mathbf{C}_\beta] = \begin{cases} \mathbf{C}_{\alpha+\beta}, & \text{若 } \alpha + \beta \in \Delta; \\ \{0\}, & \text{若 } \alpha + \beta \notin \Delta. \end{cases} \tag{11}$$

证　由 Jacobi 恒等式, 即有

$$\begin{aligned} [H, [X_\alpha, X_\beta]] &= [[H, X_\alpha], X_\beta] + [X_\alpha, [H, X_\beta]] \\ &= [2\pi i(\alpha, H)X_\alpha, X_\beta] + [X_\alpha, 2\pi i(\beta, H)X_\beta] \\ &= 2\pi i(\alpha + \beta, H)[X_\alpha, X_\beta] \end{aligned}$$

对所有 $X_\alpha \in \mathbf{C}_\alpha, X_\beta \in \mathbf{C}_\beta$ 和 $H \in \mathfrak{h}$ 恒成立. 这就说明了若 $\alpha + \beta \in \Delta$, 则 $[X_\alpha, X_\beta] \in \mathbf{C}_{\alpha+\beta}$; 若 $\alpha + \beta \notin \Delta$, 则 $[X_\alpha, X_\beta] = 0$. 因为 $\mathbf{C}_{\alpha+\beta}(\alpha + \beta \in \Delta)$ 是一维

的, 所以我们只要再证明当 $\alpha + \beta \in \Delta, X_\alpha, X_\beta$ 均不为零时, $[X_\alpha, X_\beta]$ 也不等于零即可.

假如 $[X_\alpha, X_\beta] = 0$, 则由上式直接计算可知, 子空间

$$U = \sum_{j=q}^{p} \mathbf{C}_{\beta + j\alpha}$$

在 $\mathrm{ad}\, X_\alpha$ 和 $\mathrm{ad}\, X_{-\alpha}$ 之下不变. 这也就是说, U 是一个 $\mathrm{Ad}|_{G_\alpha}$-不变子空间. 这与假设 $p \geqslant 1$, 以及第三章 §3 之末业已证明的结论: $\sum_{j=q}^{p} \mathbf{C}_{\beta+j\alpha}$ 是一个 $\mathrm{Ad}|_{G_\alpha}$-不可约表示空间相矛盾的, 因此

$$[X_\alpha, X_\beta] \neq 0 \quad (\alpha + \beta \in \Delta). \qquad \square$$

引理 8 设 $H_\alpha = \dfrac{\alpha}{\pi(\alpha, \alpha)}$, 并且以 H_i 表示 H_{α_i} $(1 \leqslant i \leqslant l), \alpha_i \in \Pi$. 则有

1) $[H_\alpha, X_\beta] = \mathrm{i}\langle \beta, \alpha \rangle X_\beta$.

2) 任何 $H_\alpha(\alpha \in \Delta)$ 都是 $\{H_i; 1 \leqslant i \leqslant l\}$ 的整线性组合.

证 由 $H_\alpha = \dfrac{\alpha}{\pi(\alpha, \alpha)}$ 及 (2) 式可知,

$$[H_\alpha, X_\beta] = 2\pi\mathrm{i}(\beta, H_\alpha)X_\beta = 2\pi\mathrm{i}\frac{(\beta, \alpha)}{\pi(\alpha, \alpha)}X_\beta$$
$$= \mathrm{i}\frac{2(\beta, \alpha)}{(\alpha, \alpha)}X_\beta = \mathrm{i}\langle \beta, \alpha \rangle X_\beta. \tag{12}$$

在附录四中, 我们证明了 $\{r_{\alpha_i}; 1 \leqslant i \leqslant l\}$ 业已构成 W 的一组生成系. 而且对任何 $\alpha \in \Delta$, 都可以在 Π 中找到一个适当的 α_i 和在 W 中的一个适当元素 w, 使得 $\alpha = w(\alpha_i)$. 因此, 要证明 2), 我们只要能证明 $r_{\alpha_j}(H_i)$ 是 $H_1, \cdots, H_l$ 的整线性组合, 也就可以反复组合, 推导得 2). 由定义,

$$r_{\alpha_j}(H_i) = \frac{1}{\pi(\alpha_i, \alpha_i)}r_{\alpha_i}(\alpha_j)$$
$$= \frac{1}{\pi(\alpha_i, \alpha_i)}\left\{\alpha_i - \frac{2(\alpha_i, \alpha_j)}{(\alpha_j, \alpha_j)}\alpha_j\right\}$$
$$= H_i - \langle \alpha_j, \alpha_i \rangle H_j. \tag{13}$$

但是 $\langle \alpha_j, \alpha_i \rangle = -(p+q)$ (见本章 (5) 式) 是一个整数, (13) 式表明 $r_{\alpha_j}(H_i)$ 是 H_i, H_j 的整线性组合. $\qquad \square$

注 $\langle \beta, \alpha \rangle = -(p+q)$ 是整数, 这也就是引进 H_α 的好处.

引理 9　对于每个正根 α, 可以适当选取 $X_\alpha \in \mathbf{C}_\alpha, X_{-\alpha} \in \mathbf{C}_{-\alpha}$ ($X_{-\alpha} = \overline{X}_\alpha$), 使得

$$[X_\alpha, X_{-\alpha}] = \mathrm{i}H_\alpha.$$

再者, 设 $Y_\alpha, Y_{-\alpha} = \overline{Y}_\alpha$ 是另一对分别属于 $\mathbf{C}_\alpha$ 及 $\mathbf{C}_{-\alpha}$ 的向量, 使得

$$[Y_\alpha, Y_{-\alpha}] = \mathrm{i}H_\alpha,$$

则 Y_α 和 X_α 只相差一个么模复数的倍数.

证　对于 $\mathbf{C}_\alpha$ 中的任一非零元素 $X_\alpha, \overline{X}_\alpha \in \mathbf{C}_{-\alpha}$, 令 $X_{-\alpha} = \overline{X}_\alpha$. 再者, 由

$$[[X_\alpha, X_{-\alpha}], H] = 0 \quad (\forall H \in \mathfrak{h})$$

可知, $[X_\alpha, X_{-\alpha}] \in \mathfrak{h}$. 又由内积的不变性, 对任给的 $H \in \mathfrak{h}$, 皆有:

$$\begin{aligned}
([X_\alpha, X_{-\alpha}], H) &= -(X_{-\alpha}, [X_\alpha, H]) \\
&= 2\pi\mathrm{i}(\alpha, H)(X_{-\alpha}, X_\alpha) \\
&= (\mathrm{i} \cdot 2\pi^2(X_\alpha, X_{-\alpha})(\alpha, \alpha) \cdot H_\alpha, H).
\end{aligned} \tag{14}$$

由 (14) 式可知, $(X_\alpha, X_{-\alpha}) \neq 0$ 且

$$[X_\alpha, X_{-\alpha}] = \mathrm{i}2\pi^2(\alpha, \alpha)(X_\alpha, X_{-\alpha})H_\alpha.$$

另一方面, 由 $\{X_\alpha, X_{-\alpha}, H_\alpha\}$ 所张成的三维复李代数也就是 $\tilde{\mathfrak{g}}_\alpha \otimes \mathbf{C}$. 再由前面业已熟知的秩 1 紧李代数 $\tilde{\mathfrak{g}}_\alpha$ 的结构, 不难看出上述括积系数 $2\pi^2(X_\alpha, X_{-\alpha}) \cdot (\alpha, \alpha)$ 是一个正实数 c^2. 因此, 我们只要把上述 $\{X_\alpha, X_{-\alpha}\}$ 换为 $\left\{\frac{1}{c}X_\alpha, \frac{1}{c}X_{-\alpha}\right\}$, 就有

$$\left[\frac{1}{c}X_\alpha, \frac{1}{c}X_{-\alpha}\right] = \frac{1}{c^2} \cdot \mathrm{i}c^2 H_\alpha = \mathrm{i}H_\alpha.$$

再者, 任何其他具有同样括积系数的 Y_α 和 $Y_{-\alpha} = \overline{Y}_\alpha$, 即

$$[Y_\alpha, Y_{-\alpha}] = \mathrm{i}H_\alpha,$$

当然也就有

$$Y_\alpha = \mathrm{e}^{\mathrm{i}\theta}X_\alpha,$$

$$Y_{-\alpha} = \overline{Y}_\alpha = \mathrm{e}^{-\mathrm{i}\theta}\overline{X}_\alpha = \mathrm{e}^{-\mathrm{i}\theta}X_{-\alpha}. \qquad \square$$

注 $\tilde{\mathfrak{g}}_\alpha$ 是秩 1 的三维紧李代数, 所以有一组标准基 $\{H, X, Y\}$, 其括积为

$$[H, X] = Y, \quad [H, Y] = -X, \quad [X, Y] = H.$$

因此在 $\mathfrak{g} \otimes \mathbf{C}$ 中可以取另一组标准基

$$\left\{ H, \frac{1}{\sqrt{2}}(X - iY), \frac{1}{\sqrt{2}}(X + iY) \right\},$$

它们的括积为

$$\left[H, \frac{1}{\sqrt{2}}(X - iY) \right] = \frac{1}{\sqrt{2}}\{[H, X] - i[H, Y]\} = \frac{i}{\sqrt{2}}(X - iY),$$

$$\left[H, \frac{1}{\sqrt{2}}(X + iY) \right] = \frac{1}{\sqrt{2}}\{[H, X] + i[H, Y]\} = \frac{i}{\sqrt{2}}(X + iY),$$

$$\left[\frac{1}{\sqrt{2}}(X - iY), \frac{1}{\sqrt{2}}(X + iY) \right] = \frac{1}{2}\{[X, iY] - [iY, X]\} = iH.$$

总结上面的讨论, 我们可以选取 $\mathfrak{g} \otimes \mathbf{C}$ 的一组基底

$$\{H_i \ (1 \leqslant i \leqslant l); X_\alpha \in \mathbf{C}_\alpha (\alpha \in \Delta)\},$$

它们具有下列良好的性质:

$$\begin{cases} \overline{X}_\alpha = X_{-\alpha}, [X_\alpha, X_{-\alpha}] = iH_\alpha \ \text{亦即} \ (X_\alpha, X_{-\alpha}) = \dfrac{1}{2\pi^2(\alpha, \alpha)}, \\ [H_\alpha, X_\beta] = i\langle \beta, \alpha \rangle X_\beta, \\ [X_\alpha, X_\beta] = \begin{cases} \mathbf{C}_{\alpha+\beta} \ \text{中一个非零元素}, & \text{若} \ \alpha + \beta \in \Delta, \\ 0, & \text{若} \ \alpha + \beta \notin \Delta. \end{cases} \end{cases}$$

每个 $H_\alpha, \alpha \in \Delta$ 都是 $\{H_i; 1 \leqslant i \leqslant l\}$ 的整线性组合, 而且其整系数是可以由 Δ 中的尖积来加以确定的.

因此, 还需要加以研讨和妥加调整的就是下述括积系数 (也常称为结构常数), 即: 当 α, β 和 $\alpha + \beta$ 都属于 Δ 时,

$$[X_\alpha, X_\beta] = N_{\alpha,\beta} X_{\alpha+\beta} \tag{15}$$

中的 $N_{\alpha,\beta}$.

引理 10 上述结构常数具有下列性质:

1) $N_{-\alpha,-\beta} = \overline{N_{\alpha,\beta}}, N_{\alpha,\beta} = -N_{\beta,\alpha}$.

2) 若 $\alpha + \beta + \gamma = 0 \ (\alpha, \beta, \gamma \in \Delta)$, 则有

$$\frac{N_{\alpha,\beta}}{|\gamma|^2} = \frac{N_{\beta,\gamma}}{|\alpha|^2} = \frac{N_{\gamma,\alpha}}{|\beta|^2}. \tag{16}$$

3) 设 $\alpha + \beta + \gamma + \delta = 0, \alpha, \beta, \gamma, \delta \in \Delta$, 而且其中不含正负成对者, 则有

$$\frac{N_{\alpha,\beta} \cdot N_{\gamma,\delta}}{|\alpha + \beta|^2} + \frac{N_{\beta,\gamma} \cdot N_{\alpha,\delta}}{|\beta + \gamma|^2} + \frac{N_{\gamma,\alpha} \cdot N_{\beta,\delta}}{|\gamma + \alpha|^2} = 0. \tag{17}$$

4) $|N_{\alpha,\beta}|^2 = (1-q)^2$ ($\{\beta + j\alpha; q \leqslant j \leqslant p\}$ 是 Δ 中过 β 的 α-向量列).

证　1) 由定义 $[X_\alpha, X_\beta] = N_{\alpha,\beta} X_{\alpha + \beta}$ 即得

$$[X_\beta, X_\alpha] = -[X_\alpha, X_\beta] = -N_{\alpha,\beta} X_{\alpha + \beta},$$

所以

$$N_{\beta,\alpha} = -N_{\alpha,\beta}.$$

而

$$[X_{-\alpha}, X_{-\beta}] = [\overline{X}_\alpha, \overline{X}_\beta] = \overline{[X_\alpha, X_\beta]} = \overline{N_{\alpha,\beta}} X_{-\alpha-\beta},$$

所以

$$N_{-\alpha,-\beta} = \overline{N}_{\alpha,\beta}.$$

2) 由内积的不变性和 $\alpha + \beta + \gamma = 0$ 即有

$$([X_\alpha, X_\beta], X_\gamma) = (N_{\alpha,\beta} X_{-\gamma}, X_\gamma) = \frac{1}{2\pi^2} \cdot \frac{N_{\alpha,\beta}}{|\gamma|^2}$$

及

$$([X_\alpha, X_\beta], X_\gamma) = -(X_\beta, [X_\alpha, X_\gamma]) = (X_\beta, N_{\gamma,\alpha} X_{-\beta})$$
$$= \frac{1}{2\pi^2} \cdot \frac{N_{\gamma,\alpha}}{|\beta|^2}.$$

两边略去公因子 $\dfrac{1}{2\pi^2}$, 即得

$$\frac{N_{\alpha,\beta}}{|\gamma|^2} = \frac{N_{\gamma,\alpha}}{|\beta|^2} = \frac{N_{\beta,\gamma}}{|\alpha|^2}.$$

3) 设 $\alpha + \beta + \gamma + \delta = 0, \alpha, \beta, \gamma, \delta \in \Delta$ 且其中不含成对的根, 则有

$$[X_\alpha, [X_\beta, X_\gamma]] = N_{\beta,\gamma}[X_\alpha, X_{\beta+\gamma}] = N_{\beta,\gamma} N_{\alpha,\beta+\gamma} X_{-\delta}.$$

再对 $\alpha + (\beta + \gamma) + \delta = 0$ 运用业已证明的 (16) 式, 即得

$$[X_\alpha, [X_\beta, X_\gamma]] = N_{\beta,\gamma} N_{\delta,\alpha} \frac{|\delta|^2}{|\beta + \gamma|^2} X_{-\delta}$$
$$= \frac{N_{\beta,\gamma} \cdot N_{\alpha,\delta}}{|\beta + \gamma|^2} (-|\delta|^2 X_\delta). \tag{18}$$

将 (18) 式中 α, β, γ 的位置轮换, 便得出 $[X_\beta, [X_\gamma, X_\alpha]]$ 和 $[X_\gamma, [X_\alpha, X_\beta]]$ 的相应表达式, 并将这三个式子代入 Jacobi 恒等式中, 再略去公因式 $(-|\delta|^2 X_{-\delta})$, 即得 (17) 式.

4) 为了证明 $|N_{\alpha,\beta}|^2 = (1-q)^2$, 我们采用两种不同的方法来计算 $[X_{-\alpha}, [X_\alpha, X_\beta]]$.

先用括积系数和 (16) 式, 即有

$$
\begin{aligned}
[X_{-\alpha}, [X_\alpha, X_\beta]] &= N_{\alpha,\beta}[X_{-\alpha}, X_{\alpha+\beta}] \\
&= N_{\alpha,\beta} N_{-\alpha,\alpha+\beta} X_\beta \\
&= N_{\alpha,\beta} N_{-\beta,-\alpha} \cdot \frac{|\beta|^2}{|\alpha+\beta|^2} X_\beta \\
&= -|N_{\alpha,\beta}|^2 \cdot \frac{|\beta|^2}{|\alpha+\beta|^2} X_\beta.
\end{aligned} \tag{19}
$$

其次再用表示论的观点来计算 $[X_{-\alpha}, [X_\alpha, X_\beta]]$ 如下: $\widetilde{G}_\alpha$ (或 $\widetilde{\mathfrak{g}}_\alpha$) 在 $V = \sum\limits_{j=q}^{p} \mathbf{C}_{\beta+j\alpha}$ 上的表示是不可约的 (由引理 4, 我们还知道 $p - q + 1 \leqslant 4$ 和 $1 - q = p \cdot \dfrac{|\alpha+\beta|^2}{|\beta|^2}$). 在 $\mathbf{C}_{\beta+q\alpha}$ 中任取一个非零向量 Y_q, 令

$$
Y_j = (\mathrm{ad}\, X_\alpha)^{(j-q)} Y_q \quad (q \leqslant j \leqslant p).
$$

则由假设和引理 7, $\{Y_j; q \leqslant j \leqslant p\}$ 构成 V 的一组基. 我们现在用归纳法再来证明:

$$
[X_{-\alpha}[X_\alpha, Y_j]] = -(p-j)(1-q+j) Y_j \quad (q \leqslant j \leqslant p) \tag{20}
$$

恒成立. 在起步 $j = q$ 的情形,

$$
\begin{aligned}
[X_{-\alpha}, [X_\alpha, Y_q]] &= -[X_\alpha, [Y_q, X_{-\alpha}]] - [Y_q, [X_{-\alpha}, X_\alpha]] \\
&= 0 + [Y_q, \mathrm{i}H_\alpha] = \langle \beta + q\alpha, \alpha \rangle Y_q \\
&= -(p-q) Y_q.
\end{aligned}
$$

这是因为 $\beta + q\alpha + (-\alpha) \notin \Delta$, 所以 $[Y_q, X_{-\alpha}] = 0$, 而

$$
\begin{aligned}
[Y_q, \mathrm{i}H_\alpha] &= -\mathrm{i}[H_\alpha, Y_q] = -\mathrm{i}^2 \langle \beta + q\alpha, \alpha \rangle Y_q \\
&= \left(\frac{2(\beta, \alpha)}{(\alpha, \alpha)} + 2q \right) Y_q = -(p-q) Y_q.
\end{aligned}
$$

现设 (20) 式对于 $j\,(\geqslant q)$ 情形业已成立, 进而验证 (20) 式在 $j+1$ 的情形也成立.

$$
\begin{aligned}
[X_{-\alpha},[X_\alpha,[Y_{j+1}]]] &= -[X_\alpha,[Y_{j+1},X_{-\alpha}]] - [Y_{j+1},[X_{-\alpha},X_\alpha]] \\
&= [X_\alpha,[X_{-\alpha},[X_\alpha,Y_j]]] - \mathrm{i}[H_\alpha,Y_{j+1}] \\
&= [X_\alpha,-(p-j)(1-q+j)Y_j] + \langle \beta+(j+1)\alpha,\alpha\rangle Y_{j+1} \\
&= \{-(p-j)(1-q+j)-(p+q)+2(j+1)\}Y_{j+1} \\
&= -(p-(j+1))(1-q+(j+1))Y_{j+1}.
\end{aligned}
$$

因此 (20) 式对于所有 $q\leqslant j\leqslant p$ 都成立. 再者, 在 $j=0$ 时, Y_0 与 X_β 只相差一个常数倍, 所以也就有

$$
[X_{-\alpha}[X_\alpha,X_\beta]] = -p(1-q)X_\beta. \tag{21}
$$

将 (19) 式与 (21) 式相比较, 就得出

$$
|N_{\alpha,\beta}|^2 \cdot \frac{|\beta|^2}{|\alpha+\beta|^2} = p(1-q).
$$

再将此式与引理 4 的 3) (亦即: $(1-q)=p\cdot\dfrac{|\alpha+\beta|^2}{|\beta|^2}$) 相结合, 即得所要证明的

$$
|N_{\alpha,\beta}|^2 = (1-q)^2. \qquad\qquad \square
$$

总结上面一系列引理, 不难证明下述 Chevalley 基底定理:

定理 5　设 $\mathfrak{g}$ 是一个紧单 (或紧半单) 李代数,

$$
\mathfrak{g}\otimes\mathbf{C} = \mathfrak{h}\otimes\mathbf{C} \oplus \sum_{\alpha\in\Delta}\mathbf{C}_\alpha
$$

是它的复 Cartan 分解. 则可以分别在每个 $\mathbf{C}_\alpha$ 中选取适当的 X_α, 使得

$$
\{H_i, 1\leqslant i\leqslant l; X_\alpha,\alpha\in\Delta\}.
$$

这一组基底的括积系数如下:

$$
\begin{cases}
\overline{X}_\alpha = X_{-\alpha}, [X_\alpha,X_{-\alpha}] = \mathrm{i}H_\alpha, \\
[H_j,X_\alpha] = i\langle\alpha,\alpha_j\rangle X_\alpha, \\
[X_\alpha,X_\beta] = \pm(1-q)X_{\alpha+\beta}\ (若\ \alpha,\beta,\alpha+\beta\in\Delta),
\end{cases}
$$

其中 H_α 是 $\{H_i; 1\leqslant i\leqslant l\}$ 的整线性组合.

证 基于前面一系列引理所得的结论, 本定理的证明所要做的事, 也就是对引理 6 中的基元素偶 $\{X_\alpha, X_{-\alpha}\}(\alpha \in \Delta^+)$, 逐对进行适当的允许调整, 使得所有的 $N_{\alpha,\beta}$ 都是实数. 我们的具体做法如下:

为了便于叙述, 我们假设在 $\mathfrak{h}$ 上业已取定一个大小次序关系, 而相应的正根系和素根系也就是原给的 Δ^+ 和 Π. 对于一个给定的 $\rho \in \Delta^+$, 令

$$\Delta_\rho = \{\alpha \in \Delta; -\rho < \alpha < \rho\},$$

我们假定业已对于所有 $\alpha \in \Delta_\rho$ 选定了 X_α, 使得当 α, β 及 $\alpha + \beta$ 都属于 Δ 时, 能保证 $N_{\alpha,\beta} \in \mathbf{R}$. 现在再进而选定 X_ρ 和 $X_{-\rho} = \overline{X}_\rho$, 使得当 $\alpha, \beta, \alpha + \beta \in \Delta_\rho \bigcup \{\pm\rho\}$ 时, 也能保证 $N_{\alpha,\beta} \in \mathbf{R}$. 其选取法则如下:

1) 若 ρ 不能表示成 Δ_ρ 中的两个根之和, 则 $X_\rho, X_{-\rho} = \overline{X}_\rho$ 可以任意选定, 只要满足引理 9 即可.

2) 若 ρ 可以表示成 Δ_ρ 中的两个根之和, 设 $\rho = \alpha + \beta$ 是这样分解方式中使得 α 取最小可能者, 则令

$$X_\rho = \pm\frac{1}{1-q}[X_\alpha, X_\beta], \quad X_{-\rho} = \overline{X}_\rho,$$

也就是说使得 $[X_\alpha, X_\beta] = N_{\alpha,\beta} X_\rho$ 中的系数 $N_{\alpha,\beta}$ 等于 $\pm(1-q)$ (上式中正负号可任取其一, 但取定后即不再更动).

现在需要加以论证的是对于 ρ 的其他分解方式 $\rho = \lambda + \mu$, 上面这样选定的 X_ρ 和 $X_{-\rho}$ 也要能够保证

$$[X_\lambda, X_\mu] = N_{\lambda,\mu} \in \mathbf{R}.$$

为此, 我们对 $\alpha + \beta + (-\lambda) + (-\mu) = 0$ 应用引理 10 中的 (15) 式, 即有

$$N_{\alpha,\beta} N_{-\lambda,-\mu} |\alpha + \beta|^{-2} + N_{\beta,-\lambda} N_{\alpha,-\mu} |\beta - \lambda|^{-2}$$
$$+ N_{-\lambda,\alpha} N_{\beta,-\mu} |\alpha - \lambda|^{-2} = 0.$$

等式左端后两项里, $(\beta, -\lambda), (\alpha, -\mu), (\alpha, -\lambda)$ 和 $(\beta, -\mu)$ 如果是根, 则一定在 Δ_ρ 之中, 因此由归纳假设, $N_{\beta,-\lambda}, N_{\alpha,-\mu}, N_{-\lambda,\alpha}$ 及 $N_{\beta,-\mu}$ 均为实数, 而 $N_{\alpha,\beta}$ 也是实数, 所以 $N_{-\lambda,-\mu}$ 一定也是实数, 从而 $N_{\lambda,\mu}$ 也是实数. 这就完成了归纳的证明.□

有了像上面这样明确、简洁的基底定理, 由它来推论定理 4 就相当简便了, 兹证之如下:

定理 4 的证明 必要性在分析 1) 中业已充分说明, 下面着手证明充分性, 亦即

$$\Pi_1 \cong \Pi_2 \Longrightarrow \mathfrak{g}_1 \cong \mathfrak{g}_2.$$

设 $\iota : \Pi_1 \to \Pi_2$ 是一个保持尖积的一一对应, 引理 2 证明了 ι 可以线性地扩充成一个由 Δ_1 到 Δ_2 上的保持尖积的一一对应. 为了便于叙述, 我们将约定以 $\{\alpha_i; 1 \leqslant i \leqslant l\}$ 表示 Π_1 中的元素, 以 $\{\alpha_i'; 1 \leqslant i \leqslant l\}$ 表示 Π_2 中所对应的元素; 以 $\alpha, \beta, \rho, \lambda, \mu$ 表示 Δ 中的元素, 而以 $\alpha', \beta', \rho', \lambda', \mu'$ 表示它们在 ι 下所对应的元素. 这样, $\mathfrak{g}_1 \otimes \mathbf{C}$ 和 $\mathfrak{g}_2 \otimes \mathbf{C}$ 就有相应的复 Cartan 分解

$$\mathfrak{g}_1 \otimes \mathbf{C} = \mathfrak{h}_1 \otimes \mathbf{C} \oplus \sum_{\alpha \in \Delta_1} \mathbf{C}_\alpha,$$

$$\mathfrak{g}_2 \otimes \mathbf{C} = \mathfrak{h}_2 \otimes \mathbf{C} \oplus \sum_{\alpha' \in \Delta_2} \mathbf{C}_{\alpha'}.$$

现在让我们归纳地假设业已对于每个 $\alpha \in \Delta_\rho$, 在 $\mathbf{C}_\alpha$ 和 $\mathbf{C}_{\alpha'}$ 中选定了相应的基底, 使得当 α, β 和 $\alpha + \beta \in \Delta_\rho$ 时,

$$N_{\alpha,\beta} = N_{\alpha',\beta'} \in \mathbf{R}.$$

然后再进而在 $\mathbf{C}_{\pm\rho}$ 和 $\mathbf{C}_{\pm\rho'}$ 中选取 X_ρ 和 $X_{\rho'}$ (及 $X_{-\rho} = \overline{X}_\rho, X_{-\rho'} = \overline{X}_{\rho'}$), 使得对任何 $\alpha, \beta, \alpha + \beta \in \Delta_\rho \bigcup \{\pm\rho\}$, 依然有

$$N_{\alpha,\beta} = N_{\alpha',\beta'} \in \mathbf{R}.$$

其选定法则其实在前面业已指明, 亦即

1) 若 ρ 不能表示成 Δ_ρ 中的两根之和, 则 X_ρ 和 $X_{\rho'}$ 可以任选满足引理 9 即可.

2) 若 ρ 可以表示成 Δ_ρ 中的两根之和, 设 $\rho = \alpha + \beta$ 是这些分解方式中使得 α 取最小可能者, 则令

$$\begin{cases} X_\rho = \pm\dfrac{1}{1-q}[X_\alpha, X_\beta], & X_{-\rho} = \overline{X}_\rho, \\ X_{\rho'} = \pm\dfrac{1}{1-q}[X_{\alpha'}, X_{\beta'}], & X_{-\rho'} = \overline{X}_{\rho'} \end{cases}$$

(要点是取相同的正负号!). 亦即有

$$N_{\alpha,\beta} = N_{\alpha',\beta'} \in \mathbf{R}.$$

接着要加以论证的是: 对于 ρ 的其他分解式 $\rho = \lambda + \mu$, 上面这样选定的 $X_{\pm\rho}$ 和 $X_{\pm\rho'}$ 也要能够保证

$$N_{\lambda,\mu} = N_{\lambda',\mu'} \in \mathbf{R}.$$

其证明方式也是应用引理 10 中的 (17) 式, 亦即在下列等式

$$\begin{cases} N_{\alpha,\beta}N_{-\lambda,-\mu}|\alpha+\beta|^{-2} + N_{\beta,-\lambda}N_{\alpha,-\mu}|\beta-\lambda|^{-2} \\ +N_{-\lambda,\alpha}N_{\beta,-\mu}|\alpha-\lambda|^{-2} = 0, \\ N_{\alpha',\beta'}N_{-\lambda',-\mu'}|\alpha'+\beta'|^{-2} + N_{\beta',-\lambda'}N_{\alpha',-\mu'}|\beta'-\lambda'|^{-2} \\ +N_{-\lambda',\alpha'}N_{\beta',-\mu'}|\alpha'-\lambda'|^{-2} = 0 \end{cases}$$

中, 除了 $N_{-\lambda,-\mu}$ 和 $N_{-\lambda',\mu'}$ 之外, 所有相应的项都相等这个事实, 当然可以推出

$$N_{-\lambda,-\mu} = N_{-\lambda',-\mu'},$$

从而有

$$N_{\lambda,\mu} = N_{\lambda',\mu'}.$$

这种归纳的选基法就证明了 $\mathfrak{g}_1 \otimes \mathbf{C}$ 和 $\mathfrak{g}_2 \otimes \mathbf{C}$ 之间存在一个和复数共轭可交换的同构映射

$$\Sigma : \mathfrak{g}_1 \otimes \mathbf{C} \to \mathfrak{g}_2 \otimes \mathbf{C}, \quad \Sigma(\overline{X}) = \overline{\Sigma(X)}, \quad \forall X \in \mathfrak{g}_1 \otimes \mathbf{C}$$

(亦即: $\Sigma(H_i) = H_{i'}, \Sigma(X_\alpha) = X_{\alpha'}$ 所定义者), 所以自然有

$$\Sigma(\mathfrak{g}_1) = \mathfrak{g}_2,$$

这也就证明了 $\mathfrak{g}_1 \cong \mathfrak{g}_2$. □

注 1) 若定理 4 证明的选基过程中,

$$X_\rho = \pm(1-q)^{-1}[X_\alpha, X_\beta]$$

每次总是取用正号, 则所得的基底之间的括积系数就完全由 Δ 的尖积系数所唯一确定.

2) 在定理 4 中, 我们给出了复半单李代数 $\mathfrak{g} \otimes \mathbf{C}$ 的一组优良的基底

$$\{H_j, 1 \leqslant j \leqslant l; X_\alpha, \alpha \in \Delta\},$$

其括积系数除了出现一些虚单位 i 之外, 完全是整数. 其实只要改用下列基底:

$$\{iH_j, 1 \leqslant j \leqslant l; X_\alpha, \alpha \in \Delta\},$$

则不难看出, 它们的括积系数就完全是整数了! 因此, 我们还可以把这些括积系数都想成是 $\mathbf{Z}/p\mathbf{Z} \cong \mathbf{Z}_p$ (p 元域) 中的元素, 就得到 $\mathbf{Z}_p$ 上的一个李代数.

3) 由 $\mathfrak{g} \otimes \mathbf{C}$ 的上述这组基底, 不难写出 $\mathfrak{g}$ 本身的一组优良基底, 例如:

$$\left\{H_j, 1 \leqslant j \leqslant l; \frac{1}{\sqrt{2}}(X_\alpha + iX_{-\alpha}), \frac{1}{\sqrt{2}}(X_\alpha - iX_{-\alpha}), \alpha \in \Delta^+\right\}$$

就是紧半单李代数 $\mathfrak{g}$ 的一组优良基底, 通常称为 Weyl 基底. 请读者自行写出它们之间的括积运算.

§4　素根系几何结构的分类

前一节的定理 4 和定理 5 不但证明了素根系的尖积系数是一个紧半单李代数的完全不变量, 而且通过优良基底的选取, 简洁明确地说明了根系尖积结构和其李代数的括积结构之间的关系. 素根系是一种极为初等的几何事物, 它就是内积向量空间的一种特别的基底, 其特点在于下述 "尖积"

$$\langle \alpha_i, \alpha_j \rangle = \frac{2(\alpha_i, \alpha_j)}{(\alpha_j, \alpha_j)}$$

所取的值只能是 $0, -1, -2$ 或 -3. 因此, 为了进一步去理解定理 4 和定理 5 的深刻含义, 当然首先应着手解决上述这种初等几何事物的详细分类, 看一看究竟有哪几种可以 "充当" 素根系的几何结构.

定义　一个 l 维内积空间的基底 $\Pi = \{\alpha_j; 1 \leqslant j \leqslant l\}$ 叫做一个**几何素根系** (l 叫做它的秩), 若其尖积

$$\langle \alpha_i, \alpha_j \rangle = \frac{2(\alpha_i, \alpha_j)}{(\alpha_j, \alpha_j)} \in \{0, -1, -2, -3\}.$$

两个几何素根系 Π_1, Π_2 之间若存在一个保持尖积的一一对应, 则称它们是**等价的**, 以 $\Pi_1 \cong \Pi_2$ 记之.

若一个几何素根系 Π 能分解成两个互相正交的非空子集, 则称为**可约**的; 反之, 则称为**不可约**的.

本节所要讨论的就是不可约几何素根系的等价分类问题.

分析

1) 因为尖积是相似不变的, 所以我们在讨论上述几何素根系的等价分类问题时, 自然要把注意力集中在各个向量之间的夹角上. 再者, 从夹角的观点来看,

$$\langle \alpha_i, \alpha_j \rangle = 0, -1, -2, -3 \Longleftrightarrow \theta(\alpha_i, \alpha_j) = \frac{\pi}{2}, \frac{2\pi}{3}, \frac{3\pi}{4}, \frac{5\pi}{6}$$

(其中 $\theta(\alpha_i, \alpha_j)$ 表示 α_i, α_j 之间的夹角). 因此, 我们不妨先来研讨一个略为简便的几何问题, 即每个向量都是单位长, 任何两个向量之间的夹角只取上述四种可能的角度之一的基底的分类问题.

2) 为了便于讨论上述几何问题, 我们可以采用下述图形标记法, 即分别用 l 个点来标记 l 个单位长向量, 然后用两点之间的连线条数是 $0, 1, 2$ 或 3 分别来表达相应的两个向量之间的夹角是 $\frac{\pi}{2}, \frac{2\pi}{3}, \frac{3\pi}{4}$ 或 $\frac{5\pi}{6}$.

这纯粹是一种方便的标记法, 别无奥妙. 例如: 这种图解中的连通分支也就相应于把基底分解成相互正交的不可约子集的并集. 下面让我们开始对这种不

可约基底 (或其所对应的连通图解) 加以分类. 换句话说, 究竟哪几种连通图解是几何上可能实现者, 简称为**几何上可行的图**.

3) 设 D 是一个含有 l 个点的几何上可行的图, 亦即存在一个 l 维内积空间 V 中的一个由单位向量组成的基底

$$\Pi = \{\alpha_j; 1 \leqslant j \leqslant l\},$$

它们之间的内积是

$$\begin{cases} (\alpha_i, \alpha_i) = 1, \\ (\alpha_i, \alpha_j) = \cos\theta_{ij}, \quad \theta_{ij} \in \left\{\dfrac{\pi}{2}, \dfrac{2\pi}{3}, \dfrac{3\pi}{4}, \dfrac{5\pi}{6}\right\}. \end{cases} \tag{22}$$

θ_{ij} 的值由 D 中联结相应点之间的线段条数而定. 从上面这一组给定的基向量之间的内积, 当然可以用下述展开式来计算 V 中任何一个向量 $\xi = \sum\limits_{j=1}^{l} x_j \alpha_j$ 的长度, 即:

$$0 \leqslant |\xi|^2 = (\xi, \xi) = \sum_{i,j=1}^{l} (\alpha_i, \alpha_j) x_i x_j.$$

换句话说, $\sum\limits_{i,j=1}^{l} (\alpha_i, \alpha_j) x_i x_j$ 应是一个正定二次型. 其实, 这也就是 D 的几何可实现性的充要条件.

引理 11 设 D 是一个几何上可行的图, l 是它的点数. 则 D 中相互连接的点对的个数不超过 $l-1$.

证 令 $\mu = \sum\limits_{i=1}^{l} \alpha_i$. 由于 $\alpha_1, \cdots, \alpha_l$ 线性无关, 故 $\mu \neq 0$. 因此

$$\begin{aligned} 0 < (\mu, \mu) &= \sum_{i=1}^{l} (\alpha_i, \alpha_i) + 2\sum_{i<j} (\alpha_i, \alpha_j) \\ &= l + \sum_{i<j} 2(\alpha_i, \alpha_j). \end{aligned}$$

所以

$$\sum_{i<j} -2(\alpha_i, \alpha_j) < l.$$

另一方面, 由 (α_i, α_j) 取值范围可知, 若 $(\alpha_i, \alpha_j) \neq 0$, 一定有

$$-2(\alpha_i, \alpha_j) \geqslant 1,$$

因此引理 11 自然成立. □

引理 12　D 是一个几何上可行的图, 则

1) D 不包含循环. 即: 没有这样的子集 $\{\alpha_1, \cdots, \alpha_k\}$, 使得

$$(\alpha_1, \alpha_2) \neq 0, (\alpha_2, \alpha_3) \neq 0, \cdots, (\alpha_{k-1}, \alpha_k) \neq 0 \quad \text{且} \quad (\alpha_k, \alpha_1) \neq 0.$$

2) 设 D_1 是 D 的一个连通子图 (由 D 的一部分点以及原来连接它们的线段所组成的图叫做**子图**). 若 $\alpha \in D$, 且 $\alpha \notin D_1$, 则至多有一个 $\beta \in D_1$, 使得 α 与 β 是相连的.

3) 过任何一个点至多有三条线段 (重数计算在内).

4) 当 $l \geqslant 3$ 时, D 不包含子图

证　任何几何上可行的图的子图, 当然还是几何上可行的.

1) 若 $\{\alpha_1, \cdots, \alpha_k\}$ 是一个循环, 则由它们组成的子图至少有 k 个互相连接的点对, 这与引理 11 相矛盾.

2) 若 α 与 $\beta_1, \beta_2 \in D_1 (\beta_1 \neq \beta_2)$ 均相连, 则形成一个循环, 与 1) 矛盾!

3) 设 $\beta \in D$, 且令 $\alpha_1, \cdots, \alpha_k$ 是与 β 相连的点. 若 α_i, α_j $(1 \leqslant i \neq j \leqslant k)$ 相连, 则我们将得到一个循环, 这是不可能的. 因此

$$(\alpha_i, \alpha_j) = 0 \quad (1 \leqslant i \neq j \leqslant k).$$

在由 $\beta, \alpha_1, \cdots, \alpha_k$ 张成的子空间中, 可取一个非零向量 α_0, 使得

$$(\alpha_0, \alpha_i) = 0 \ (1 \leqslant i \leqslant k).$$

从而 $\alpha_0, \alpha_1, \cdots, \alpha_k$ 组成这个空间的一组正交基. 记 $\theta(\beta, \alpha_i)$ 表示 β 与 α_i 之间的夹角 $(i = 0, \cdots, k)$, 则

$$\sum_{i=0}^{k} \cos^2 \theta(\beta, \alpha_i) = 1.$$

又因为 $\beta, \alpha_1, \cdots, \alpha_k$ 线性无关, 所以

$$(\beta, \alpha_0) \neq 0,$$

而且有

$$\sum_{i=1}^{k} 4 \cos^2 \theta(\beta, \alpha_i) < 4.$$

另一方面,

$$4 \cos^2 \theta(\beta, \alpha_i) (= 0, 1, 2, 3)$$

就是连接 β 与 α_i 的线段数目, 于是我们马上得出 3) 的结论.

4) 若 α, β 用三条线段相连, 由 3), 它们均不能与任何其他的点相连.　　□

D 的子图 $C = \{\alpha_1, \cdots, \alpha_k\}$ 称为是一个**单链**, 若

$$2(\alpha_i, \alpha_{i+1}) = -1 \quad (i = 1, 2, \cdots, k-1).$$

也就是

$$\overset{\alpha_1}{\circ} \underline{\quad} \overset{\alpha_2}{\circ} \cdots \cdots \overset{\alpha_{k-1}}{\circ} \underline{\quad} \overset{\alpha_k}{\circ}$$

引理 13 设 $D = \{\alpha_1, \cdots, \alpha_k; \beta_1, \cdots, \beta_j\}$ 是一个几何上可行的图, 其中 $C = \{\alpha_1, \cdots, \alpha_k\}$ 是一个单链, 令 $\alpha = \alpha_1 + \cdots + \alpha_k$, 则 $D' = \{\alpha, \beta_1, \cdots, \beta_j\}$ 仍是一个几何上可行的图. 其中 β_s, β_t 之间连接情况与 D 相同, 而对于给定的 β_s, 若没有 α_i $(i = 1, 2, \cdots, k)$ 与 β_s 相连, 则 β_s 与 α 也不连接, 若 α_i 与 β_s 相连 (由引理 12 的 2), 这样的 α_i 是唯一的), 则 β_s 与 α 的连接情况与 D 中 β_s 与 α_i 连接情况相同. 从图上看, 相当于把单链 $\{\alpha_1, \cdots, \alpha_k\}$ "缩" 成一个点 α.

证 首先有

$$\begin{aligned}
(\alpha, \alpha) &= \left(\sum_{i=1}^{k} \alpha_i, \sum_{j=1}^{k} \alpha_j \right) \\
&= \sum_{i=1}^{k} (\alpha_i, \alpha_i) + 2 \sum_{i<j} (\alpha_i, \alpha_j) \\
&= k - (k-1) = 1.
\end{aligned}$$

其次, 若 β_s 与 α_t 相连, 则 $2(\alpha, \beta_s) = 2(\alpha_t, \beta_s)$, 而且

$$4(\alpha, \beta_s)^2 = 4(\alpha_t, \beta_s)^2,$$

这表明 $\{\alpha, \beta_1, \cdots, \beta_s\}$ 确是一个几何上可行的图. $\qquad\square$

作为推论, 我们有

引理 14 下列图都**不是**几何上可行的图的子图:

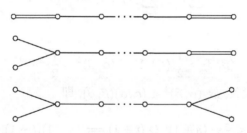

证　由引理 3, 我们可把单链 "缩" 成一个点, 从而发现上述诸图均出现了通过四条线段的点, 这是不可能的.　　　　　　　　　　　　　　　　　　　□

使用上述诸引理, 我们便可给出所有可能的几何上可行的图:

当 $l = 1$ 时, 只有一种: ∘;

当 $l = 2$ 时, 有以下三种:

$$\circ\!-\!\!-\!\!-\!\circ \quad , \quad \circ\!=\!=\!=\!\circ \quad 和 \quad \circ\!\equiv\!\equiv\!\circ;$$

现设 $l \geqslant 3$.

第一种情况: D 中包含子图 $\circ\!=\!=\!=\!\circ$. 由上述诸引理可知, D 只能具有下列形式

$$(\alpha_i, \alpha_{i+1}) = -\frac{1}{2} \ (i = 1, \cdots, s-1),$$

$$(\beta_j, \beta_{j+1}) = -\frac{1}{2} \ (j = 1, \cdots, t-1).$$

且

$$4(\alpha_s, \beta_t)^2 = 2.$$

令

$$\alpha = \sum_{i=1}^{s} i\alpha_i, \quad \beta = \sum_{j=1}^{t} j\beta_j,$$

则有

$$(\alpha, \alpha) = \sum_{i=1}^{s} i^2 (\alpha_i, \alpha_i) + 2 \sum_{i=1}^{s-1} i(i+1)(\alpha_i, \alpha_{i+1})$$

$$= \sum_{i=1}^{s} i^2 - \sum_{j=1}^{s-1} j(j+1) = \frac{1}{2} s(s+1).$$

类似地,

$$(\beta, \beta) = \frac{1}{2} t(t+1), \quad (\alpha, \beta)^2 = \frac{1}{2} s^2 \cdot t^2.$$

由于 α 与 β 线性无关, 故 $(\alpha, \beta)^2 < (\alpha, \alpha)(\beta, \beta)$, 即

$$s^2 t^2 < \frac{1}{2} s \cdot (s+1) \cdot t \cdot (t+1) \Longrightarrow (s-1)(t-1) < 2.$$

因为 s, t 均为正整数, 故只有三种可能:

(a) $s = 1, t$ 任取;

(b) s 任取而 $t = 1$;

(c) $s = t = 2$.

第二种情况: D 不包含子图 .

若不存在通过三条线段的点, 那么仅有的可能性就是

$$\circ\!\!-\!\!\circ\cdots\circ\!\!-\!\!\circ$$

否则, D 必定是下列形式的图:

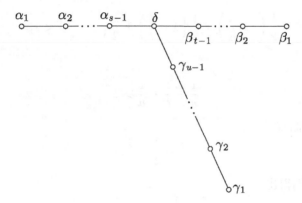

不失一般性, 我们设 $s \geqslant t \geqslant u \geqslant 2$. 令

$$\alpha = \sum_{i=1}^{s-1} i\alpha_i, \quad \beta = \sum_{j=1}^{t-1} j\beta_j, \quad \gamma = \sum_{k=1}^{u-1} k\gamma_k.$$

类似于第一种情况, 我们有

$$(\alpha, \alpha) = \frac{1}{2}s(s-1), \quad (\beta, \beta) = \frac{1}{2}t(t-1),$$

$$(\gamma, \gamma) = \frac{1}{2}u(u-1).$$

$$(\alpha, \delta) = -\frac{1}{2}(s-1), \quad (\beta, \delta) = -\frac{1}{2}(t-1),$$

$$(\gamma, \delta) = -\frac{1}{2}(u-1).$$

因为 α, β, γ 两两正交, 所以可扩成一组正交基 $\{e_1, \cdots, e_l\}$, 使得其中

$$e_1 = \alpha, \quad e_2 = \beta, \quad e_3 = \gamma.$$

又由于 e_1, e_2, e_3, δ 是线性无关的, 所以必有一个 $i > 3$, 使得 $(e_i, \delta) \neq 0$. 因此,

$$\sum_{i=1}^{3} \cos^2 \theta(e_i, \delta) < \sum_{i=1}^{l} \cos^2 \theta(e_i, \delta) = 1.$$

另一方面,

$$\cos^2\theta(\alpha,\delta) = \frac{(\alpha,\delta)^2}{(\alpha,\alpha)(\delta,\delta)} = \frac{1}{2}\left(1-\frac{1}{s}\right),$$

$$\cos^2(\beta,\delta) = \frac{1}{2}\left(1-\frac{1}{t}\right),$$

$$\cos^2(\gamma,\delta) = \frac{1}{2}\left(1-\frac{1}{u}\right),$$

于是我们有下列不等式

$$\frac{1}{2}\left(1-\frac{1}{s}\right) + \frac{1}{2}\left(1-\frac{1}{t}\right) + \frac{1}{2}\left(1-\frac{1}{u}\right) < 1,$$

亦即

$$\frac{1}{s} + \frac{1}{t} + \frac{1}{u} > 1.$$

因为 $u > 2$, 我们有

$$\frac{1}{s} + \frac{1}{t} > \frac{1}{2}.$$

又由 $s \geqslant t$, 我们得出

$$\frac{2}{t} > \frac{1}{2} \quad 即 \quad t < 4,$$

故只有 $t = 2$ 或 3.

若 $t = 2$, 则 $u = 2$, 这时 s 可任取;

若 $t = 3$, 由

$$\frac{1}{s} + \frac{1}{3} > \frac{1}{2},$$

我们可知 $s < 6$, 故只可能是 $s = 3,4$ 或 5. 在这种情况下, 由

$$\frac{1}{u} > 1 - \frac{1}{s} - \frac{1}{t}$$

可知, $u = 2$.

这样, 我们就穷尽了所有的可能性. 最后, 为给出几何素根系, 我们再考虑到向量的长度比 (参看本章 §2 表 4.1), 在图中用两条及三条线段相互连接的点之间的连线上加上箭头, 使箭头指向较短的一个向量.

把上述诸结果总结成下列定理:

定理 6 几何素根系的图解只能是下列图形之一:

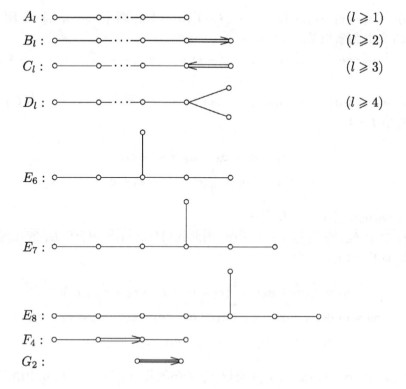

现在, 我们应对上述每一种图, 给出它相应的几何素根系来.

设 $\mathbf{R}^l$ 是 l 维欧氏空间, $e_1, \cdots, e_l$ 是 $\mathbf{R}^l$ 的一组标准正交基.

1) 令 $\alpha_i = e_i - e_{i+1}$ $(i = 1, 2, \cdots, l-1)$. 容易验证: $\{\alpha_1, \alpha_2, \cdots, \alpha_{l-1}\}$ 线性无关, 而且

$$(\alpha_i, \alpha_i) = 2 \quad (i = 1, \cdots, l-1),$$
$$(\alpha_i, \alpha_{i+1}) = -1,$$
$$(\alpha_i, \alpha_j) = 0 \quad (j \neq i-1, i, i+1),$$

所以 $\{\alpha_1, \cdots, \alpha_{l-1}\}$ 是

$$\mathbf{R}^{l-1} = \left\{ \sum_{i=1}^l x_i e_i \in \mathbf{R}^l; \sum_{i=1}^l x_i = 0 \right\}$$

中具有图 A_{l-1} 的几何素根系.

2) 令 $\alpha_i = e_i - e_{i+1}$ $(i = 1, \cdots, l-1), \alpha_l = e_l$, 则 $\{\alpha_1, \cdots, \alpha_l\}$ 是 $\mathbf{R}^l$ 中具有图 B_l 的几何素根系.

这可以与 1) 类似地验证.

3) 令 $\alpha_i = e_i - e_{i+1}$ $(i = 1, \cdots, l-1), \alpha_l = 2e_l$, 则 $\{\alpha_1, \cdots, \alpha_l\}$ 是 $\mathbf{R}^l$ 中具有图 C_l 的几何素根系.

4) 令 $\alpha_i = e_i - e_{i+1}$ $(i = 1, \cdots, l-1), \alpha_l = e_{l-1} + e_l$, 则 $\{\alpha_1, \cdots, \alpha_l\}$ 以 D_l 为图.

5) 取 $l = 3, \alpha_1 = e_1 - e_2, \alpha_2 = -2e_1 + e_2 + e_3$, 则 $\{\alpha_1, \alpha_2\}$ 的图为 G_2.

6) 取 $l = 4$.

$$\alpha_1 = e_2 - e_3, \quad \alpha_2 = e_3 - e_4,$$
$$\alpha_3 = e_4, \quad \alpha_4 = \frac{1}{2}(e_1 - e_2 - e_3 - e_4),$$

则 $\{\alpha_1, \alpha_2, \alpha_3, \alpha_4\}$ 以 F_4 为其图.

7) 由于 E_6, E_7 均是 E_8 的子图, 因此我们只需给出相应于 E_8 的几何素根系就足够了. 取 $l = 8$, 令

$$\alpha_1 = \frac{1}{2}(e_1 + e_8) = \frac{1}{2}(e_2 + e_3 + e_4 + e_5 + e_6 + e_7),$$
$$\alpha_2 = e_1 + e_2, \quad \alpha_3 = e_2 - e_1, \quad \alpha_4 = e_3 - e_2, \quad \alpha_5 = e_4 - e_3,$$
$$\alpha_6 = e_5 - e_4, \quad \alpha_7 = e_6 - e_5, \quad \alpha_8 = e_7 - e_6.$$

则 $\{\alpha_1, \alpha_2, \alpha_3, \alpha_4, \alpha_5, \alpha_6, \alpha_7, \alpha_8\}$ 是以 E_8 为图的几何素根系. 定理 6 中诸图解分别称为相应素根系的 Dynkin 图.

到此为止, 我们剩下的唯一任务就是对每一种可能的素根系, 找出以其为素根系的紧致单李代数. 在下一节中, 我们将对四大系列 A_l, B_l, C_l 和 D_l 进行讨论.

§5　典型紧单李群的伴随表示及其根系

在第二章 §1 之末, 我们业已初步地介绍了几种重要的线性变换群. 在本节中我们进行进一步讨论.

根据本章 §3 中所证明的分类定理, 我们把紧单李代数的分类归于不可约素根系的分类, 接着在 §4 中, 又证明了不可约 (几何) 素根系只有 A_l, B_l, C_l, D_l 四大系列外加五个孤立的特例 E_6, E_7, E_8, F_4 和 G_2. 本节将对于连通紧致线性李群 $\mathrm{SU}(n), \mathrm{SO}(n)$ 和 $\mathrm{Sp}(l)$ 的伴随表示及其根系进行计算, 从而说明:

$\mathrm{SU}(l+1)$ 的素根系就是 A_l $(l \geqslant 1)$;

$\mathrm{SO}(2l+1)$ 的素根系就是 B_l $(l \geqslant 2)$;

$\mathrm{Sp}(l)$ 的素根系就是 C_l $(l \geqslant 3)$;

$\mathrm{SO}(2l)$ 的素根系就是 D_l $(l \geqslant 4)$.

这也充分显示了上面这些典型群在李群理论中的基本重要性. 下面所做的实例计算, 从本质上讲, 就是 §3, §4 中分类定理的发祥地.

1. $U(n)$ 和 SU(n) 的伴随表示及其根系

$U(n)$ 和 SU(n) 本身就是用它们在 $\mathbf{C}^n$ 上的线性表示来定义的. 我们将用 μ_n 和 $\widetilde{\mu}_n$ 分别来标记 $U(n)$ 和 SU(n) 的这个自然表示. 再者, 它们的极大子环群可以分别取为:

$$
T^n = \left\{ g = \begin{pmatrix} e^{2\pi i\theta_1} & & & & \\ & \ddots & & & \\ & & e^{2\pi i\theta_j} & & \\ & & & \ddots & \\ & & & & e^{2\pi i\theta_n} \end{pmatrix} \right\},
$$

$$
T^{n-1} = \left\{ g = \begin{pmatrix} e^{2\pi i\theta_1} & & & & \\ & \ddots & & & \\ & & e^{2\pi i\theta_j} & & \\ & & & \ddots & \\ & & & & e^{2\pi i\theta_n} \end{pmatrix} \right\},
$$
$$\theta_1 + \cdots + \theta_n = 0. \tag{23}$$

因此它们的 Cartan 子代数分别是 $\mathbf{R}^n$ 和 $\mathbf{R}^{n-1}$, 而 $(\theta_1, \cdots, \theta_n)$ 就是其上的坐标参数, 在 $\mathbf{R}^{n-1}$ 的情形要有 $\theta_1 + \cdots + \theta_n = 0$ 这个附加条件. 由特征函数和权系的定义, 即有

$$
\begin{cases} \chi_{\mu_n}|_{T^n} = e^{2\pi i\theta_1} + \cdots + e^{2\pi i\theta_j} + \cdots + e^{2\pi i\theta_n}, \\ \Omega(\mu_n) = \{\theta_1, \cdots, \theta_j, \cdots, \theta_n\}. \end{cases} \tag{24}
$$

而 $\widetilde{\mu}_n$ 的情形只是在上述表达式中附加 $\theta_1 + \theta_2 + \cdots + \theta_n = 0$ 的限制.

$$\mathrm{SU}(n) = U(n) \bigcap \mathrm{SL}(n, \mathbf{C}) \subset U(n) \subset \mathrm{GL}(n, \mathbf{C}),$$

因此 SU$(n), U(n)$ 均是 GL$(n, \mathbf{C})$ 的李子群, 故 SU(n) 和 $U(n)$ 的李代数都是 GL$(n, \mathbf{C})$ 的李代数 $\mathfrak{gl}(n, \mathbf{C}) \cong M(n, \mathbf{C})$ (n 阶复方阵) 的李子代数. 再者, 对于 $X \in \mathfrak{gl}(n, \mathbf{C}), u, v \in \mathbf{C}^n$, 不难验证:

$$((\mathrm{Exp}\, tx) \cdot u, (\mathrm{Exp}\, tX) \cdot v) = (u, v), \quad \forall t \in \mathbf{R}$$

当且仅当

$$(X \cdot u, v) + (u, X \cdot v) = 0,$$

亦即 X 是斜 Hermite 的. 此外,

$$\det \mathrm{Exp}\,(tX) = \mathrm{e}^{t \cdot \mathrm{Tr}\,X},$$

所以 $U(n)$ 的李代数由 $\mathfrak{gl}(n, \mathbf{C})$ 中的所有斜 Hermite 元素所组成, $\mathrm{SU}\,(n)$ 的李代数则由 $\mathfrak{gl}(n, \mathbf{C})$ 中的所有迹为零的斜 Hermite 元素所组成. 在本分节中, 我们将以 $\mathfrak{g}$ 表示 $U(n)$ 的李代数, $\tilde{\mathfrak{g}}$ 表示 $\mathrm{SU}\,(n)$ 的李代数而不再另外说明. 两个熟知的简单事实是:

(a) X 是斜 Hermite 的 $\Longleftrightarrow$ iX 是 Hermite 的.

(b) $\mathfrak{gl}(n, \mathbf{C})$ 中的每个元素都可以唯一地写为 Hermite 元素和斜 Hermite 元素之和, 亦即

$$A = \frac{1}{2}(A + A^*) + \frac{1}{2}(A - A^*).$$

由这两个事实马上可知

$$\mathfrak{g} \otimes \mathbf{C} = \mathfrak{g} \oplus \mathrm{i}\mathfrak{g} = \mathfrak{gl}(n, \mathbf{C}).$$

我们可以从两种观点来说明 $U(n)$ 在 $\mathfrak{g} \otimes \mathbf{C} = \mathfrak{gl}(n, \mathbf{C})$ 上的伴随表示:

$$U(n) \times \mathfrak{gl}(n, \mathbf{C}) \to \mathfrak{gl}(n, \mathbf{C}).$$

1) 从矩阵的观点来说, $\mathfrak{gl}(n, \mathbf{C})$ 是 n 阶复方阵的全体. 对于任给的 $g \in U(n), X = (x_{jk}) \in \mathfrak{gl}(n, \mathbf{C})$,

$$\mathrm{Ad}\,(g)X = g \cdot X \cdot g^{-1}. \tag{25}$$

若将 g 取自 T^n, 即令

$$g = \begin{pmatrix} \mathrm{e}^{2\pi\mathrm{i}\theta_1} & & & & \\ & \ddots & & & \\ & & \mathrm{e}^{2\pi\mathrm{i}\theta_j} & & \\ & & & \ddots & \\ & & & & \mathrm{e}^{2\pi\mathrm{i}\theta_n} \end{pmatrix},$$

则有

$$\mathrm{Ad}\,(g)X = g \cdot X \cdot g^{-1}$$

$$= \begin{pmatrix} e^{2\pi i\theta_1} & & & & \\ & \ddots & & & \\ & & e^{2\pi i\theta_j} & & \\ & & & \ddots & \\ & & & & e^{2\pi i\theta_n} \end{pmatrix}(x_{jk})$$

$$\cdot \begin{pmatrix} e^{-2\pi i\theta_1} & & & & \\ & \ddots & & & \\ & & e^{-2\pi i\theta_j} & & \\ & & & \ddots & \\ & & & & e^{-2\pi i\theta_n} \end{pmatrix}$$

$$= (e^{2\pi i(\theta_j - \theta_k)}x_{jk}). \tag{26}$$

由 (26) 式可以看出 $\mathfrak{g}\otimes\mathbf{C}$ 的复 Cartan 分解如下:

$$\begin{cases} \mathfrak{h}\otimes\mathbf{C} \ \text{由所有复对角矩阵组成}, \\ \Delta = \{(\theta_j - \theta_k); j \neq k\}, \\ \mathbf{C}(\theta_j - \theta_k) \ \text{就是由}\ \mathfrak{gl}(n,\mathbf{C})\ \text{中在}\ (j,k)\ \text{处之外的数值都} \\ \qquad \text{一律为零的矩阵所组成的一维子空间}. \end{cases} \tag{26'}$$

将上面的讨论加上 $\theta_1+\theta_2+\cdots+\theta_n = 0$ 的限制, 并且只作用在 $\tilde{\mathfrak{g}}\otimes\mathbf{C} = \mathfrak{sl}(n,\mathbf{C})$ (迹为零的 n 阶复方阵全体) 上, 就得出 $\mathrm{SU}\,(n)$ 的根系和复 Cartan 分解.

若采用 $\theta_1 > \theta_2 > \cdots > \theta_n$ 的大小次序, 即得 $U(n)$ 和 $\mathrm{SU}\,(n)$ (对 $\mathrm{SU}\,(n)$ 要附加 $\sum\theta_j = 0$ 的限制) 的根系、正根系和素根系如下:

$$\begin{cases} \Delta = \{(\theta_j - \theta_k), 1 \leqslant j \neq k \leqslant n\}, \\ \Delta^+ = \{(\theta_j - \theta_k), 1 \leqslant j < k \leqslant n\}, \\ \Pi = \{(\theta_j - \theta_{j+1}), 1 \leqslant j \leqslant n-1\}. \end{cases} \tag{27}$$

记 $\alpha_j = \theta_j - \theta_{j+1}$ $(j = 1, \cdots, n-1)$, 不难验算它们之间的尖积是

$$\begin{cases} \langle\alpha_j, \alpha_{j+1}\rangle = -1, \\ \langle\alpha_j, \alpha_j\rangle = 2, \\ \langle\alpha_j, \alpha_k\rangle = 0, \quad k \neq j, j+1. \end{cases} \tag{27'}$$

所以它的素根系是 A_{n-1} 型的.

2) 我们也可以从 "多线性代数" 的观点来计算 $U(n)$ 和 $\mathrm{SU}(n)$ 的根系.

$$\mu_n : U(n) \to \mathrm{GL}(V)(V \cong \mathbf{C}^n)$$

是自然表示. 则

$$\mathfrak{g} \otimes \mathbf{C} = \mathfrak{gl}(n, \mathbf{C}) \cong \mathscr{L}(V, V) \cong V \otimes V^*.$$

从多线性代数的观点, 上述同构都是自然同构. 在第一章 §2, 我们定义了一个表示 (G, V) 在 $\mathscr{L}(V, V)$ 上所诱导的表示, 并证明了它等价于 $(G, V) \otimes (G, V^*)$. 由上述诱导表示的定义与 (25) 式相比, 我们发现, $U(n)$ 在 $\mathfrak{g} \otimes \mathbf{C} \cong \mathscr{L}(V, V)$ 上的伴随表示 $\mathrm{Ad} \otimes \mathbf{C}$ 就是这个诱导表示, 所以 $\mathrm{Ad} \otimes \mathbf{C}$ 等价于 $V \otimes V^*$ 上的诱导表示 $\mu_n \otimes \mu_n^*$. 即:

$$\mathrm{Ad} \otimes \mathbf{C} \cong \mu_n \otimes \mu_n^*.$$

对 $\mathrm{SU}(n)$ 的情况, $\mathrm{Ad} \otimes \mathbf{C}$ 与诱导表示的作用方式相同, 只是作用空间不同, 这时 $\tilde{\mu}_n \otimes \tilde{\mu}_n^*$ 不是不可约的, 它在 $\mathfrak{sl}(n, \mathbf{C})$ 上的限制就是 $\mathrm{Ad} \otimes \mathbf{C}$.

现在把 $U(n)$ 的上述线性表示限制到它的极大子环群 T^n 上, 即得

$$(\mathrm{Ad}|_{T^n}) \otimes \mathbf{C} = \mu_n \otimes \mu_n^*|_{T^n} = (\mu_n|_{T^n}) \otimes (\mu_n^*|_{T^n}). \tag{28}$$

由 T^n 和 μ_n 的定义,

$$\begin{cases} \mu_n|_{T^n} = \varphi_1 \oplus \cdots \oplus \varphi_j \oplus \cdots \oplus \varphi_n, \\ V = V_1 \oplus \cdots \oplus V_j \oplus \cdots \oplus V_n, \end{cases} \tag{29}$$

其中 V_j 都是复一维的, $\varphi_j(g)$ 在 V_j 上的作用就是乘以 $e^{2\pi i \theta_j}$ 倍. 再者, 由对偶表示的定义, 即有

$$\begin{cases} \mu_n^*|_{T^n} = \varphi_1^* \oplus \cdots \oplus \varphi_j^* \oplus \cdots \oplus \varphi_n^*, \\ V^* = V_1^* \oplus \cdots \oplus V_j^* \oplus \cdots \oplus V_n^*, \end{cases} \tag{29'}$$

其中 $\varphi_j^*(g)$ 在 V_j^* 上的作用就是乘以 $e^{-2\pi i \theta_j}$. 综合 (28), (29) 和 (29') 式, 即得

$$\begin{cases} (\mathrm{Ad}|_{T^n}) \otimes \mathbf{C} = \displaystyle\sum_{j,k=1}^{n} \varphi_j \otimes \varphi_k^*, \\ V \otimes V^* = \displaystyle\sum_{j,k=1}^{n} V_j \otimes V_k^*, \end{cases} \tag{30}$$

其中 $\varphi_j \otimes \varphi_k^*(g)$ 在 $V_j \otimes V_k^*$ 上的作用就是乘以 $e^{2\pi i(\theta_j - \theta_k)}$. 再从权系和根系的定义, 便得出

$$\Delta = \Omega'((\mathrm{Ad}|_{T^n}) \otimes \mathbf{C}) = \{\theta_j - \theta_k; 1 \leqslant j \neq k \leqslant n\}.$$

2. SO (n) 的伴随表示及其根系

SO (n) 是 n 维欧氏空间 $\mathbf{R}^n$ 上的所有保持定向 (亦即行列式为 1 的) 正交变换所组成的群. 我们将用 ρ_n 来标记这个自然的实线性表示 $(\mathrm{SO}\,(n), \mathbf{R}^n)$. 它的极大子环群取为: 当 $n = 2l$ 时,

$$
g = \left\{ \begin{pmatrix} \cos 2\pi\theta_1 & -\sin 2\pi\theta_1 & & & & & \\ \sin 2\pi\theta_1 & \cos 2\pi\theta_1 & & & & & \\ & & \ddots & & & & \\ & & & \cos 2\pi\theta_j & -\sin 2\pi\theta_j & & \\ & & & \sin 2\pi\theta_j & \cos 2\pi\theta_j & & \\ & & & & & \ddots & \\ & & & & & & \cos 2\pi\theta_l & -\sin 2\pi\theta_l \\ & & & & & & \sin 2\pi\theta_l & \cos 2\pi\theta_l \end{pmatrix} \right\}
$$

当 $n = 2l + 1$ 时, 则在其右下角补一个 1. 我们将以 T^l 表示上述子环群, 以 $(\theta_1, \theta_2, \cdots, \theta_l)$ 为相应 Cartan 子代数上的坐标参数. 将 $\rho_n|_{T^l}$ 复化, 即有: 当 $n = 2l$ 时,

$$
\begin{cases} (\rho_n|_{T^l}) \otimes \mathbf{C} = \varphi_1 \oplus \varphi_1' \oplus \cdots \oplus \varphi_j \oplus \varphi_j' \oplus \cdots \oplus \varphi_l \oplus \varphi_l', \\ \mathbf{R}^n \otimes \mathbf{C} = \mathbf{C}^n = V_1 \oplus V_1' \oplus \cdots \oplus V_j \oplus V_j' \oplus \cdots \oplus V_l \oplus V_l'. \end{cases} \tag{31}
$$

当 $n = 2l + 1$ 时, (31) 式中关于 $(\rho_n|_{T^l}) \otimes \mathbf{C}$ 的表达式再多加一个平凡表示 1, 而在 $\mathbf{C}^n$ 的分解中再多加一个不动的方向 $\mathbf{C}^1$. (31) 式中, V_j, V_j' 都是复一维的, 而 $\varphi_j(g)$ 和 $\varphi_j'(g)$ 在其上的作用分别是乘以 $\mathrm{e}^{2\pi\mathrm{i}\theta_j}$ 和 $\mathrm{e}^{-2\pi\mathrm{i}\theta_j}$.

现在让我们再来看一看 SO (n) 的李代数和伴随表示. SO (n) 是 GL $(n, \mathbf{R})$ 的子群, 所以它的李代数是

$$
\mathfrak{gl}(n, \mathbf{R}) = \{\text{所有 } n \text{ 阶实方阵}\}
$$

的一个子代数. 再者, 对于任给的 $X \in \mathfrak{gl}(n, \mathbf{R})$ 和 $u, v \in \mathbf{R}^n$, 不难验证:

$$
(\mathrm{Exp}\, tX \cdot u, \mathrm{Exp}\, tX \cdot v) = (u, v), \quad \forall t \in \mathbf{R}
$$

当且仅当

$$
(X \cdot u, v) + (u, X \cdot v) = 0
$$

(即 X 是斜对称的), 所以 SO (n) 的李代数也就是由所有斜对称的实 n 阶方阵所构成的李代数.

$\rho_n = (\mathrm{SO}\,(n), \mathbf{R}^n)$ 是一个保持内积 (正交对称双线性型) 不变的线性表示, 由本章 §1 中引理 2 可知, 一定有 $\rho_n^* = \rho_n$. 因此 $\mathrm{SO}\,(n)$ 在

$$\mathfrak{gl}(n, \mathbf{R}) \cong \mathbf{R}^n \otimes (\mathbf{R}^n)^*$$

上的诱导表示

$$\rho_n \otimes \rho_n^* \cong \rho_n \otimes \rho_n.$$

再者, 利用内积把

$$\mathfrak{gl}(n, \mathbf{R}) \cong \mathbf{R}^n \otimes (\mathbf{R}^n)^*$$

和 $\mathbf{R}^n \otimes \mathbf{R}^n$ 对等起来. 在此对应之下, 斜对称方阵显然和 $\mathbf{R}^n \otimes \mathbf{R}^n$ 中的斜对称张量相对应. 类似于第一小节的讨论, 不难看出

$$\mathrm{Ad}\,(\mathrm{SO}\,(n)) = \Lambda^2 \rho_n.$$

接着, 我们着手来计算 $\mathrm{SO}\,(n)$ 的根系和它的复 Cartan 分解. 为此, 我们应计算

$$(\mathrm{Ad}\,|_{T^l}) \otimes \mathbf{C} = (\Lambda^2 \rho_n|_{T^l}) \otimes \mathbf{C} = \Lambda^2(\rho_n|_{T^l} \otimes \mathbf{C})$$

的完全分解式以及它在每个一维不变子空间上的特征值.

设 V 是一个 n 维复向量空间, $\{e_k; 1 \leqslant k \leqslant n\}$ 是 V 中对于给定线性变换 $A : V \to V$ 的 n 个线性无关的特征向量, 其特征值分别是 $\{\lambda_k; 1 \leqslant k \leqslant n\}$, 亦即:

$$Ae_k = \lambda_k e_k \quad (1 \leqslant k \leqslant n).$$

则 $\{e_j \wedge e_k; 1 \leqslant j \leqslant k \leqslant n\}$ 构成 $\Lambda^2 V$ 的一组基底, 而且在 $\Lambda^2(A) : \Lambda^2 V \to \Lambda^2 V$ 的作用之下,

$$e_j \wedge e_k \to Ae_j \wedge Ae_k = \lambda_j \cdot \lambda_k e_j \wedge e_k.$$

因此 $e_j \wedge e_k$ 是以 $\lambda_j \cdot \lambda_k$ 为其特征值的特征向量.

现在让我们把上述多线性代数的一般性常识应用到 $\Lambda^2(\rho_n|_{T^l}) \otimes \mathbf{C}$ 上. 先讨论 $n = 2l$ 的情形:

$\rho_n(g) \otimes \mathbf{C}$ (作用在 $\mathbf{C}^n$ 上) 的特征值分别是

$$\{\mathrm{e}^{2\pi\mathrm{i}\theta_j}, \mathrm{e}^{-2\pi\mathrm{i}\theta_j}; 1 \leqslant j \leqslant l\},$$

所以 $\Lambda^2 \rho_n(g) \otimes \mathbf{C}$ (作用在 $\Lambda^2(\mathbf{C}^n)$ 上) 的特征值分别是在上述 $2l$ 个复数中每次任取相异的两个相乘之所得, 共有 $l(2l-1)$ 个, 它们就是下列几种的总和:

$$\{\mathrm{e}^{2\pi\mathrm{i}(\theta_j+\theta_k)}, \mathrm{e}^{-2\pi\mathrm{i}(\theta_j+\theta_k)}; 1 \leqslant j < k \leqslant l\}$$
$$\bigcup \{\mathrm{e}^{2\pi\mathrm{i}(\theta_j-\theta_k)}; 1 \leqslant j \neq k \leqslant l\} \bigcup \{\mathrm{e}^{2\pi\mathrm{i}(\theta_j-\theta_j)} = 1; 1 \leqslant j \leqslant l\}.$$

由此可知, 伴随表示零权重数为 l, 从而验证了 T^l 是一个极大子环群. 而且 SO $(2l)$ 的根系应是

$$\Delta(\mathrm{SO}\,(2l)) = \{\pm\theta_j \pm \theta_k; 1 \leqslant j < k \leqslant l\}.$$

再讨论 $n = 2l + 1$ 的情形:

$\rho_n(g) \otimes \mathbf{C}$ 的特征值分别是

$$\{e^{2\pi i\theta_j}, e^{-2\pi i\theta_j}(1 \leqslant j \leqslant l), 1\}$$

(分别是一重的), 所以 $\Lambda^2 \rho_n(g) \otimes \mathbf{C}$ 的特征值就是上述这 $2l + 1$ 个复数中每次取相异的两个相乘所得. 它们就是下列几种的总和:

$$\{e^{2\pi i(\theta_j+\theta_k)}, e^{-2\pi i(\theta_j+\theta_k)}; 1 \leqslant j < k \leqslant l\}$$
$$\bigcup \{e^{2\pi i(\theta_j-\theta_k)}; 1 \leqslant j \neq k \leqslant l\} \bigcup \{e^{2\pi i\theta_j} \cdot 1; 1 \leqslant j \leqslant l\}$$
$$\bigcup \{e^{2\pi i(\theta_j-\theta_j)} = 1; 1 \leqslant j \leqslant l\}.$$

由此即得 SO $(2l + 1)$ 的根系是

$$\Delta(\mathrm{SO}\,(2l+1)) = \{\pm\theta_j \pm \theta_k \ (1 \leqslant j < k \leqslant l), \pm\theta_j \ (1 \leqslant j \leqslant l)\}.$$

同样, 我们可以选用 $\theta_1 > \theta_2 > \cdots > \theta_l$ 来定义大小次序, 则有

$$\Delta^+(\mathrm{SO}\,(2l)) = \{\theta_j \pm \theta_k; 1 \leqslant j < k \leqslant l\},$$
$$\Delta^+(\mathrm{SO}\,(2l+1)) = \{\theta_j \pm \theta_k \ (1 \leqslant j < k \leqslant l), \theta_j \ (1 \leqslant j \leqslant l)\},$$

且不难验证

$$\Pi(\mathrm{SO}\,(2l+1)) = \{\theta_j - \theta_{j+1} \ (1 \leqslant j \leqslant l-1), \theta_l\}.$$

当 $l \geqslant 2$ 时, $\Pi(\mathrm{SO}\,(2l+1))$ 是 B_l 型者,

$$\Pi(\mathrm{SO}\,(2l)) = \{\theta_j - \theta_{j+1} \ (1 \leqslant j \leqslant l-1), \theta_{l-1} + \theta_l\}.$$

当 $l \geqslant 4$ 时, $\Pi(\mathrm{SO}\,(2l))$ 是 D_l 型者.

注 当 $l = 1$ 时, $\Pi(\mathrm{SO}\,(3))$ 是 A_1 型的, 这也就是原先已知的 SU (2) 与 SO (3) 局部同构这一事实的一种表现. 再者, 当 $l = 2, 3$ 时,

$$\Delta(\mathrm{SO}\,(2 \times 2)) = \Delta(\mathrm{SO}\,(4))$$

和

$$\Delta(\mathrm{SU}\,(2) \times \mathrm{SU}\,(2))$$

等价, $\Delta(\mathrm{SO}\,(6))$ 与 $\Delta(\mathrm{SU}\,(4))$ 等价, 这也就是说, SU $(2) \times$ SU (2) 与 SO (4) 局部同构, SU (4) 和 SO (6) 局部同构.

3. $\mathfrak{sp}(l)$ 的伴随表示及其根系

$$\mathfrak{sp}(l) = \mathfrak{sp}(l, \mathbf{C}) \bigcap U(2l).$$

它是 $GL(2l, \mathbf{C})$ 中令一个非退化的斜对称双线性型 $\langle\,,\,\rangle$ 和酉内积 $(\,,\,)$ 都保持不变的元素所组成的子群. 我们可以在 $\mathbf{C}^{2l}$ 中选定一组基底 $e_1, e_2, \cdots, e_{2l}$, 使得

$$\begin{cases} \langle e_i, e_{l+i} \rangle = -\langle e_{l+i}, e_i \rangle = 1, & 1 \leqslant i \leqslant l, \\ \langle e_k, e_h \rangle = 0, & \text{对其余情形}, \\ (e_i, e_j) = \delta_{ij}, & 1 \leqslant i, j \leqslant 2l. \end{cases} \tag{32}$$

对于上述基底, $\mathfrak{sp}(l)$ 中的元素就表示为满足下列条件的矩阵 g:

$$\begin{cases} g^{\mathrm{T}} J_n g = J_n, \\ g^{\mathrm{T}} \cdot \overline{g} = I_n, \end{cases}$$
$$J_n = \begin{pmatrix} 0 & I_l \\ -I_l & 0 \end{pmatrix}. \tag{33}$$

设 $\mathfrak{g}$ 是 $\mathfrak{sp}(l)$ 的李代数, 不难看出 $\mathfrak{g} \otimes \mathbf{C}$ 就是 $\mathfrak{sp}(l, \mathbf{C})$ 的李代数. 这个李代数在第二章 §1 中已经算出, 其结果是: 设

$$X = \begin{pmatrix} Z_1 & Z_2 \\ Z_3 & Z_4 \end{pmatrix},$$

其中 Z_1, Z_2, Z_3, Z_4 是 l 阶复方阵, 则

$$X \in \mathfrak{g} \otimes \mathbf{C} \Longleftrightarrow X^{\mathrm{T}} J_n + J_n X = 0$$
$$\Longleftrightarrow Z_2, Z_3 \text{ 是对称矩阵}, \ Z_4 = -Z_1^{\mathrm{T}}.$$

所以 $\mathfrak{g} \otimes \mathbf{C}$ 是一个 $l(2l+1)$ 维的复向量空间. 由于 X 关于斜对称矩阵 J_n 是斜对称的, 因此在本质上它是一种对称的量.

令 ν_{2l} 是复表示 $(\mathfrak{sp}(l), \mathbf{C}^{2l})$, 由于它使得上述斜对称双线性型不变, 我们可以用它把 $\mathbf{C}^{2l}$ 与 $(\mathbf{C}^{2l})^*$ 对等起来, 这也就是说 $\nu_{2l} \cong \nu_{2l}^*$. 由上述的 X 的对称性, 我们还可以有下述 "对等":

$$\mathfrak{gl}(2l, \mathbf{C}) \cong \mathbf{C}^{2l} \otimes (\mathbf{C}^{2l})^* \cong \mathbf{C}^{2l} \otimes \mathbf{C}^{2l}$$
$$\cup \qquad\qquad\qquad\qquad\qquad \cup$$
$$\mathfrak{g} \otimes \mathbf{C} \longrightarrow S^2(\mathbf{C}^{2l})$$

这样就说明了 $\mathfrak{sp}(l)$ 的复化的伴随表示和 ν_{2l} 之间的关系是

$$\mathrm{Ad}\,(\mathfrak{sp}(l)) \otimes \mathbf{C} \cong S^2(\nu_{2l}).$$

现在令

$$T_l = \left\{ g = \begin{pmatrix} \mathrm{e}^{2\pi\mathrm{i}\theta_1} & & & & & & \\ & \ddots & & & & & \\ & & \ddots & & & & \\ & & & \mathrm{e}^{2\pi\mathrm{i}\theta_l} & & & \\ & & & & \mathrm{e}^{-2\pi\mathrm{i}\theta_1} & & \\ & & & & & \ddots & \\ & & & & & & \ddots \\ & & & & & & & \mathrm{e}^{-2\pi\mathrm{i}\theta_l} \end{pmatrix} \right\} \subset \mathfrak{sp}(l),$$

则有

$$\begin{cases} (\nu_{2l}|_{T^l}) \otimes \mathbf{C} = \varphi_1 \oplus \cdots \oplus \varphi_l \oplus \varphi_1' \oplus \cdots \oplus \varphi_l', \\ \mathbf{C}^{2l} = V_1 \oplus \cdots \oplus V_l \oplus V_1' \oplus \cdots \oplus V_l'. \end{cases} \tag{34}$$

亦即 $\nu_{2l}(g)$ 的 $2l$ 个特征值分别是

$$\{\varphi_j(g) = \mathrm{e}^{2\pi\mathrm{i}\theta_j}, \varphi_j'(g) = \mathrm{e}^{-2\pi\mathrm{i}\theta_j}; 1 \leqslant j \leqslant l\}.$$

类似于第二小节中的计算, 我们可以求得 $S^2(\nu_{2l}(g))$ 的特征值如下: 把上述 $2l$ 个数可重复地任选其二相乘所得的 $l(2l+1)$ 个数值, 亦即

$$\{\mathrm{e}^{2\pi\mathrm{i}(\theta_j+\theta_k)}, \mathrm{e}^{-2\pi\mathrm{i}(\theta_j+\theta_k)}; 1 \leqslant j < k \leqslant l\}$$
$$\bigcup \ \{\mathrm{e}^{2\pi\mathrm{i}(\theta_j-\theta_k)}; 1 \leqslant j \neq k \leqslant l\}$$
$$\bigcup \ \{\mathrm{e}^{2\pi\mathrm{i}(2\theta_j)}, \mathrm{e}^{-2\pi\mathrm{i}(2\theta_j)}; 1 \leqslant j \leqslant l\}$$
$$\bigcup \ \{\mathrm{e}^{2\pi\mathrm{i}(\theta_j-\theta_j)} = 1; 1 \leqslant j \leqslant l\}.$$

由上面的计算得知, 特征值恒等于 1 的重数恰好是 l, 这也就充分说明了 T^l 是一个极大子环群. 所以从上面这一组 $\mathrm{Ad}\,(g) \otimes \mathbf{C} = S^2(\nu_{2l}(g))$ 的特征值, 就可以直接读出 $\mathfrak{sp}(l)$ 的根系是:

$$\Delta(\mathfrak{sp}(l)) = \{\pm\theta_j \pm \theta_k \ (1 \leqslant j < k \leqslant l); \pm 2\theta_j \ (1 \leqslant j \leqslant l)\}.$$

若选取 $\theta_1 > \theta_2 > \cdots > \theta_l$ 这种大小次序, 则有

$$\Delta^+(\mathfrak{sp}(l)) = \{\theta_j \pm \theta_k \ (1 \leqslant j < k \leqslant l); 2\theta_j \ (1 \leqslant j \leqslant l)\},$$
$$\Pi(\mathfrak{sp}(l)) = \{(\theta_j - \theta_{j+1})(1 \leqslant j \leqslant l-1); 2\theta_l\},$$

它是 C_l 型者.

习　题

1. 设 G 是一个连通李群, L 是它的正规李子群, $\mathfrak{g}$ 和 $\mathfrak{l}$ 分别是它们的李代数, 则 $\mathfrak{l}$ 是 $\mathfrak{g}$ 的理想. 反过来, 若 $\mathfrak{l}$ 是 $\mathfrak{g}$ 的理想, L 是 G 的以 $\mathfrak{l}$ 为李代数的李子群, 则 L 是 G 的正规李子群. 试证之.

2. 设 $\mathfrak{g}$ 是一个李代数, $\mathfrak{l}$ 是 $\mathfrak{g}$ 的理想. 则商空间 $\mathfrak{g}/\mathfrak{l}$ 可唯一定义括积, 满足

$$[X + \mathfrak{l}, Y + \mathfrak{l}] = [X, \mathfrak{l}] + \mathfrak{l},$$

使之成为一个李代数 (称为 $\mathfrak{g}$ 对于 $\mathfrak{l}$ 的商代数), 试证之.

3. 证明 Killing 型 $B(X,Y) = \operatorname{Tr} \operatorname{ad} X \operatorname{ad} Y, X, Y \in \mathfrak{g}$ 是 $\mathfrak{g}$ 上的对称双线性型, 且在 $\mathfrak{g}$ 的自同构下是不变的.

4. 设 Π 是根系 Δ 中的一组选定的素根系. 求证: 若 Π 能够分解成互相正交的两部分, 即

$$\Pi = \Pi_1 \bigcup \Pi_2, \quad \alpha_i \in \Pi_1, \quad \alpha_j \in \Pi_2 \Longrightarrow \langle \alpha_i, \alpha_j \rangle = 0,$$

则根系 Δ 也相应地分解为互相正交的两部分 $\Delta = \Delta_1 \bigcup \Delta_2, \Delta_i$ 中的元素都是 Π_i 的整线性组合 $(i = 1, 2)$.

5. 通过求 SU(3) 和 SO(5) 的根系, 验证它们都是秩 2 的, 并指出它们根系的几何结构 (参看 §2 图 5).

6. 若 $\mathfrak{g}$ 的素根系 Π 可分解成互相正交的两部分 Π_1, Π_2, 由第 4 题, 根系也有相应分解 $\Delta = \Delta_1 \bigcup \Delta_2, \Delta_1$ 与 Δ_2 互相正交, 求证 $\mathfrak{g} \otimes \mathbf{C}$ 和 $\mathfrak{g}$ 均可分解为

$$\mathfrak{g}_1 \otimes \mathbf{C} \oplus \mathfrak{g}_2 \otimes \mathbf{C} \quad 和 \quad \mathfrak{g}_1 \oplus \mathfrak{g}_2,$$

其中 Π_i, Δ_i 分别是 $\mathfrak{g}_i$ 的素根系和根系 $(i = 1, 2)$.

7. 在 §2 中我们说明了秩 2 紧半单李代数的根系共有四种可能的几何结构. 前三种分别是 SU(2) × SU(2), SU(3) 和 SO(5) 的根系 (参看习题 5), 试问第四种可能性是否也会有一个秩 2 的紧致李群, 以它为其根系呢? 这个答案是肯定的. 读者可以利用 §3 所学的知识, 逐步建造这个颇带些神秘性的秩 2 紧致李群.

第一步: 由根系去逐步选定 $\mathfrak{g} \otimes \mathbf{C}$ 的一组 Chevalley 基 (在归纳地选定 X_ρ 时, 总是取正号. 注意, 这只是说当 $\rho = \alpha + \beta$ 中 α 是最小可能者时, $N_{\alpha,\beta} = (1-q)$. 而其他的可能性 $\rho = \lambda + \mu$ 的 $N_{\lambda,\mu}$, 其符号则是由引理 10 中的 (17) 式所唯一确定), 写出它们之间括积的明确表达式来.

第二步: 验证你所写下的括积是否满足 Jacobi 恒等式 (若有不满足的情形发生, 一定是你前面某些地方有错误, 请回过头来细加检查).

第三步: 如 §3 注所示, 写下 $\mathfrak{g}$ 本身的一组优良基底及其相应的括积, 并从而验算它的 Cartan-Killing 型是负定的.

8. 验证 §4 最后给出的几何素根系与图的对应关系.

第五章　复半单李代数的结构与分类

　　本章将把前章对于紧致李代数的结构和分类的理论相应地推进到复半单李代数的研讨. 在前四章中, 所有的讨论都是围绕着紧致李群和紧致李代数这个格局发展的. 所以**紧致性**乃是前几章到处用到的基本假设. 从现在开始, 我们要改弦更张, 讨论**非紧致**的情形. 很自然地应该先检讨一下, 紧致性在诸多表现之中, 用得最多的基本要点究竟是些什么? 概括来说, 李代数在本质上乃是一种线性的代数结构. 所以很自然地, 线性表示论就是研讨李代数的基本方法. 在线性表示上, 紧致性的一个最基本的表现首推**完全可约性** (complete reducibility). 本章即将证明, **半单李代数的任何线性表示也必定是完全可约的**. 从代数上来说, 半单性和完全可约性是密切相关的. 从本章的结果来看, 半单性其实可以说就是紧致性在代数上的自然推广.

§1　幂零和可解李代数 · 可解性的 Cartan 检验

　　首先让我们来引进一些在讨论李代数时常用的术语与符号; 定义幂零和可解李代数; 并举出几个典型的实例.

1. 定义和实例

　　术语和符号　我们用 K 表示李代数 $\mathfrak{g}$ 的基域, 亦即 $\mathfrak{g}$ 是定义于 K 上的代数结构, 并以 $\operatorname{char} K$ 表示 K 的特征数. 再者, 设 A, B 是 $\mathfrak{g}$ 的两个子空间. 我们将用 $[A, B]$ 表示由所有 $\{[a, b]; a \in A, b \in B\}$ 的线性组合所构成的子空间. 用此符号, 我们可以得到许多方便. 例如:

1) $\mathfrak{g}$ 的一个子空间 $\mathfrak{a}$ 是李子代数的充要条件是

$$[\mathfrak{a}, \mathfrak{a}] \subseteq \mathfrak{a}.$$

特别, $\mathfrak{g}$ 的一个子空间 $\mathfrak{a}$ 若满足 $[\mathfrak{g}, \mathfrak{a}] \subseteq \mathfrak{a}$, 则称 $\mathfrak{a}$ 为 $\mathfrak{g}$ 的一个**理想** (ideal). 显然, $\mathfrak{a}$ 为 $\mathfrak{g}$ 的理想的充要条件是: $\forall x \in \mathfrak{a}, y \in \mathfrak{g}$, 有 $[x, y] \in \mathfrak{a}$.

2) 由 Jacobi 恒等式不难看到

$$[A, [B, C]] \subseteq [[A, B], C] + [B, [A, C]].$$

3) 若 $\mathfrak{a}$ 是 $\mathfrak{g}$ 的一个理想, 则 $[\mathfrak{g}, \mathfrak{a}]$ 也是 $\mathfrak{g}$ 的一个理想, 因为

$$\begin{aligned}
[\mathfrak{g}, [\mathfrak{g}, \mathfrak{a}]] &\subseteq [[\mathfrak{g}, \mathfrak{g}], \mathfrak{a}] + [\mathfrak{g}, [\mathfrak{g}, \mathfrak{a}]] \\
&\subseteq [\mathfrak{g}, \mathfrak{a}] + [\mathfrak{g}, \mathfrak{a}] \\
&= [\mathfrak{g}, \mathfrak{a}].
\end{aligned}$$

如果 $\mathfrak{a}$ 是李代数 $\mathfrak{g}$ 的一个理想, 那么在商空间 $\mathfrak{g}/\mathfrak{a}$ 中定义括积

$$[x + \mathfrak{a}, y + \mathfrak{a}] = [x, y] + \mathfrak{a},$$

不难验证, $\mathfrak{g}/\mathfrak{a}$ 也是一个李代数, 称为 $\mathfrak{g}$ 对 $\mathfrak{a}$ 的**商代数**. 而且从 $\mathfrak{g}$ 到 $\mathfrak{g}/\mathfrak{a}$ 的**投影** π:

$$\pi(x) = x + \mathfrak{a}, \quad \forall x \in \mathfrak{g}$$

是 $\mathfrak{g}$ 到 $\mathfrak{g}/\mathfrak{a}$ 上的同态, 其核恰为 $\mathfrak{a}$.

反过来, 如果 f 是李代数 $\mathfrak{g}$ 到 $\mathfrak{g}_1$ 上的同态映射, 核为 $\mathfrak{a}$, 那么 $\mathfrak{g}/\mathfrak{a}$ 必与 $\mathfrak{g}$ 同构. 又若其相应的同构映射为 f_1, 则

$$f = f_1 \circ \pi,$$

即下图是可交换的:

上面这些事实的证明是很容易的, 读者可作为练习.

定义　令

$$\mathrm{D}\mathfrak{g} = [\mathfrak{g}, \mathfrak{g}], \quad \mathrm{D}^{n+1}\mathfrak{g} = [\mathrm{D}^n\mathfrak{g}, \mathrm{D}^n\mathfrak{g}];$$

$$\mathrm{C}^1\mathfrak{g} = \mathfrak{g}, \quad \mathrm{C}^{n+1}\mathfrak{g} = [\mathfrak{g}, \mathrm{C}^n\mathfrak{g}].$$

若存在一个正整数 n, 使得

$$\mathrm{C}^n\mathfrak{g} = \{0\},$$

则称 $\mathfrak{g}$ 为一个**幂零**李代数; 再者, 若存在一个正整数 n, 使得

$$\mathrm{D}^n\mathfrak{g} = \{0\},$$

则称 $\mathfrak{g}$ 为一个**可解**李代数.

显而易见, 幂零李代数的李子代数是幂零的; 可解李代数的李子代数是可解的; 幂零李代数必是可解李代数.

例 1　设在 K 上的 n 维向量空间 V 中取定一个连环套

$$\{0\} \subset V_1 \subset V_2 \subset \cdots \subset V_i \subset \cdots \subset V_n = V,$$

$$\dim V_i = i,$$

而 $\mathfrak{g}$ 是 $\mathfrak{gl}(V)$ 中所有满足下列不变性的元素组成的子集

$$x \cdot V_i \subseteq V_i, \quad 1 \leqslant i \leqslant n, \tag{1}$$

则 $\mathfrak{g}$ 是一个可解李代数.

证　我们可以在 V 中取定一组基 $\{b_j; 1 \leqslant j \leqslant n\}$, 使得 $\{b_j; 1 \leqslant j \leqslant i\}$ 恰好就是 V_i 的一组基. 对于这样的一组基来说, 上述不变性条件 (1) 也就是

$$x \in \mathfrak{g} \Longleftrightarrow x \text{ 对于 } \{b_j\} \text{ 的矩阵是上三角的}, \tag{1'}$$

亦即

$$x \cdot b_i \equiv \lambda_i(x) \cdot b_i \pmod{V_{i-1}}, \quad 1 \leqslant i \leqslant n.$$

由此可见

$$\begin{aligned}
[x, y] \cdot b_i &= x \cdot (y \cdot b_i) - y \cdot (x \cdot b_i) \\
&\equiv (\lambda_i(x)\lambda_i(y) - \lambda_i(y)\lambda_i(x))b_i \pmod{V_{i-1}} \\
&\equiv 0 \pmod{V_{i-1}},
\end{aligned} \tag{2}$$

亦即对于任何 $z \in \mathrm{Dg}$, 有

$$z \cdot \boldsymbol{b}_i \equiv 0 \pmod{V_{i-1}}, \quad 1 \leqslant i \leqslant n,$$

或

$$zV_i \subseteq V_{i-1}, \quad 1 \leqslant i \leqslant n.$$

由此不难归纳地证明, 对于任何 $w \in \mathrm{D}^m \mathfrak{g}$, 有

$$wV_i \subseteq V_{i-m}, \quad 1 \leqslant i \leqslant n. \tag{3}$$

因此, $\mathrm{D}^n \mathfrak{g} = \{0\}$. 所以 $\mathfrak{g}$ 是可解的. $\quad\square$

例 2 设 $V; V_i, 1 \leqslant i \leqslant n; \{\boldsymbol{b}_i; 1 \leqslant i \leqslant n\}$ 如例 1 所述. 令 $\mathfrak{g}_0$ 为 $\mathfrak{gl}(V)$ 中由满足下列条件 (4) 的元素所构成的子集:

$$x \cdot \boldsymbol{b}_i \equiv \lambda(x) \cdot \boldsymbol{b}_i \pmod{V_{i-1}}, \quad 1 \leqslant i \leqslant n. \tag{4}$$

换句话说, $\mathfrak{g}_0 \subset \mathfrak{g}$, 且 $x \in \mathfrak{g}_0$ 的充要条件是其相应的上三角矩阵中的对角线上各元素相同, 则 $\mathfrak{g}_0$ 是一个幂零李代数.

证 显然有

$$\mathrm{C}^2 \mathfrak{g}_0 = \mathrm{D}\mathfrak{g}_0 \subset \mathrm{Dg},$$

所以对于任给 $w \in \mathrm{C}^2 \mathfrak{g}_0$, 皆有

$$wV_i \subseteq V_{i-1}, \quad 1 \leqslant i \leqslant n. \tag{5}$$

我们接着来归纳地证明对于任给 $w \in \mathrm{C}^m \mathfrak{g}_0 \ (m \geqslant 2)$, 有

$$wV_i \subseteq V_{i-m+1}, \quad 1 \leqslant i \leqslant n \tag{5'}$$

恒成立. 亦即由假设上式对于 m 业已成立, 去证明 (5') 对于 $m+1$ 也同样成立. 令 $x \in \mathfrak{g}_0, w \in \mathrm{C}^m \mathfrak{g}_0$, 则有

$$w\boldsymbol{b}_i \equiv \mu_{i-m+1}(w)\boldsymbol{b}_{i-m+1} \pmod{V_{i-m}}, \quad 1 \leqslant i \leqslant n. \tag{5''}$$

由此即有

$$x \cdot (w \cdot \boldsymbol{b}_i) \equiv \lambda(x)\mu_{i-m+1}(w)\boldsymbol{b}_{i-m+1} \pmod{V_{i-m}},$$
$$w \cdot (x \cdot \boldsymbol{b}_i) \equiv w \cdot (\lambda(x)\boldsymbol{b}_i) \pmod{V_{i-1}}$$
$$\equiv \mu_{i-m+1}(w)\lambda(x)\boldsymbol{b}_{i-m+1} \pmod{V_{i-m}}.$$

所以

$$[x, w] \cdot \boldsymbol{b}_i \equiv 0 \quad (\mathrm{mod}\, V_{i-m}), \tag{5'''}$$

亦即

$$[x, w] \cdot \boldsymbol{b}_i \in V_{i-m} \quad 或 \quad [x, w]V_i \subseteq V_{i-m}, \quad 1 \leqslant i \leqslant n.$$

由此可见 $C^{m+2}\mathfrak{g}_0 = \{0\}$. 所以 $\mathfrak{g}_0$ 是幂零的. □

例 1′　例 1 所述的 $\mathfrak{g}$ 的任何李子代数也是可解的.

例 2′　例 2 所述的 $\mathfrak{g}_0$ 的任何李子代数也是幂零的.

例 3　设 $\mathfrak{g}$ 是 $\mathfrak{gl}(V)$ 的一个李子代数, 而且

$$V = U_1 \oplus U_2 \oplus \cdots \oplus U_l, \tag{6}$$

其中 $U_i\,(1 \leqslant i \leqslant l)$ 都是 $\mathfrak{g}$ 不变的. 若在每个 U_i 中都可适当选取一组基 $\{\boldsymbol{b}_{ij}; 1 \leqslant j \leqslant \dim U_j\}$, 使得下述条件恒成立, 即对于任何 $x \in \mathfrak{g}$ 都存在 $\lambda_i(x) \in \boldsymbol{K}, 1 \leqslant i \leqslant l$, 使得

$$x \cdot \boldsymbol{b}_{ij} \equiv \lambda_i(x)\boldsymbol{b}_{ij} \quad (\mathrm{mod}\,(\boldsymbol{b}_{i1}, \cdots, \boldsymbol{b}_{i,j-1})), \quad 1 \leqslant j \leqslant \dim U_i,$$

则 $\mathfrak{g}$ 是一个幂零李代数.

例 3 其实就是把例 2 用直和加以并列而后取李子代数, 所以它的证明和例 2 的证明是同样的.

2. Engel 定理和 Lie 定理

关于幂零和可解李代数的研讨, 各有一个基本定理, 它们就是本节所要论证的 Engel 定理和 Lie 定理.

Engel 定理　设有李代数 $\mathfrak{g} \subset \mathfrak{gl}(V)$ (V 是 $\boldsymbol{K}$ 上的一个有限维线性空间, 基域 $\boldsymbol{K}$ 是任意的). 若 $\mathfrak{g}$ 中的每一个元素都是幂零的线性变换, 则 V 中必定存在一个 $\boldsymbol{b} \neq 0$, 使得

$$x \cdot \boldsymbol{b} = 0, \quad \forall x \in \mathfrak{g}. \tag{7}$$

Lie 定理　设 $\mathfrak{g} \subset \mathfrak{gl}(V)$ 是一个可解李代数, V 是复数域 $\boldsymbol{C}$ 上的有限维线性空间, 则 V 中必定存在一个 $\boldsymbol{b} \neq 0$, 使得

$$x \cdot \boldsymbol{b} = \lambda(x) \cdot \boldsymbol{b}, \quad \forall x \in \mathfrak{g}. \tag{8}$$

亦即 $\boldsymbol{b}$ 是 $\mathfrak{g}$ 的一个公共特征向量.

在证明上述定理之前, 让我们先来推导它们的几个常用的推论.

推论 E_1 一如上述 Engel 定理之所设. 则在 V 中可以选取适当的一组基 $\{b_i; 1 \leqslant i \leqslant n\}$, 使得

$$x \cdot b_i \equiv 0 \quad (\mathrm{mod}\, b_1, \cdots, b_{i-1}), \quad 1 \leqslant i \leqslant n \tag{9}$$

恒成立, 亦即 x 的矩阵成对角线上全是零的上三角矩阵. 因此, $\mathfrak{g}$ 是一个幂零李代数.

证 我们将对 V 的维数 n 进行归纳论证, 亦即我们不妨假设上述推论 E_1 对于 $\dim V = n-1$ 的情形业已成立, 由此再证它对于 $\dim V = n$ 时也同样成立.

由 Engel 定理得知存在 $b_1 \neq 0$, 使得

$$x \cdot b_1 = 0, \quad \forall x \in \mathfrak{g}. \tag{10}$$

令

$$V^\# = V/\langle b_1 \rangle,$$

其中 $\langle b_1 \rangle$ 是由 b_1 张成的一维子空间. 于是 $\dim V^\# = n-1$. 不难看到 $\mathfrak{g}$ 中每个元素都诱导 $\mathfrak{gl}(V^\#)$ 中的一个元素 $x^\#$, 而且 $x^\#$ 显然也是幂零的. 用映射的图解表明, 即有

$$
\begin{array}{ccc}
V \xrightarrow{\ x\ } V & \qquad & \mathfrak{g} \longrightarrow \mathfrak{g}^\# \subset \mathfrak{gl}(V^\#) \\
\pi\downarrow \qquad \downarrow\pi & & \cup \qquad\quad \cup \\
V^\# \xrightarrow{\ x^\#\ } V^\# & & x \longrightarrow x^\#
\end{array}
$$

其中 $\pi : V \to V^\#$ 是由 V 到商空间 $V^\#$ 上的投影. 对于 $(\mathfrak{g}^\#, V^\#)$ 应用归纳假设, 即有 $V^\#$ 中一组基 $\{b_i^\#; 2 \leqslant i \leqslant n\}$, 使得

$$x^\# \cdot b_i^\# \equiv 0 \quad (\mathrm{mod}\, b_2^\#, \cdots, b_{i-1}^\#), \quad 2 \leqslant i \leqslant n. \tag{9$^\#$}$$

取 $b_i \in V$, 使 $\pi \cdot b_i = b_i^\#, 2 \leqslant i \leqslant n$, 则 $\{b_i; 1 \leqslant i \leqslant n\}$ 当然组成 V 的一组基, 而且由 (10) 和 ($9^\#$) 即得它们是满足 (9) 式的.

再者, 由例 $2'$ 即可看到 $\mathfrak{g}$ 是一个幂零李代数. $\qquad\square$

设 $\mathfrak{g}$ 是一个李代数, 对于 $\mathfrak{g}$ 中每个元素 x, 可定义 $\mathfrak{g}$ 的一个线性变换 $\mathrm{ad}\,x$ 为

$$\mathrm{ad}\,x(y) = [x, y], \quad \forall y \in \mathfrak{g}.$$

不难验证, $x \to \mathrm{ad}\,x$ 是 $\mathfrak{g}$ 到 $\mathfrak{gl}(\mathfrak{g})$ 中的一个同态, 即是以 $\mathfrak{g}$ 为空间的一个表示, 称为**伴随表示**.

推论 E_2 一个李代数 $\mathfrak{g}$ 是幂零的充要条件是: 对于每一个 $x \in \mathfrak{g}, \mathrm{ad}\,x$ 都是 $\mathfrak{g}$ 上的幂零线性变换.

证 设 $\mathfrak{g}$ 是幂零的, 亦即存在一个 n, 使得 $C^n\mathfrak{g} = \{0\}$, 因此, 对于任给 $x, y \in \mathfrak{g}$, 皆有

$$(\mathrm{ad}\,x)^{n-1}(y) \in C^n\mathfrak{g} = \{0\},$$

亦即

$$(\mathrm{ad}\,x)^{n-1} = 0,$$

$\mathrm{ad}\,x$ 是幂零线性变换.

反之, 设 $\forall x \in \mathfrak{g}, \mathrm{ad}\,x$ 都是幂零的, 则可对于李代数 $\mathrm{ad}\,\mathfrak{g}(\subset \mathfrak{gl}(\mathfrak{g}), \mathfrak{g}$ 在伴随表示下的像) 应用推论 E_1, 亦即把 V 取成 $\mathfrak{g}, \mathfrak{g}$ 则改取为

$$\mathrm{ad}\,\mathfrak{g} = \{\mathrm{ad}\,x; x \in \mathfrak{g}\},$$

就可以得出 $\mathfrak{g}$ 中的一串连环套

$$\{0\} \subset V_1 \subset V_2 \subset \cdots \subset V_n = \mathfrak{g}, \quad \dim V_i = i, \tag{11}$$

使得

$$[\mathfrak{g}, V_i] \subseteq V_{i-1}, \quad 1 \leqslant i \leqslant n. \tag{11'}$$

由此可见

$$\begin{aligned}
&C^2\mathfrak{g} = [\mathfrak{g}, \mathfrak{g}] \subseteq V_{n-1}, \\
&C^3\mathfrak{g} = [\mathfrak{g}, C^2\mathfrak{g}] \subseteq [\mathfrak{g}, V_{n-1}] \subseteq V_{n-2}, \\
&\quad\cdots\cdots\cdots\cdots \\
&C^{m+1}\mathfrak{g} = [\mathfrak{g}, C^m\mathfrak{g}] \subseteq [\mathfrak{g}, V_{n-m+1}] \subseteq V_{n-m}, \\
&\quad\cdots\cdots\cdots\cdots \\
&C^{n+1}\mathfrak{g} \subseteq V_0 = \{0\}.
\end{aligned} \tag{11''}$$

这就证明了 $\mathfrak{g}$ 是一个幂零李代数. ☐

推论 L_1 一如上述 Lie 定理之所设, 则在 V 中可以选取一组适当的基 $\{b_i; 1 \leqslant i \leqslant n\}$, 使得 $\mathfrak{g}$ 中每一个元素的矩阵都成上三角矩阵.

证 也是对于 $\dim V = n$ 作归纳论证. 其证法和推论 E_1 如出一辙, 留作习题. ☐

推论 L_2 一如上述 Lie 定理之所设, 则 $D\mathfrak{g} = [\mathfrak{g}, \mathfrak{g}]$ 乃是幂零的.

证 结合上述推论 L_1 和例 1, 即得 $D\mathfrak{g} = [\mathfrak{g}, \mathfrak{g}]$ 是如例 $2'$ 所描述的那种李代数, 当然是幂零的. ☐

现在让我们再来对 Engel 定理和 Lie 定理本身加以论证. 下面所采取的证法是对于 $\dim \mathfrak{g}$ 的一种归纳证法.

Lie 定理的证明

1) 由 $\mathfrak{g}$ 的可解性, 当然有 $\mathfrak{g} \subsetneq [\mathfrak{g},\mathfrak{g}]$. 取 $\mathfrak{g}$ 的子空间 $\mathfrak{g}_1 \supseteq D\mathfrak{g} = [\mathfrak{g},\mathfrak{g}]$, 且 $\dim \mathfrak{g}_1 = \dim \mathfrak{g} - 1$. 显然

$$[\mathfrak{g},\mathfrak{g}_1] \subseteq [\mathfrak{g},\mathfrak{g}] \subseteq \mathfrak{g}_1,$$

故 $\mathfrak{g}_1$ 是 $\mathfrak{g}$ 的理想. 当然 $\mathfrak{g}_1$ 是可解的. 将归纳法用于 $\mathfrak{g}_1$, 即可得 $\mathfrak{g}_1$ 中元素的公共特征向量. 亦即存在一个 $\boldsymbol{b} \neq 0$ ($\boldsymbol{b} \in V$) 和一个适当的 $\mathfrak{g}_1$ 上的线性函数 $\lambda : \mathfrak{g}_1 \to \mathbf{C}$, 使得

$$x \cdot \boldsymbol{b} = \lambda(x)\boldsymbol{b}, \quad \forall x \in \mathfrak{g}_1. \tag{8'}$$

令 W_λ 是 V 中所有满足 (8') 的向量所成的集合, 亦即

$$W_\lambda = \{\boldsymbol{v} \in V; x \cdot \boldsymbol{v} = \lambda(x)\boldsymbol{v}, \quad \forall x \in \mathfrak{g}_1\}. \tag{8''}$$

再者, 设 y 是 $\mathfrak{g}\backslash\mathfrak{g}_1$ 中的一任选元素, x 是 $\mathfrak{g}_1$ 中的一个任给元素. 因为 $\mathfrak{g}_1$ 是一个理想, 所以 $[y,x] \in \mathfrak{g}_1$. 本定理的证明之要点在于论证 $\lambda([y,x]) = 0$. 兹证之如下.

2) 设 $\boldsymbol{v}_0 \neq 0$ 是 W_λ 中的任一向量, 即有一正整数 l, 使得

$$\{y^j \cdot \boldsymbol{v}_0; 0 \leqslant j \leqslant l-1\} \tag{12}$$

线性无关, 但是

$$\{y^j \cdot \boldsymbol{v}_0; 0 \leqslant j \leqslant l\}$$

线性相关. 令 U 为以 (12) 为基的 l 维子空间. 它显然是 y-不变的. 再者, 不难归纳地证明

$$z \cdot (y^j \cdot \boldsymbol{v}_0) \equiv \lambda(z)y^j \cdot \boldsymbol{v}_0 \quad (\bmod \boldsymbol{v}_0, \cdots, y^{j-1} \cdot \boldsymbol{v}_0) \tag{13}$$

对于任何 $z \in \mathfrak{g}_1$ 都成立. 由此可见, U 也是 $\mathfrak{g}_1$-不变的, 而且由 (13) 立即得到

$$\mathrm{Tr}\,(z|U) = l\lambda(z). \tag{14}$$

令 $z = [y,x]$, 即得

$$\mathrm{Tr}\,([y,x]|U) = l \cdot \lambda([y,x]). \tag{14'}$$

但是由于 U 既是 y-不变的, 又是 x-不变的, 故

$$[y,x]|U = (y|U) \cdot (x|U) - (x|U) \cdot (y|U).$$

再由熟知的事实, $\mathrm{Tr}\,(AB) = \mathrm{Tr}\,(BA)$, 即得 $\mathrm{Tr}\,([y,x]|U) = 0$, 亦即

$$\mathrm{Tr}\,([y,x]|U) = l \cdot \lambda([y,x]) = 0. \tag{15}$$

因而
$$\lambda([y,x]) = 0.$$

3) 由 (8″) 和 $\lambda([y,x]) = 0$. 就可以说明 W_λ 是 y-不变的. 亦即对于任给 $\boldsymbol{v} \in W_\lambda, x \in \mathfrak{g}_1$, 有

$$\begin{aligned}
x \cdot (y \cdot \boldsymbol{v}) &= y \cdot (x \cdot \boldsymbol{v}) - [y,x] \cdot \boldsymbol{v} \\
&= \lambda(x) y \cdot \boldsymbol{v} - \lambda([y,x]) \cdot \boldsymbol{v} \\
&= \lambda(x) y \cdot \boldsymbol{v}.
\end{aligned} \tag{16}$$

因为基域 $\boldsymbol{K} = \boldsymbol{C}$, 所以 $y|W_\lambda$ 在 W_λ 中一定存在一个特征向量 $\boldsymbol{b}$. 容易看到, $\boldsymbol{b}$ 也就是 $\mathfrak{g}$ 中所有元素的公共特征向量, 因而 Lie 定理成立.　　□

Engel 定理的证明

本定理的证明也是对于 $\dim \mathfrak{g}$ 作归纳论证. 但是证明的要点是不同的. 在 Lie 定理的证明中, 由可解性很容易地就得出 $\mathfrak{g}$ 中一个低一维的理想 $\mathfrak{g}_1$ 的存在性. 但在 Engel 定理中, $\mathfrak{g}$ 的幂零性乃是结论, 并非假设. 所以这样一个低一维的理想的存在性其实就是整个论证的 "焦点". 再者, 请读者注意, 我们的归纳假设是上述 Engel 定理在 $\dim \mathfrak{g} \leqslant m - 1$ 时对于任何 V 都业已成立.

1) 设 $\dim \mathfrak{g} = m$. $\mathfrak{h}$ 是 $\mathfrak{g}$ 中一个任给的李子代数, 且 $0 < \dim \mathfrak{h} < m$. 令 $W = \mathfrak{g}/\mathfrak{h}$ (商空间). 则对于任给 $x \in \mathfrak{h}$, $\mathfrak{h}$ 当然是 $\operatorname{ad} x$-不变的. 所以存在唯一的 $x^\# : W \to W$, 使得下述图解可换:

$$\begin{array}{ccc}
\mathfrak{g} & \xrightarrow{\ \operatorname{ad} x\ } & \mathfrak{g} \\
\pi \downarrow & & \downarrow \pi \\
W & \xrightarrow{\ x^\#\ } & W
\end{array} \tag{17}$$

其中 $W = \mathfrak{g}/\mathfrak{h}, x \in \mathfrak{h}$. 再者, 令 L_x, R_x 是 $\mathfrak{gl}(V)$ 上的线性变换, 亦即

$$\begin{aligned}
L_x, R_x : \mathfrak{gl}(V) &\to \mathfrak{gl}(V), \\
L_x(y) &= x \cdot y, \\
R_x(y) &= y \cdot x.
\end{aligned} \tag{18}$$

则容易看到

$$\operatorname{ad} x = L_x - R_x, \quad L_x \cdot R_x = R_x \cdot L_x. \tag{19}$$

因为 $x \in \mathfrak{h} \subset \mathfrak{g} \subset \mathfrak{gl}(V)$, 由假设是幂零的, 所以 L_x 和 R_x 当然也是幂零的. 再者, 从 L_x 和 R_x 的可换性就可以证得 $\operatorname{ad} x = L_x - R_x$ 也是幂零的. 再用图解 (17)

即得 $x^\#$ 也是幂零的. 显然

$$\mathfrak{h}^\# = \{x^\#; x \in \mathfrak{h}\} \subset \mathfrak{gl}(W) \tag{20}$$

是一个李代数, 且 $\dim \mathfrak{h}^\# \leqslant \dim \mathfrak{h} < m$. 经过这样一番准备工作, 我们就可以对 $\mathfrak{h}^\#$ 应用归纳假设, 从而得

$$\{0\} \neq W_0 = \{\boldsymbol{w} \in W; x^\# \cdot \boldsymbol{w} = 0, \forall x^\# \in \mathfrak{h}^\#\}. \tag{21}$$

令 $\mathfrak{g}_1 = \pi^{-1}(W_0)$. 则不难验算 $\mathfrak{g}_1$ 也是 $\mathfrak{g}$ 中的一个李子代数, 且 $\dim \mathfrak{g}_1 > \dim \mathfrak{h}, [\mathfrak{g}_1, \mathfrak{h}] \subseteq \mathfrak{h}$. 亦即 $\mathfrak{h}$ 是 $\mathfrak{g}_1$ 的一个理想, 但是 $\mathfrak{g}_1$ 要比 $\mathfrak{h}$ 大一些!

2) 令 $\mathfrak{g}'$ 是 $\mathfrak{g}$ 中一个极大李子代数. 由 1) 得知 $\mathfrak{g}'$ 必定是一个比它大的李子代数的理想. 再由 $\mathfrak{g}'$ 的极大性即得这个比它大的李子代数只能是 $\mathfrak{g}$ 本身! 亦即 $\mathfrak{g}'$ 是 $\mathfrak{g}$ 的理想. 再者, 对任何 $y \in \mathfrak{g} \backslash \mathfrak{g}'$, 都有

$$[\mathfrak{g}' + \langle y \rangle, \mathfrak{g}' + \langle y \rangle] \subseteq \mathfrak{g}' + \langle y \rangle,$$

即 $\mathfrak{g}' + \langle y \rangle$ 是 $\mathfrak{g}$ 的李子代数. 由 $\mathfrak{g}'$ 的极大性知

$$\mathfrak{g}' + \langle y \rangle = \mathfrak{g},$$

即 $\dim \mathfrak{g}' = m - 1$. 对 $\mathfrak{g}'$ 用归纳假设, 即得

$$V_0 = \{\boldsymbol{v} \in V; x \cdot \boldsymbol{v} = 0, \forall x \in \mathfrak{g}'\} \neq \{0\}. \tag{21'}$$

容易验算 V_0 是 y-不变的. 即对 $\boldsymbol{v} \in V_0, x \in \mathfrak{g}'$, 因为有 $[x, y] \in \mathfrak{g}'$, 故有

$$x \cdot (y \cdot \boldsymbol{v}) = y \cdot (x \cdot \boldsymbol{v}) + [x, y]\boldsymbol{v} = 0. \tag{22}$$

但由假设知 y 是幂零的, 所以 $y|_{V_0}$ 当然也是幂零的. 因此在 V_0 中必定存在一个 y 的特征向量 $\boldsymbol{b}$, 亦即 $\boldsymbol{b} \neq 0$. 而 $y \cdot \boldsymbol{b} = 0$. 容易看到这个 $\boldsymbol{b}$ 就是本定理所要证明其存在性者, 亦即

$$x \cdot \boldsymbol{b} = 0, \quad \forall x \in \mathfrak{g}. \qquad \square$$

注意 Engel 定理对于任何基域 K 皆成立, 但是 Lie 定理是依赖于基域 K 的特征为 0, 而且是代数封闭的 (algebraically closed).

3. 可解性的 Cartan 检验

定理 1 设 V 是 K 上的有限维线性空间, K 的特征为 0. 则 $\mathfrak{gl}(V)$ 中的一个子代数 $\mathfrak{g}$ 是可解的充要条件是

$$\text{Tr}\,(x \cdot y) = 0, \quad \forall x \in \mathfrak{g}, y \in D\mathfrak{g}. \tag{23}$$

分析　1) 由于定理 1 中的可解性和条件 (23) 都是在基域的扩充之下保持不变的, 所以我们不妨假设 $K = C$ 来加以论证.

2) 设 $\mathfrak{g}$ 是可解的, $K = C$. 则可应用 Lie 定理的推论 1, 在 V 中选取适当的一组基 $\{b_i; 1 \leqslant i \leqslant n\}$, 使得 $\mathfrak{g}$ 中的任何元素 x 的矩阵都是一个上三角矩阵. 由此即得 $D\mathfrak{g}$ 中任何元素 y 的矩阵都是上三角矩阵且对角线上元素全取零值. 由此可见

$$\mathrm{Tr}\,(x \cdot y) = 0, \quad \forall x \in \mathfrak{g}, y \in D\mathfrak{g}.$$

换句话说, 定理 1 中条件 (23) 的必要性乃是 Lie 定理的直接推论.

3) 由 1), 2) 两点可以看到定理 1 的要点在于 (23) 式的充分性. 再者, 由推论 L_2, 可见充分性的证明就是要证明 $D\mathfrak{g}$ 是幂零的. 再者, 由 Engel 定理, $D\mathfrak{g}$ 的幂零性的证明又可以归结于 $D\mathfrak{g}$ 中每一个元素 y 的幂零性的论证. 这也就是我们即将着手论证定理 1 所采取的途径.

下面让我们把一些要用到的关于复线性变换的基本事实列述为引理.

引理 1　设 V 是一个复向量空间, $A \in \mathscr{L}(V; V)$, 则存在两个适当的多项式 $S_A(x)$ 和 $N_A(x)$, 满足下列条件:

1) $S_A(0) = N_A(0) = 0$, 亦即它们都不含常数项.

2) $A = S_A(A) + N_A(A)$, 亦即

$$S_A(x) + N_A(x) \equiv x \pmod{m_A(x)},$$

其中 $m_A(x)$ 是 A 的极小多项式.

3) $N_A(A)$ 是幂零的, 而 $S_A(A)$ 是半单的.

一个线性变换所谓半单即其极小多项式不含重根, 亦即其矩阵能够对角化.

4) 若另有 $A = S + N$, 其中 S 半单, N 幂零, 且 N 与 S 可换, 则必有

$$S = S_A(A), \quad N = N_A(A).$$

证　设 A 的极小多项式为

$$m_A(x) = \prod_{i=1}^{l}(x - \lambda_i)^{\alpha_i}, \tag{24}$$

其中 $\lambda_1, \lambda_2, \cdots, \lambda_l$ 是 A 的互异的特征根, 则有下述 V 的直和分解:

$$V = \bigoplus_{i=1}^{l} V_i, \quad V_i = \ker\,(A - \lambda_i I)^{\alpha_i}, \quad 1 \leqslant i \leqslant l. \tag{24'}$$

不难看到, 其中每个 V_i 都是 A-不变的, 而且

$$m_{A|V_i}(x) = (x - \lambda_i)^{\alpha_i}, \quad 1 \leqslant i \leqslant l.$$

对于每个 i $(1 \leqslant i \leqslant l)$, 令

$$f_i(x) = \frac{m_A(x)}{(x - \lambda_i)^{\alpha_i}} = \prod_{j \neq i}(x - \lambda_j)^{\alpha_j}. \tag{25}$$

若 $\lambda_i = 0$, 则令 $g_i(x) = 0$. 若 $\lambda_i \neq 0$, 则 $xf_i(x)$ 和 $(x - \lambda_i)^{\alpha_i}$ 互素, 所以存在一对适当的多项式 $g_i(x)$ 和 $h_i(x)$, 使得

$$g_i(x)xf_i(x) + h_i(x)(x - \lambda_i)^{\alpha_i} = \lambda_i. \tag{26}$$

令

$$S_A(x) = \sum_{i=1}^{l} g_i(x)xf_i(x), \quad N_A(x) = x - S_A(x), \tag{27}$$

则上述两个多项式 $S_A(x)$ 和 $N_A(x)$ 显然是满足条件 1) 与 2). 下面我们用上面的构造过程来验证 $S_A(A)$ 的半单性以及 $N_A(A)$ 的幂零性.

因为每一个 V_i 都是 A-不变的, 而 $S_A(A)$ 和 $N_A(A)$ 都是 A 的多项式, 所以每一个 V_i 自然也是 $S_A(A)$-不变的和 $N_A(A)$-不变的. 由此可见, 上述半单性和幂零性的证明都可以归结到每个 V_i 上逐一验证. 因此我们只要任取其中一个 i $(1 \leqslant i \leqslant l)$, 令 $A_i = A|V_i$ (把 A 局限到不变子空间 V_i 所得的线性变换), 则有

$$S_A(A)|V_i = S_A(A_i), \quad N_A(A)|V_i = N_A(A_i).$$

再者, 因为 $m_{A_i}(x) = (x - \lambda_i)^{\alpha_i}$, 而所有 $f_j(x)$ $(j \neq i)$ 都含有因式 $(x - \lambda_i)^{\alpha_i}$, 所以 $f_j(A_i) = 0, j \neq i$. 再以 A_i 代入 (27) 式中, 即得

$$\begin{aligned} S_A(A_i) &= \sum_{j=1}^{l} g_j(A_i) \cdot A_i \cdot f_j(A_i) \\ &= g_i(A_i)A_if_i(A_i) \end{aligned} \tag{27'}$$

(因为 $j \neq i$ 时上式的各项皆为零!). 再用 A_i 代入 (26) 式, 即得

$$g_i(A_i)A_if_i(A_i) + h_i(A_i) \cdot 0 = \lambda_i I_i, \tag{26'}$$

其中 I_i 为 V_i 的恒等变换. 由 (27') 和 (26') 即得

$$S_A(A_i) = \lambda_i I_i,$$

所以 $S_A(A_i)$ 是半单的. 再者

$$N_A(A_i) = A_i - S_A(A_i) = A_i - \lambda_i I_i.$$

因为 $(A_i - \lambda_i I_i)^{\alpha_i} = 0$, 所以 $(N_A(A_i))^{\alpha_i} = 0$, 亦即 $N_A(A_i)$ 是幂零的. 这就证明了 $S_A(A)$ 与 $N_A(A)$ 满足条件 3).

最后, 若 $A = S + N$ 如 4) 所设, 则 S, N 都与 A 可换, 因而也与 $S_A(A), N_A(A)$ 可换. 由此可知 $S - S_A(A) = N_A(A) - N$ 既半单又幂零, 因之必为零, 亦即

$$S = S_A(A), \quad N = N_A(A). \qquad \square$$

符号与术语　设 $A = S_A(A) + N_A(A)$, 称它为 A 的 **Jordan 分解**; $S_A(A)$ 称为 A 的**半单部分**, $N_A(A)$ 称为 A 的**幂零部分**. 今后将分别以符号 $s(A)$ 和 $n(A)$ 表示. 由上述引理知它们由 A 所唯一确定! 此外由引理立即可知 $S_A(x)$ 和 $N_A(x)$ 在 $\bmod m_A(x)$ 的意义之下是唯一存在的.

注　仿照上述引理的构造方式, 但是对于每一个 $\lambda_i \neq 0$, 我们改用另一对多项式 $\overline{g}_i(x)$ 和 $\overline{h}_i(x)$, 使得

$$\overline{g}_i(x) \cdot x \cdot f_i(x) + \overline{h}_i(x)(x - \lambda_i)^{\alpha_i} = \overline{\lambda}_i. \tag{26}$$

然后同样地令

$$\overline{S}_A(x) = \sum_{i=1}^{l} \overline{g}_i(x) x f_i(x), \tag{27}$$

则显然就有 $\overline{S}_A(0) = 0$, 而且对于每一个 i $(1 \leqslant i \leqslant l)$, 皆有

$$\overline{S}_A(A)|_{V_i} = \overline{S}_A(A_i) = \overline{\lambda}_i I_i. \tag{26'}$$

我们将用 $\overline{s}(A)$ 表示上述由 A 所唯一确定的 V 的半单线性变换.

引理 2　V 的线性变换 A 幂零的充要条件是

$$\mathrm{Tr}\,(A \cdot \overline{s}(A)) = 0. \tag{28}$$

证　不难从上述 $\overline{s}(A)$ 的定义看到

$$\begin{aligned}
\mathrm{Tr}\,(A \cdot \overline{s}(A)) &= \sum_{i=1}^{l} \dim V_i \cdot \lambda_i \overline{\lambda}_i \\
&= \sum_{i=1}^{l} \dim V_i \cdot |\lambda_i|^2,
\end{aligned} \tag{28'}$$

所以 $\mathrm{Tr}\,(A \cdot \overline{s}(A)) = 0$ 的充分必要条件是 $l = 1, \lambda_1 = 0$, 亦即 A 是幂零的. 　$\square$

引理 3 设 $u \in \mathscr{L}(V; V) = \mathfrak{gl}(V)$, 映射 $\operatorname{ad} u : \mathfrak{gl}(V) \to \mathfrak{gl}(V)$ 定义为

$$\operatorname{ad} u(x) = [u, x] = ux - xu, \quad \forall x \in \mathfrak{gl}(V),$$

则有

$$s(\operatorname{ad} u) = \operatorname{ad}(s(u)); \quad n(\operatorname{ad} u) = \operatorname{ad}(n(u));$$
$$\bar{s}(\operatorname{ad} u) = \operatorname{ad}(\bar{s}(u)). \tag{29}$$

证 从 $s(u), n(u)$ 的特征性质, 即 $s(u)$ 的半单性, $n(u)$ 的幂零性以及

$$u = s(u) + n(u); \quad s(u)n(u) = n(u)s(u) \tag{30}$$

出发, 由 "ad" 的定义, 易得

$$\operatorname{ad} u = \operatorname{ad}(s(u)) + \operatorname{ad}(n(u));$$
$$\operatorname{ad}(s(u))\operatorname{ad}(n(u)) = \operatorname{ad}(n(u))\operatorname{ad}(s(u)), \tag{30'}$$

且由 Engel 定理之证明中所指出 $\operatorname{ad}(n(u))$ 是幂零的 (见 (19) 式后). 再者, 设 $\{\boldsymbol{b}_i; 1 \leqslant i \leqslant n\}$ 是 V 中使得 $s(u)$ 成对角矩阵的基, 亦即

$$s(u) \cdot \boldsymbol{b}_i = \lambda_i \boldsymbol{b}_i, \quad 1 \leqslant i \leqslant n,$$

则有 $\mathscr{L}(V, V)$ 的基

$$\{e(\boldsymbol{b}_i, \boldsymbol{b}_j); 1 \leqslant i, j \leqslant n\},$$

其中 $e(\boldsymbol{b}_i, \boldsymbol{b}_j)$ 满足

$$e(\boldsymbol{b}_i, \boldsymbol{b}_j) \cdot \boldsymbol{b}_k = \delta_{ik} \cdot \boldsymbol{b}_j, \tag{31}$$

这里

$$\delta_{ik} = \begin{cases} 0, & \text{当 } i \neq k; \\ 1, & \text{当 } i = k. \end{cases}$$

显然有

$$\operatorname{ad}(s(u))(e(\boldsymbol{b}_i, \boldsymbol{b}_j)) = (\lambda_j - \lambda_i)e(\boldsymbol{b}_i, \boldsymbol{b}_j),$$

亦即 $e(\boldsymbol{b}_i, \boldsymbol{b}_j)$ 就是 $\operatorname{ad}(s(u))$ 的特征向量, 其特征值为 $\lambda_j - \lambda_i$. 因此由引理 1 之 Jordan 分解的唯一性即得

$$\operatorname{ad}(s(u)) = s(\operatorname{ad} u), \quad \operatorname{ad}(n(u)) = n(\operatorname{ad} u). \tag{32}$$

再者, 由 $\bar{s}(u)$ 的定义得知 $\bar{s}(u)\boldsymbol{b}_i = \bar{\lambda}_i \boldsymbol{b}_i, 1 \leqslant i \leqslant n$. 同样地有

$$\bar{s}(\operatorname{ad} u)e(\boldsymbol{b}_i, \boldsymbol{b}_j) = (\bar{\lambda}_j - \bar{\lambda}_i)e(\boldsymbol{b}_i, \boldsymbol{b}_j).$$

由此可见

$$\bar{s}(\operatorname{ad} u) = \operatorname{ad}(\bar{s}(u)).$$ □

定理 1 的证明   在分析 2), 3) 之中业已把定理 1 的证明归结到下述命题的论证:

条件 (23) $\Longrightarrow$ 任给 $u \in \mathrm{D}\mathfrak{g}$ 都是幂零的.

由引理 2 可见, 我们只要能够证明

$$\operatorname{Tr}(u \cdot \bar{s}(u)) = 0$$

就可以了. 由假设 $u \in \mathrm{D}\mathfrak{g}$, 亦即 u 可以表示成下述形式:

$$u = \sum c_i [x_i, y_i], \quad x_i, y_i \in \mathfrak{g}. \tag{33}$$

再者, 由熟知的恒等式 $\operatorname{Tr}(AB) = \operatorname{Tr}(BA)$, 就可以推导而得下面的

$$\begin{aligned}
\operatorname{Tr}([A, B]C) &= \operatorname{Tr}(ABC) - \operatorname{Tr}(BAC) \\
&= \operatorname{Tr}(BCA) - \operatorname{Tr}(BAC) \\
&= \operatorname{Tr}(B[C, A]).
\end{aligned} \tag{34}$$

由此可见, 对于任给 $u \in \mathrm{D}\mathfrak{g}$, 有

$$\begin{aligned}
\operatorname{Tr}(u \cdot \bar{s}(u)) &= \operatorname{Tr}\left(\sum c_i [x_i, y_i] \bar{s}(u)\right) \\
&= \sum c_i \operatorname{Tr} y_i [\bar{s}(u), x_i] \\
&= \sum c_i \operatorname{Tr} y_i (\operatorname{ad}(\bar{s}(u)) x_i).
\end{aligned} \tag{35}$$

再者, 由引理 3 和 $\operatorname{ad} u \cdot \mathfrak{g} \subseteq \mathrm{D}\mathfrak{g}$, 即得 $\operatorname{ad}(\bar{s}(u)) = \bar{s}(\operatorname{ad} u)$ 是 $\operatorname{ad} u$ 的一个不含常数项的多项式, 因而有

$$\operatorname{ad}(\bar{s}(u)) \cdot x_i = \bar{s}(\operatorname{ad} u) \cdot x_i \in \bar{s}(\operatorname{ad} u)\mathfrak{g} \subseteq \mathfrak{g}. \tag{36}$$

再用条件 (23) 即得 (35) 式右端的每一项都是零, 所以

$$\operatorname{Tr}(u \cdot \bar{s}(u)) = 0,$$

因而 u 幂零. 于是 $\mathrm{D}\mathfrak{g}$ 幂零, 从而 $\mathfrak{g}$ 是可解的.   □

4. 幂零线性李代数的素幂分解

对于一个单独的线性变换 $A \in \mathscr{L}(V, V)$ (基域 $\boldsymbol{K}$ 在本分节的讨论中是任意的), 设其极小多项式的质因式分解为

$$m_A(x) = \prod_{i=1}^{l} p_i(x)^{\alpha_i}, \tag{37}$$

其中 $p_i(x)$ $(1 \leqslant i \leqslant l)$ 在 $\boldsymbol{K}[x]$ 中不可约, 则线性空间 V 有相应的 A-不变分解:

$$V = \bigoplus_{i=1}^{l} V_i, \quad V_i = \ker\left(p_i(A)^{\alpha_i}\right). \tag{37'}$$

以上是线性代数中熟知的基本事实, 本分节将把它推广到幂零线性李代数的范围. 它就是下述定理:

定理 2　设 $\mathfrak{g} \subset \mathfrak{gl}(V) = \mathscr{L}(V, V)$ 是一个幂零的李子代数, 则必存在一个 V 的 $\mathfrak{g}$-不变的分解

$$V = \bigoplus_{i=1}^{l} V_i, \tag{38}$$

其中每个 V_i 都是 $\mathfrak{g}$-不变的, 而且对于任给 $A \in \mathfrak{g}, A_i = A|_{V_i}$ 的极小多项式只含有一种质因式, 亦即是素幂的 (primary).

术语　一个 A-不变的子空间 U, 若有 $m_{A|_U}(x)$ 是素幂的, 则称为素幂 A-不变子空间. 分解式 (38) 叫做幂零李代数 $\mathfrak{g}$ 的素幂分解.

证　本定理的证明要点如下:

设 A, B 是 $\mathfrak{g}$ 中任给两个元素, 而且

$$\begin{cases} m_A(x) = \prod_{i=1}^{l} p_i(x)^{\alpha_i}, & p_i(x) \text{ 是相异质因式}, 1 \leqslant i \leqslant l, \\ V = \bigoplus_{i=1}^{l} V_i, & V_i = \ker p_i(A)^{\alpha_i}. \end{cases} \tag{38'}$$

我们要证明每个 V_i 也都是 B-不变的. 为此设 $\boldsymbol{v}$ 是 V_i 中的一个任意给定的向量. 我们要加以论证的就是, 有正整数 N, 使得

$$p_i(A)^N (B \cdot \boldsymbol{v}) = 0.$$

其证明如下:

1) 先证下列即将用到的结合代数中的恒等式. 设 a 是一个结合代数 $\mathfrak{a}$ 中的任一元素. 令

$$\mathrm{ad}\, a : \mathfrak{a} \to \mathfrak{a},$$

$$\mathrm{ad}\, a(b) = [a, b] = ab - ba. \tag{39}$$

因为

$$\begin{aligned}
\mathrm{ad}\, a(bc) &= abc - bca \\
&= (ab - ba)c + b(ac - ca) \\
&= \mathrm{ad}\, a(b) \cdot c + b \cdot \mathrm{ad}\, a(c),
\end{aligned} \tag{39$'$}$$

所以在形式上可以把 $\mathrm{ad}\, a$ 看成是一种 "求导运算". 因此在这里也就采用下述简写符号:

$$\begin{cases} 用\ [*]' \ 表示\ \mathrm{ad}\, a[*], \\ 用\ [*]^{(k)} \ 表示\ (\mathrm{ad}\, a)^k[*]. \end{cases} \tag{39$''$}$$

不难用归纳法验证下述恒等式

$$a^k b = ba^k + \binom{k}{1} b' a^{k-1} + \binom{k}{2} b'' a^{k-2} + \cdots + b^{(k)}. \tag{40$_k$}$$

当 $k = 1$ 时, 上式也就是 $b' = [a, b]$ 的定义式:

$$ab = ba + b'.$$

再者, 设 $(40)_k$ 业已成立, 则有

$$\begin{aligned}
a^{k+1} b = a(a^k b) &= (a^k \cdot b) \cdot a + (a^k b)' \\
&= \left(ba^k + \binom{k}{1} b' a^{k-1} + \binom{k}{2} b'' a^{k-2} + \cdots + b^{(k)} \right) \cdot a \\
&\quad + \left(ba^k + \binom{k}{1} b' a^{k-1} + \binom{k}{2} b'' a^{k-2} + \cdots + b^{(k)} \right)' \\
&= ba^{k+1} + \binom{k+1}{1} b' a^k + \binom{k+1}{2} b'' a^{k-1} + \cdots + b^{(k+1)}. \tag{40$_{k+1}$}
\end{aligned}$$

我们还可以把上述恒等式推广成下述形式

$$f(a)b = bf(a) + b' \cdot f'(a) + b'' \cdot \frac{f''(a)}{2!} + \cdots + b^{(k)} \cdot \frac{f^{(k)}(a)}{k!}, \tag{41}$$

其中 $f(x)$ 是一个任给的 k 次多项式 (请读者自证).

2) 因为 $\mathfrak{g}$ 是幂零的, 所以存在一个 m, 使得

$$(\mathrm{ad}\, A)^{m+1} B = B^{(m+1)} = 0. \tag{42}$$

取 $N = m + \alpha_i, f(x) = p_i(x)^N$, 并以 $a = A, b = B$ 代入 (41) 式, 即有

$$f(A) \cdot B = B \cdot f(A) + B' \cdot f'(A) + B'' \cdot \frac{f''(A)}{2!} + \cdots + B^{(m)} \cdot \frac{f^{(m)}(A)}{m!} \tag{43}$$

(因为 $B^{(m+1)} = 0$, 可以知道它以后的各项皆为零).

在微积分中一个熟知的事实是

$$f^{(j)}(x) = \left(\frac{\mathrm{d}}{\mathrm{d}x}\right)^j [p_i(x)^N] = p_i(x)^{(N-j)} \cdot \{\cdots\}, \tag{44}$$

因此, 当 $j \leqslant m$ 时, $f^{(j)}(x)$ 中所含的 $p_i(x)$ 因式的个数 $\geqslant \alpha_i$, 所以有

$$f^{(j)}(A)\boldsymbol{v} = 0, \tag{45}$$

这是因为 $p_i(A)^{\alpha_i} \cdot \boldsymbol{v} = 0$ 之故. 这也就证明了

$$\begin{aligned}
p_i(A)^N \cdot B\boldsymbol{v} &= f(A) \cdot B\boldsymbol{v} \\
&= \left(Bf(A) + B'f'(A) + \cdots + B^{(m)}\frac{f^{(m)}(A)}{m!}\right)\boldsymbol{v} \\
&= B \cdot f(A)\boldsymbol{v} + B' \cdot f'(A)\boldsymbol{v} + \cdots + \frac{B^{(m)}}{m!} \cdot f^{(m)}(A)\boldsymbol{v} \\
&= 0,
\end{aligned} \tag{46}$$

亦即 $B \cdot \boldsymbol{v} \in V_i$. 但是 $\boldsymbol{v}$ 是 V_i 中的任给向量, 所以 V_i 是 B-不变的.

3) 我们再对 $\dim V$ 作归纳, 就可以证明定理 2 是成立的. $\qquad\square$

§2 半单性和完全可约性

1. 定义与术语

1) 对于一个给定的李代数 $\mathfrak{g}$, 设 $\mathfrak{a}, \mathfrak{b}$ 是它的两个可解理想, 则容易看到 $\mathfrak{a}+\mathfrak{b}$ 也是它的一个可解理想. 由此可见, $\mathfrak{g}$ 中存在着一个唯一的**极大可解理想** $\mathfrak{r}$, 它是 $\mathfrak{g}$ 中所有可解理想的和, 叫做李代数 $\mathfrak{g}$ 的**根基** (radical).

2) 若李代数 $\mathfrak{g}$ 的根基 $\mathfrak{r} = \{0\}$, 则称李代数 $\mathfrak{g}$ 为**半单李代数** (semisimple Lie algebra).

3) 所谓李代数 $\mathfrak{g}$ 的一个**线性表示**, 也就是李代数 $\mathfrak{g}$ 到 $\mathfrak{gl}(V)$ 中的一个李代数同态:

$$\varphi : \mathfrak{g} \to \mathfrak{gl}(V), \tag{47}$$

亦即, φ 是线性映射, 且满足

$$\varphi([x,y]) = \varphi(x)\varphi(y) - \varphi(y)\varphi(x), \quad \forall x, y \in \mathfrak{g}.$$

它把 $\mathfrak{g}$ 中元素表示成 V 上线性变换.

再者, 线性空间 V 上的一个 **$\mathfrak{g}$-模结构**, 也就是 $\mathfrak{g} \times V$ 到 V 的一个双线性映射:

$$\begin{cases} \mathfrak{g} \times V \to V, (x, v) \to x \cdot v, \text{ 且满足} \\ [x,y] \cdot v = x \cdot (y \cdot v) - y \cdot (x \cdot v), \quad \forall x, y \in \mathfrak{g}, v \in V. \end{cases} \tag{47'}$$

不难看出, $\mathfrak{g}$ 在 V 上的线性表示和 V 上的 $\mathfrak{g}$-模结构其实是同一事物的两种描述法 (参看第一章中所讨论的群的线性表示).

4) 设线性空间 V 上业已给定了一个 $\mathfrak{g}$-模结构 (按通常的说法就是: 设 V 是一个 $\mathfrak{g}$-模), 又设 U 是 V 中一个线性子空间. 若有

$$\mathfrak{g} \cdot U = \left\{ \sum x_i \boldsymbol{u}_i; x_i \in \mathfrak{g}, \boldsymbol{u}_i \in U \right\} \subseteq U, \tag{48}$$

则称 U 为 V 的一个子 $\mathfrak{g}$-模.

再者, 如果一个 $\mathfrak{g}$-模 V 中除了两个显然的子 $\mathfrak{g}$-模 $\{0\}$ 与 V 本身之外, 不再含其他的子 $\mathfrak{g}$-模, 则称为一个**单 $\mathfrak{g}$-模** (simple $\mathfrak{g}$-module).

5) 设 $\{V_i; 1 \leqslant i \leqslant l\}$ 是 l 个给定的 $\mathfrak{g}$-模, 则在直和空间

$$\bigoplus_{i=1}^{l} V_i$$

上有下面自然的 $\mathfrak{g}$-模结构, 亦即

$$\begin{cases} x \cdot (\boldsymbol{v}_1, \boldsymbol{v}_2, \cdots, \boldsymbol{v}_l) = (x \cdot \boldsymbol{v}_1, x \cdot \boldsymbol{v}_2, \cdots, x \cdot \boldsymbol{v}_l), \\ x \in \mathfrak{g}, \boldsymbol{v}_i \in V_i, 1 \leqslant i \leqslant l, \end{cases} \tag{49}$$

我们称此 $\mathfrak{g}$-模为 $\mathfrak{g}$-模 V_i $(1 \leqslant i \leqslant l)$ 的**直和 $\mathfrak{g}$-模**.

如果一个 $\mathfrak{g}$-模 V 能够分解成若干单子 $\mathfrak{g}$-模的直和, 亦即存在分解

$$V = \bigoplus_{i=1}^{l} V_i, \tag{50}$$

其中 V_i 都是 V 的单子 $\mathfrak{g}$-模, 则称 V 为一个**半单 $\mathfrak{g}$-模** (semisimple $\mathfrak{g}$-module).

6) 设 $\varphi : \mathfrak{g} \to \mathfrak{gl}(V)$ 是 $\mathfrak{g}$ 的一个线性表示. 如果其所相应的 V 上的 $\mathfrak{g}$-模结构是单的, 则称 φ 为 $\mathfrak{g}$ 的**不可约表示**.

再者, 如果 V 上的相应的 $\mathfrak{g}$-模结构是半单的, 则称 φ 为 $\mathfrak{g}$ 的**完全可约表示** (completely reducible representation).

7) 设 V 是一个给定的 $\mathfrak{g}$-模, 则在 V 的对偶空间 V^* 上可以自然地定义一个 $\mathfrak{g}$-模结构, 使得

$$\langle x \cdot f, v \rangle = -\langle f, x \cdot v \rangle \tag{51}$$

对于任给的 $x \in \mathfrak{g}, v \in V, f \in V^*$ 恒成立.

再者, 设 V 和 W 是两个给定的 $\mathfrak{g}$-模, 则在张量积 $V \otimes W$ 上可以自然地定义下述相应的 $\mathfrak{g}$-模结构:

$$x(v \otimes w) = x \cdot v \otimes w + v \otimes x \cdot w \tag{52}$$

对任何 $x \in \mathfrak{g}, v \in V, w \in W$ 恒成立.

8) 设 V, W 是两个给定的 $\mathfrak{g}$-模, 一个线性映射

$$A : V \to W$$

若满足

$$A(x \cdot v) = x \cdot Av, \quad \forall x \in \mathfrak{g}, v \in V,$$

则称 A 为一个 $\mathfrak{g}$-模同态.

A 为 V 到 W 的 $\mathfrak{g}$-模同态, 即有下面的交换图.

再者, 我们也可以在 $\mathscr{L}(V;W)$ 上定义一个相应的 $\mathfrak{g}$-模结构, 即对于 $\mathscr{L}(V;W)$ 中任给元素 A 和 $\mathfrak{g}$ 中的任给元素 x, 用下述公式来定义 $x \cdot A$:

$$(x \cdot A)v = x \cdot (Av) - A(x \cdot v), \quad \forall v \in V. \tag{53}$$

从上面所定义的 $\mathscr{L}(V;W)$ 上的 $\mathfrak{g}$-模结构来看, $A \in \mathscr{L}(V;W)$ 是一个 $\mathfrak{g}$-模同态的条件也就是

$$x \cdot A = 0, \quad \forall x \in \mathfrak{g}.$$

2. 半单性的 Cartan 检验和 Weyl 定理

定理 3　当基域 K 的特征数为零时, 一个 K 上的李代数 $\mathfrak{g}$ 是半单的充要条件是它的 Killing 型

$$B(x,y) = \mathrm{Tr}\, \mathrm{ad}\, x \cdot \mathrm{ad}\, y \tag{54}$$

是非退化的.

证　必要性. 设 $\mathfrak{g}$ 为半单李代数. 令 $\mathfrak{a}$ 为下述 $\mathfrak{g}$ 的线性子空间:

$$\mathfrak{a} = \{x \in \mathfrak{g}; B(x, y) = 0, \forall y \in \mathfrak{g}\}.$$

由 $B(x, y)$ 的熟知的基本性质

$$B([z, x], y) + B(x, [z, y]) = 0 \tag{55}$$

易于验证 $\mathfrak{a}$ 是 $\mathfrak{g}$ 的一个理想, 且包含 $\mathfrak{g}$ 的中心 $\mathfrak{c}$. 我们将定理 1 应用于 $\mathrm{ad}\,_{\mathfrak{g}}\mathfrak{a} = \{\mathrm{ad}\,x, x \in \mathfrak{a}\} \subset \mathfrak{gl}(\mathfrak{g})$, 即得 $\mathrm{ad}\,_{\mathfrak{g}}\mathfrak{a}$ 是可解的. 又

$$\mathrm{ad}\,_{\mathfrak{g}}\mathfrak{a} \cong \mathfrak{a}/\mathfrak{c},$$

$\mathfrak{c}$ 是可换的, 自然是可解的, 故 $\mathfrak{a}$ 是可解的 (参看本章的习题 2). 由于 $\mathfrak{g}$ 是半单的, 故 $\mathfrak{a} = \{0\}$. 这也就是说, $\mathfrak{g}$ 的 Killing 型 $B(x, y)$ 是一个非退化的对称双线性型.

充分性. 我们只要证明当 $\mathfrak{g}$ 是非半单的, 其 Killing 型 $B(x, y)$ 必定是退化的. 设 $\mathfrak{g}$ 是非半单的, 则 $\mathfrak{g}$ 中必定存在一个非零的可换理想 $\mathfrak{a}$ (参看本章的习题 5). 令 x, y 分别是 $\mathfrak{a}, \mathfrak{g}$ 中任取的元素. 令

$$A = \mathrm{ad}\,x \cdot \mathrm{ad}\,y \in \mathscr{L}(\mathfrak{g}, \mathfrak{g}),$$

则有

$$A \cdot \mathfrak{g} \subseteq \mathfrak{a}, \quad A \cdot \mathfrak{a} = 0. \tag{56}$$

因而

$$A^2 = 0.$$

从而

$$B(x, y) = \mathrm{Tr}\,A = 0.$$

这也就说明了 $B(x, y)$ 是退化的.　　　　　　　　　□

推论 1　设 $\mathfrak{g}$ 是一个半单李代数, $\mathfrak{a}$ 是 $\mathfrak{g}$ 中的一个理想, 则

$$\mathfrak{a}^{\perp} = \{x \in \mathfrak{g}; B(x, y) = 0, \forall y \in \mathfrak{a}\} \tag{57}$$

也是 $\mathfrak{g}$ 的一个理想, 而且

$$\mathfrak{g} = \mathfrak{a} \oplus \mathfrak{a}^{\perp}.$$

证　由 $B(x, y)$ 的基本性质

$$B([z, x], y) + B(x, [z, y]) = 0$$

立即就可以验证

$$[\mathfrak{a}, \mathfrak{g}] \subseteq \mathfrak{a} \Longrightarrow [\mathfrak{a}^\perp, \mathfrak{g}] \subseteq \mathfrak{a}^\perp, \tag{58}$$

所以 $\mathfrak{a}^\perp$ 也是一个理想. 再者, 由定理 1 可以看出 $\mathfrak{a} \bigcap \mathfrak{a}^\perp$ 是可解的, 因此由 $\mathfrak{g}$ 的半单性即可得到

$$\mathfrak{a} \bigcap \mathfrak{a}^\perp = \{0\}.$$

由线性代数理论立即得到

$$\mathfrak{g} = \mathfrak{a} \oplus \mathfrak{a}^\perp. \qquad\qquad \square$$

推论 2   任何一个半单李代数 $\mathfrak{g}$ 都可以分解成单李代数的直和, 亦即

$$\mathfrak{g} = \bigoplus_{i=1}^{l} \mathfrak{g}_i, \tag{59}$$

其中每个 $\mathfrak{g}_i$ 不含任何非平凡的理想. 而且除次序外, 这种分解是唯一的. 同时有

$$[\mathfrak{g}_i, \mathfrak{g}_i] = \mathfrak{g}_i,$$
$$[\mathfrak{g}_i, \mathfrak{g}_j] = \{0\}, \quad i \neq j,$$
$$[\mathfrak{g}, \mathfrak{g}] = \mathfrak{g}.$$

这个推论的证明是容易的, 读者试自行证明.

下面转而讨论半单李代数的线性表示的完全可约性.

Weyl 定理   设 $\mathfrak{g}$ 是一个半单李代数, 则 $\mathfrak{g}$ 的任何线性表示都是完全可约的.

换言之, 任何 $\mathfrak{g}$-模都是半单的.

分析   1) 我们所要证明的, 也就是当 V 是 $\mathfrak{g}$-模 W 的任意一个子 $\mathfrak{g}$-模时, 在 W 中总是会有 V 的一个补子 $\mathfrak{g}$-模 V', 使得

$$W = V \oplus V'.$$

用模同态的观点来说, 也就是对于任意给定的一个嵌入 $\mathfrak{g}$-模同态

$$i : V \to W,$$

恒存在一个 $\mathfrak{g}$-模满同态 $\pi : W \to V$, 使得

$$\pi \circ i = I_V, \tag{60}$$

I_V 就是 V 上的恒等映射, 即下图为交换图.

事实上, 当 $W = V \oplus V'$ 时, 就可以取 π 为 W 到 V 上的投影. 反之, 若 (60) 成立, 则 $V' = \ker(\pi)$ 也就是与 V 互补的子 $\mathfrak{g}$-模.

2) 设 V 是 W 中的一个给定的子 $\mathfrak{g}$-模, 则 $\mathscr{L}(W, V)$ 上有相应的 $\mathfrak{g}$-模结构 (参看本节 1. 之 8)).

再者, 如果令

$$\begin{cases} E_0 = \{A \in \mathscr{L}(W, V), A|_V = 0\}, \\ E_1 = \{A \in \mathscr{L}(W, V), A|_V = \lambda I_V, \lambda \in \boldsymbol{K}\}, \end{cases} \tag{61}$$

那么, 容易看到 $E_0 \subseteq E_1$, 且它们都是 $\mathscr{L}(W, V)$ 中之子 $\mathfrak{g}$-模. 注意到, $\forall A \in E_1, x \in \mathfrak{g}, \boldsymbol{v} \in V$, 有 $x \cdot \boldsymbol{v} \in V$, 从而

$$(xA)\boldsymbol{v} = x(A\boldsymbol{v}) - A(x \cdot \boldsymbol{v}) = \lambda(x \cdot \boldsymbol{v}) - \lambda(x \cdot \boldsymbol{v}) = 0,$$

即 $\forall x \in \mathfrak{g}, xE_1 \subseteq E_0$. 从而有

$$E_1/E_0 \cong \boldsymbol{K}.$$

$\boldsymbol{K}$ 作为 $\mathfrak{g}$-模, $\mathfrak{g}$ 在 $\boldsymbol{K}$ 上的乘法是恒等于零的.

由此可见, 我们在分析 1) 中所要求的 $\mathfrak{g}$-模同态 π 就是 E_1 中存在满足下列条件的元素:

$$\begin{cases} x \cdot \pi = 0, \ \forall x \in \mathfrak{g}, \\ \pi|_V = I_V \end{cases} \tag{62}$$

(请参看本节 1. 之 8) 关于 $\mathscr{L}(W, V)$ 上相应 $\mathfrak{g}$-模结构的定义).

这样, 就可以把分析 1) 中所要论证的那种 $\mathfrak{g}$-模同态的存在性归结到下列特殊情形来加以论证, 亦即在 V 是 W 中的一个低一维的子 $\mathfrak{g}$-模的这种情况, 去证明一个由 W 到 V 的 $\mathfrak{g}$-模满同态 $\pi : W \to V$ 的存在性.

证 1) 设 V 是 W 中的一个低一维的子 $\mathfrak{g}$-模, 而且 V 是一个单 $\mathfrak{g}$-模. 我们不妨假设相应的线性表示 $\phi : \mathfrak{g} \to \mathfrak{gl}(V)$ 是一个 $\mathfrak{g}$ 到 $\mathfrak{gl}(V)$ 中的嵌入. 在这种特别简化了的情况之下, 我们能够证明

$$B_\phi(x, y) = \operatorname{Tr}(\phi(x)\phi(y)), \quad x, y \in \mathfrak{g} \tag{63}$$

是 $\mathfrak{g}$ 上的一个非退化的对称双线性型 (其证明和定理 2 的必要性的论证是同样的).

此外, 从 $\mathfrak{g}$-模的观点来看, $\mathfrak{g}$ 本身和 $\mathscr{L}(V,V)$ 都具有下述自然的 $\mathfrak{g}$-模结构

$$\begin{cases} \mathfrak{g} \times \mathfrak{g} \xrightarrow{\;\text{“·”}\;} \mathfrak{g}, x \cdot y := [x,y], \\ \mathfrak{g} \times \mathscr{L}(V,V) \xrightarrow{\;\text{“·”}\;} \mathscr{L}(V,V), \quad x \cdot A := \phi(x)A - A\phi(x), \end{cases} \tag{64}$$

这里符号 "$:=$" 表示 "定义为".

上面 (63) 式所定义的双线性型 $B_\phi(x,y)$ 满足下面的关系:

$$B_\phi(z \cdot x, y) + B_\phi(x, z \cdot y) \equiv 0, \quad \forall x,y,z \in \mathfrak{g}. \tag{65}$$

设 $\dim\mathfrak{g} = m, \{e_i; 1 \leqslant i \leqslant m\}$ 是 $\mathfrak{g}$ 中任选的一组基, $\{f_j; 1 \leqslant j \leqslant m\}$ 是关于 B_ϕ 的对偶基, 即这两组基满足下述关系

$$B_\phi(e_i, f_j) = \delta_{ij}, \quad 1 \leqslant i,j \leqslant m. \tag{66}$$

对于 $\mathfrak{g}$ 中的任给元素 x, 设有

$$\begin{cases} x \cdot e_i = \displaystyle\sum_{j=1}^{m} \xi_{ji} e_j, \\ x \cdot f_i = \displaystyle\sum_{j=1}^{m} \xi'_{ji} f_j, \end{cases} \tag{67}$$

则有

$$\xi_{ji} = B_\phi(x \cdot e_i, f_j) = -B_\phi(e_i, x \cdot f_j) = -\xi'_{ij}.$$

再者, 相应于 W 的 $\mathfrak{g}$-模结构, 即有李代数的同态

$$\rho : \mathfrak{g} \to \mathscr{L}(W,W), \tag{68}$$

并有 $\mathscr{L}(W;W)$ 上的 $\mathfrak{g}$-模结构

$$\begin{cases} \mathfrak{g} \times \mathscr{L}(W;W) \xrightarrow{\;\text{“·”}\;} \mathscr{L}(W;W), \\ x \cdot B = \rho(x)B - B\rho(x). \end{cases} \tag{69}$$

因为 V 是 W 中的低一维的子 $\mathfrak{g}$-模, 而且由 $\mathfrak{g}$ 的半单性, 可知

$$\mathfrak{g} = [\mathfrak{g}, \mathfrak{g}].$$

容易看到

$$\phi(x) = \rho(x)|_V, \quad \forall x \in \mathfrak{g}, \tag{70}$$

而且一维商 $\mathfrak{g}$-模 W/V 上的 $\mathfrak{g}$-模结构是平凡的. 由此立即可得

$$\rho(x)W \subseteq V, \quad \forall x \in \mathfrak{g}. \tag{71}$$

现在让我们考虑 $\mathscr{L}(W;W)$ 中的下述元素:

$$A = \sum_{i=1}^{m} \rho(e_i)\rho(f_i). \tag{72}$$

我们称 A 为表示 ρ 的 Casimir 元素. 设 x 是一个任给元素, 我们要从 $\mathscr{L}(W;W)$ 上的 $\mathfrak{g}$-模结构来考查 $x \cdot A =$? 在下面的计算中, 我们将用到 $\mathscr{L}(W;W)$ 上 $\mathfrak{g}$-模结构的下面的基本性质 (其证明是非常简单的):

$$\begin{cases} x \cdot (A_1 A_2) = (x \cdot A_1)A_2 + A_1(x \cdot A_2), \quad \forall x \in \mathfrak{g}, A_1, A_2 \in \mathscr{L}(W;W), \\ x \cdot \rho(y) = \rho(x)\rho(y) - \rho(y)\rho(x) = \rho(x \cdot y), \quad \forall x, y \in \mathfrak{g}. \end{cases} \tag{73}$$

运用 (67),(72) 和 (73) 式即得

$$\begin{aligned} x \cdot A &= \sum_{i=1}^{m} (x \cdot \rho(e_i))\rho(f_i) + \sum_{i=1}^{m} \rho(e_i)(x \cdot \rho(f_i)) \\ &= \sum_{i=1}^{m} \rho(x \cdot e_i)\rho(f_i) + \sum_{i=1}^{m} \rho(e_i)\rho(x \cdot f_i) \\ &= \sum_{i=1}^{m} \left(\sum_{j=1}^{m} \xi_{ji}\rho(e_j) \right) \rho(f_i) + \sum_{i=1}^{m} \rho(e_i) \left(\sum_{j=1}^{m} \xi'_{ji}\rho(f_j) \right) \\ &= \sum_{i,j=1}^{m} \xi_{ji}\rho(e_j)\rho(f_i) + \sum_{i,j=1}^{m} \xi'_{ji}\rho(e_i)\rho(f_j) \\ &= 0. \end{aligned} \tag{74}$$

换句话说, $A \in \mathscr{L}(W,W)$, $A \cdot W \subseteq V$ 乃是一个 $\mathfrak{g}$-模同态! 再者,

$$A|_V = \sum_{i=1}^{m} (\rho(e_i)|_V)(\rho(f_i)|_V) = \sum_{i=1}^{m} \phi(e_i)\phi(f_i).$$

因而有

$$\mathrm{Tr}\,(A|_V) = \sum_{i=1}^{m} \mathrm{Tr}\,(\phi(e_i)\phi(f_i)) = \sum_{i=1}^{m} \delta_{ii} = m. \tag{75}$$

所以 $A|_V \neq 0$. 再由 V 是单 $\mathfrak{g}$-模的假设, 得知 $AV = V$. 亦即 $A : W \to V$ 是一个 $\mathfrak{g}$-模满同态. 所以

$$W = V \oplus \ker(A), \quad \ker(A) \cong \mathbf{K}$$

是一个 W 的 $\mathfrak{g}$-模直和分解, 这里 $\ker(A)$ 是一维的平凡的 $\mathfrak{g}$-模.

2) 接着, 让我们把 1) 中所证的结果推广到一般情形, 即不妨假设 V 为单 $\mathfrak{g}$-模的情形. 换句话说, 我们现在要证明下面的命题:

设 V 是 W 的一个低一维 $\mathfrak{g}$-模, 则 W 中必定存在一个与 V 互补的一维平凡 $\mathfrak{g}$-模. 亦即

$$W = V \oplus \boldsymbol{K}.$$

我们可以对于 $\dim V$ 实行归纳论证. 亦即由假设上述命题对于所有满足 $\dim V \leqslant m-1$ 之 V 业已成立, 去论证它对于 $\dim V = m$ 时也同样成立. 其证明如下:

若 V 是一个单 $\mathfrak{g}$-模, 则在上述 1) 中业已证明. 所以我们只需要对 V 是非单 $\mathfrak{g}$-模的情形加以论证. 设 V_1 是 V 中的一个子 $\mathfrak{g}$-模, 故有 $\dim V > \dim V_1 > 0$. 我们可以考虑下述商 $\mathfrak{g}$-模及其子 $\mathfrak{g}$-模

$$
\begin{array}{ccc}
V & \subset & W \\
\pi \big\downarrow & & \big\downarrow \pi \\
V/V_1 & \subset & W/V_1
\end{array}
\tag{76}
$$

显然, 我们有

$$\dim(V/V_1) = \dim V - \dim V_1 < \dim V$$

及

$$
\begin{aligned}
\dim(V/V_1) &= \dim V - \dim V_1 = \dim W - 1 - \dim V_1 \\
&= \dim(W/V_1) - 1.
\end{aligned}
$$

因而, 我们可以对于 $V/V_1 \subset W/V_1$ 应用归纳假设, 即可以得到 W/V_1 中的一个与 V/V_1 互补的一维平凡 $\mathfrak{g}$-模 $\boldsymbol{K}$ ($\subseteq W/V_1$). 现令

$$W_1 = \pi^{-1}(\boldsymbol{K}),$$

则有

$$V_1 \subset W_1, \quad W_1/V_1 \cong \boldsymbol{K}.$$

所以我们又可以对于 $V_1 \subset W_1$ 再次应用归纳假设, 即得 W_1 中的一个与 V_1 互补的一维平凡子 $\mathfrak{g}$-模. 容易看出, 它也是 W 中与 V 互补的一维平凡子 $\mathfrak{g}$-模.

3) 现在我们将 2) 中所证的结果应用到分析 2) 中的情形: $E_0 \subset E_1$, 即得 E_1 中一个与 E_0 互补的一维平凡 $\mathfrak{g}$-模. 在其中任取一非零元素 A, 由 E_1 的定义, 有

$$
\begin{cases}
x \cdot A = 0, \forall x \in \mathfrak{g} \text{ 当且仅当 } A \text{ 是 } \mathfrak{g}\text{-模同态}, \\
A|_V = \lambda(A) I_V, A \notin E_0, \text{ 则 } \lambda(A) \neq 0.
\end{cases}
\tag{77}
$$

由此可见,

$$\pi = \frac{1}{\lambda(A)}A$$

就是所要证明其存在性的那个 $\mathfrak{g}$-模同态, 即 $\pi : W \to V, \pi|_V = I_V$. 由此即知, $\ker \pi = V'$ 就是 W 中与 V' 互补的子 $\mathfrak{g}$-模, 亦即

$$W = V \oplus V'.$$

由此就可以直截了当地对 $\mathfrak{g}$-模 W 继续作直和分解, 直到直和中的每一个分量都是不可约的 (亦即单 $\mathfrak{g}$-模). □

上述的 Weyl 定理说明, 由一个李代数 $\mathfrak{g}$ 的半单性推论得出它的任何线性表示的完全可约性. 当然我们还可以反过来分析一下: 设一个线性李代数 $\mathfrak{g} \subseteq \mathfrak{gl}(V)$, 使得 $\mathfrak{g} \times V \to V$ 是一个半单 $\mathfrak{g}$-模, 那么, $\mathfrak{g}$ 本身的结构是否也因而具有某种制约?

定理 4　设基域 $K = \mathbf{C}, \mathfrak{g} \subseteq \mathfrak{gl}(V)$ 是一个线性李代数. 若 $\mathfrak{g} \times V \to V$ 是一个半单 $\mathfrak{g}$-模, 则

$$\mathfrak{g} = \mathrm{C}(\mathfrak{g}) \oplus \mathfrak{g}',$$

其中 $\mathfrak{g}' = \mathrm{D}\mathfrak{g}$ 是半单的; $\mathrm{C}(\mathfrak{g})$ 是 $\mathfrak{g}$ 的中心 (亦即 $[\mathrm{C}(\mathfrak{g}), \mathfrak{g}] = 0$). 而且 $\mathrm{C}(\mathfrak{g})$ 中的每一个元素都是 V 上的半单线性变换.

证　设 $\mathfrak{r}$ 是 $\mathfrak{g}$ 的根基. 对此应用 Lie 定理, 即得一个适当的线性函数 $\lambda : \mathfrak{r} \to \mathbf{C}$, 使得

$$V_\lambda = \{v \in V; x \cdot v = \lambda(x)v, x \in \mathfrak{r}\} \neq \{0\}. \tag{78}$$

在此, 我们可以用和 Lie 定理的证明之中的 1) 与 2) 完全同样的论证. 说明上述 V_λ 肯定是 $\mathfrak{g}$-不变的. 然后再结合 V 是一个半单 $\mathfrak{g}$-模的假设, 即得 V 的下述直和分解:

$$V = \bigoplus_{i=1}^{l} V_{\lambda_i}, \tag{79}$$

其中 $\lambda_i : \mathfrak{r} \to \mathbf{C}$ 是线性函数; V_{λ_i} 是 $\mathfrak{g}$-不变的; $\forall x \in \mathfrak{r}, x|V_{\lambda_i} = \lambda_i(x)I_{V_{\lambda_i}}$. 由此可见, 每一个 $x \in \mathfrak{r}$ 都是属于 $\mathfrak{g}$ 的中心, 亦即 $[x, \mathfrak{g}] = 0$. 换句话说, $[\mathfrak{r}, \mathfrak{g}] = 0$, 或 $\mathfrak{r} = \mathrm{C}(\mathfrak{g})$. 令

$$\mathfrak{g}^{\#} = \mathfrak{g}/\mathrm{C}(\mathfrak{g}) = \mathfrak{g}/\mathfrak{r}, \quad \pi(x) = x + \mathrm{C}(\mathfrak{g}), \tag{80}$$

其中 π 是 $\mathfrak{g}$ 到 $\mathfrak{g}^{\#}$ 上的自然投影, 则 $\mathfrak{g}^{\#}$ 是半单的. 我们可以把 $\mathfrak{g}$ 看成一个 $\mathfrak{g}^{\#}$-模, 其中 $\mathrm{C}(\mathfrak{g})$ 是一个平凡的 $\mathfrak{g}^{\#}$-子模 (亦即在 $\mathrm{C}(\mathfrak{g})$ 上的 $\mathfrak{g}^{\#}$ 作用是恒等于零的). 由上述的 Weyl 定理即得 $\mathfrak{g}$ 的 $\mathfrak{g}^{\#}$-模的直和分解:

$$\mathfrak{g} = \mathrm{C}(\mathfrak{g}) \oplus \mathfrak{g}'. \tag{81}$$

由此易见 $\mathfrak{g}'$ 是 $\mathfrak{g}$ 的一个半单理想 (其实, $\mathfrak{g}' \cong \mathfrak{g}^\#$), 亦即上述 $\mathfrak{g}^\#$-模的直和乃是李代数的直和, 且

$$\mathrm{D}\mathfrak{g} = [\mathfrak{g}, \mathfrak{g}] = [\mathrm{C}(\mathfrak{g}) \oplus \mathfrak{g}', \mathrm{C}(\mathfrak{g}) \oplus \mathfrak{g}']$$
$$= [\mathfrak{g}', \mathfrak{g}'] = \mathfrak{g}'. \qquad \square$$

注记 一个李代数 $\mathfrak{g}$ 若有直和分解

$$\mathfrak{g} = \mathrm{C}(\mathfrak{g}) \oplus \mathfrak{g}',$$

其中 $\mathrm{C}(\mathfrak{g})$ 为 $\mathfrak{g}$ 的中心, $\mathfrak{g}'$ 为半单理想, 则称 $\mathfrak{g}$ 为**约化李代数** (reductive Lie algebra).

显然, 此时有 $\mathfrak{g}' = \mathrm{D}\mathfrak{g}$.

推论 1 设 $\mathfrak{g} = \mathrm{C}(\mathfrak{g}) \oplus \mathfrak{g}'$, 其中 $\mathrm{C}(\mathfrak{g})$ 是 $\mathfrak{g}$ 的中心, $\mathfrak{g}'$ 是 $\mathfrak{g}$ 的半单理想, 则 $\mathfrak{g}$ 的一个线性表示 $\varphi : \mathfrak{g} \to \mathfrak{gl}(V)$ 是完全可约的充要条件是对于 $\mathrm{C}(\mathfrak{g})$ 中的每个元素 $z, \varphi(z)$ 都是半单线性变换.

证 其必要性就是上述定理, 而其充分性是相当明显的. 因为由 $\mathrm{C}(\mathfrak{g})$ 的可换性得知 V 中存在一组基, 使得在此基下, $\mathrm{C}(\mathfrak{g})$ 中每个元素 x 所对应的线性交换 $\varphi(x)$ 的矩阵都是对角矩阵. $\qquad \square$

推论 2 设 V 和 W 是两个半单 $\mathfrak{g}$-模, 则 $V \oplus W, V \otimes W$ 以及 V^* 等也都是半单 $\mathfrak{g}$-模.

证 我们仅以 $V \oplus W$ 作为例子来加以证明.

设 φ_1, φ_2 分别是 $\mathfrak{g}$-模 V, W 所对应的表示, 即有李代数的同态

$$\varphi_1 : \mathfrak{g} \to \mathfrak{gl}(V); \quad \varphi_2 : \mathfrak{g} \to \mathfrak{gl}(W). \tag{82}$$

令

$$\mathfrak{g}_i = \varphi_i(\mathfrak{g}), \quad i = 1, 2.$$

由 V 和 W 的半单性, 故有

$$\mathfrak{g}_i = \mathrm{C}(\mathfrak{g}_i) \oplus \mathfrak{g}_i', \quad i = 1, 2, \tag{83}$$

其中 $\mathrm{C}(\mathfrak{g}_i)$ 为 $\mathfrak{g}_i$ 的中心, $\mathfrak{g}_i'$ 是 $\mathfrak{g}_i$ 的半单理想, 而且对于任给 $z_i \in \mathrm{C}(\mathfrak{g}_i)$, z_i 都是半单线性变换. 令

$$\begin{aligned}\varphi_1 \oplus \varphi_2 : \quad &\mathfrak{g} \to \mathfrak{g}_1 \oplus \mathfrak{g}_2, \\ &\varphi_1 \oplus \varphi_2(x) = \varphi_1(x) \oplus \varphi_2(x).\end{aligned} \tag{84}$$

$$\mathfrak{g}^{\#} = \varphi_1 \oplus \varphi_2(\mathfrak{g})$$
$$= \{\varphi_1(x) \oplus \varphi_2(x) \in \mathfrak{g}_1 \oplus \mathfrak{g}_2; x \in \mathfrak{g}\}. \tag{84'}$$

不难看出

$$\mathfrak{g}^{\#} = (\mathfrak{g}^{\#} \bigcap (\mathrm{C}(\mathfrak{g}_1) \oplus \mathrm{C}(\mathfrak{g}_2))) \oplus (\mathfrak{g}^{\#} \bigcap (\mathfrak{g}_1' \oplus \mathfrak{g}_2')), \tag{85}$$

并且有

$$\begin{cases} \mathfrak{g}^{\#} \bigcap (\mathrm{C}(\mathfrak{g}_1) \oplus \mathrm{C}(\mathfrak{g}_2)) = \mathrm{C}(\mathfrak{g}^{\#}), \\ \mathfrak{g}^{\#} \bigcap (\mathfrak{g}_1' \oplus \mathfrak{g}_2') \ \text{半单}. \end{cases} \tag{85'}$$

因此, 由推论 1 可见, 我们只需要验算 $z_1 \oplus z_2$ $(z_i \in \mathrm{C}(\mathfrak{g}_i))$ 的半单性, 就可以得到 $V \oplus W$ 的半单性. 但由 z_i 的半单性得知, 在 V, W 中各有一组基 $\{v_i; 1 \leqslant i \leqslant \dim V\}$ 与 $\{w_j; 1 \leqslant j \leqslant \dim W\}$, 使得

$$\begin{cases} z_1 v_i = \lambda_i v_i, & 1 \leqslant i \leqslant \dim V, \\ z_2 w_j = \mu_j w, & 1 \leqslant j \leqslant \dim W. \end{cases} \tag{86}$$

显然 $\{v_i, w_j; 1 \leqslant i \leqslant \dim V, 1 \leqslant j \leqslant \dim W\}$ 构成 $V \oplus W$ 的一组基, 而且

$$\begin{cases} z_1 \oplus z_2(v_i) = \lambda_i v_i, & 1 \leqslant i \leqslant \dim V, \\ z_1 \oplus z_2(w_j) = \mu_j w_j, & 1 \leqslant j \leqslant \dim W. \end{cases} \tag{87}$$

这也就验证了 $z_1 \oplus z_2$ 的半单性, 因而也就证明了 $V \oplus W$ 的半单性.

至于 $V \otimes W$ 的半单性, 由张量积 $\varphi_1 \otimes \varphi_2$ 的定义, 立即可知

$$\varphi_1 \otimes \varphi_2(\mathfrak{g}) \approx \mathfrak{g}^{\#}.$$

因此由推论 1, 我们只要验算 $z_1 \otimes I_W + I_V \otimes z_2$ 的半单性 (其中 $z_i = \varphi_i(x) \in \mathrm{C}(\mathfrak{g}_i), i = 1, 2, x \in \mathfrak{g}$), 就可推得 $V \otimes W$ 的半单性. 可用满足 (86) 的 V, W 的基本构造 $V \otimes W$ 的基 $\{v_i \otimes w_j; 1 \leqslant i \leqslant \dim V, 1 \leqslant j \leqslant \dim W\}$, 而且

$$(z_1 \otimes I_W + I_V \otimes z_2)(v_i \otimes w_j) = (\lambda_i + \mu_j) v_i \otimes w_j. \tag{87'}$$

这也就验证了 $z_1 \otimes I_W + I_V \otimes z_2$ 的半单性, 因此也就证明了张量积 $V \otimes W$ 的半单性.

V^* 的半单性的证明比较简单, 留作习题. □

最后, 让我们以 Levi 定理作为本节讨论的结束.

3. Levi 定理

Levi 定理 设基域 K 的特征为零. 设 $\mathfrak{a}$ 是李代数 $\mathfrak{g}$ 的一个理想, 而且 $\mathfrak{g}/\mathfrak{a}$ 是半单的, 则 $\mathfrak{g}$ 中存在一个与 $\mathfrak{a}$ 互补的子代数 $\mathfrak{g}'$.

注意 一般来说, $\mathfrak{g}'$ 并不是 $\mathfrak{g}$ 的理想, 所以

$$\mathfrak{g} = \mathfrak{a} \oplus \mathfrak{g}'$$

只需是向量空间的直和, 而并非李代数的直和!

分析 1) 类似于 Weyl 定理的论证, 不难把 Levi 定理的证明归于下述简化的基本情况来加以论证. 亦即 $\mathfrak{a}$ 本身既是一个可换李代数 (即 $(\mathfrak{a}, \mathfrak{a}) = 0$), 又是一个单 $\mathfrak{g}$-模. 因为从对于 $\dim \mathfrak{a}$ 实行归纳法证明的观点来分析, 其他的种种情形都可以归于较低维的情形加以推论.

2) 设 $\mathfrak{a}$ 是一个可换理想, 而且是一个单 $\mathfrak{g}$-模. 如果能够构造另一个 $\mathfrak{g}$-模 W, 使得有 $\boldsymbol{w}_0 \in W$ 满足

$$\mathfrak{g} \cdot \boldsymbol{w}_0 = \mathfrak{a} \cdot \boldsymbol{w}_0 \cong \mathfrak{a},$$

则

$$\mathfrak{g}' = \{x \in \mathfrak{g}; x \cdot \boldsymbol{w}_0 = 0\}$$

就是一个与 $\mathfrak{a}$ 互补的子代数.

下面就是把上述两点想法付诸实践的证明.

证 1) 先讨论下述关键的情况, 亦即 $\mathfrak{a}$ 是可换理想, 而且是一个单 $\mathfrak{g}$-模. 令

$$W = \mathscr{L}(\mathfrak{g}, \mathfrak{g}),$$

则在 W 上的 $\mathfrak{g}$-模结构就是

$$\begin{aligned}
&(x \cdot A)(y) = x \cdot A(y) - A(x \cdot y), \quad x, y \in \mathfrak{g}, A \in \mathscr{L}(\mathfrak{g}, \mathfrak{g}), \\
&x \cdot y = [x, y] = \operatorname{ad} x(y).
\end{aligned} \tag{88}$$

再者, 令 P, Q, R 分别是 W 中满足下列条件的子集:

$$\begin{cases}
P = \{\operatorname{ad} x; x \in \mathfrak{a}\}, \\
Q = \{A \in W; A(\mathfrak{g}) \subseteq \mathfrak{a}, A(\mathfrak{a}) = \{0\}\}, \\
R = \{A \in W; A(\mathfrak{g}) \subseteq \mathfrak{a}, A|_{\mathfrak{a}} = \lambda(A)I_{\mathfrak{a}}\},
\end{cases} \tag{89}$$

不难由上述定义得到

$$\begin{cases}
P \subset Q \subset R, \\
\dim Q = \dim R - 1, \\
P, Q, R \text{ 均为 } W \text{ 中的子 } \mathfrak{g}\text{-模.}
\end{cases} \tag{90}$$

再者, 对于任给的 $A \in R, x \in \mathfrak{a}, y \in \mathfrak{g}$, 我们可以由定义 (88) 及 (89) 得出 $A(y) \in \mathfrak{a}$. 从而有

$$
\begin{aligned}
(x \cdot A)(y) &= x \cdot A(y) - A(x \cdot y) \\
&= [x, A(y)] - \lambda(A)[x, y] \\
&= -\lambda(A)\mathrm{ad}\, x(y),
\end{aligned} \tag{91}
$$

亦即

$$
x \cdot A = -\lambda(A)\mathrm{ad}\, x, \tag{91'}
$$

或者说

$$
\mathfrak{a} \cdot R \subseteq P.
$$

由此可见, $\mathfrak{a}$ 在商 $\mathfrak{g}$-模 Q/P 与 R/P 上的作用是平凡的. 换句话说 Q/P 与 R/P 上的 $\mathfrak{g}$-模结构, 在本质上其实是 $(\mathfrak{g}/\mathfrak{a})$-模. 由假设, $\mathfrak{g}/\mathfrak{a}$ 是半单的, 所以在 R/P 中存在一个一维的平凡子 $\mathfrak{g}$-模 (亦即 $(\mathfrak{g}/\mathfrak{a})$-模). 也就是说, 在 R/P 中存在一个元素 $\boldsymbol{w}_0 \neq 0$, 使得

$$
\mathfrak{g} \cdot \boldsymbol{w}_0 = 0,
$$

亦即在 R 中存在一个元素 $\boldsymbol{w}_0$, 满足

$$
\begin{cases}
\mathfrak{g} \cdot \boldsymbol{w}_0 \subseteq P, \\
\boldsymbol{w}_{0|\mathfrak{a}} = \lambda(\boldsymbol{w}_0) \cdot I_\mathfrak{a}, \lambda(\boldsymbol{w}_0) \neq 0.
\end{cases} \tag{92}
$$

其实, 我们也可以改取 $\dfrac{1}{\lambda(\boldsymbol{w}_0)}\boldsymbol{w}_0$, 而不妨假设

$$
\lambda(\boldsymbol{w}_0) = 1.
$$

再者, 由于 $\mathfrak{a}$ 是假设为单 $\mathfrak{g}$-模的, 所以从 $\mathfrak{g}$-模的观点来看, 有

$$
\mathfrak{g} \cdot \boldsymbol{w}_0 = P \cong \mathfrak{a}. \tag{93}
$$

这是因为 $x \in \mathfrak{a}, x \neq 0$, 则 $\mathrm{ad}\, x \neq 0$.

令

$$
\mathfrak{g}' = \{y \in \mathfrak{g}; y \cdot \boldsymbol{w}_0 = 0\},
$$

则 $\mathfrak{g}'$ 显然是 $\mathfrak{g}$ 中的一个子李代数, 而且

$$
\dim \mathfrak{g}' = \dim \mathfrak{g} - \dim \mathfrak{a},
$$

所以我们只要再验证 $\mathfrak{g}' \bigcap \mathfrak{a} = \{0\}$. 为此, 设有 $x \neq 0, x \in \mathfrak{a}$. 由 (91') 得知

$$
x \cdot \boldsymbol{w}_0 = -\lambda(\boldsymbol{w}_0)\mathrm{ad}\, x = -\mathrm{ad}\, x \neq 0, \tag{94}
$$

亦即 $x \in \mathfrak{g}'$. 由此可知子李代数 $\mathfrak{g}'$ 即为所求.

2) 接着让我们以对 $\dim \mathfrak{a}$ 进行归纳的方法来证明一般情形的 Levi 定理. 亦即设 Levi 定理对于 $\dim \mathfrak{a} \leqslant n$ 时业已一般地成立, 进而论证它对于 $\dim \mathfrak{a} = n+1$ 的情形也一般地成立.

以 $\mathfrak{r}$ 表示 $\mathfrak{g}$ 的根基, 以 $\pi : \mathfrak{g} \to \mathfrak{g}/\mathfrak{a}$ 表示自然映射, 因而 $\pi(\mathfrak{r})$ 是 $\mathfrak{g}/\mathfrak{a}$ 的可解理想. 但是 $\mathfrak{g}/\mathfrak{a}$ 为半单的, 因而有 $\pi(\mathfrak{r}) = \{0\}$, 即有 $\mathfrak{r} \subseteq \mathfrak{a}$.

若 $\mathfrak{a}$ 是半单的, 则 $\mathfrak{r} = \{0\}$, 因而 $\mathfrak{g}$ 亦是半单的. 故

$$\mathfrak{g} = \mathfrak{a} \oplus \mathfrak{a}^{\perp},$$

即此时 Levi 定理成立.

若 $\mathfrak{a}$ 是可换的, 且为单 $\mathfrak{g}$-模的, 则由证明 1) 知定理亦成立.

所以还要加以论证的情形是在 $\mathfrak{a}$ 中有一个 $\mathfrak{g}$ 的理想 $\mathfrak{a}_1$, 使得

$$\dim \mathfrak{a} > \dim \mathfrak{a}_1 > 0.$$

我们可以先对于 $\mathfrak{a}/\mathfrak{a}_1 \subset \mathfrak{g}/\mathfrak{a}_1$ 应用归纳假设, 即得 $\mathfrak{g}/\mathfrak{a}_1$ 的一个子李代数 $\mathfrak{g}^{\#}$, 它是 $\mathfrak{a}/\mathfrak{a}_1$ 的一个补子李代数. 然后又可以对于

$$\mathfrak{a}_1 \subset \pi^{-1}(\mathfrak{g}^{\#}) \tag{95}$$

应用归纳假设. 注意到

$$\pi^{-1}(\mathfrak{g}^{\#})/\mathfrak{a}_1 \cong \mathfrak{g}^{\#} \cong \mathfrak{g}/\mathfrak{a}$$

是半单的, 故有一个半单子李代数 $\mathfrak{g}' \subset \pi^{-1}(\mathfrak{g}^{\#}) \subset \mathfrak{g}$, 使得

$$\pi^{-1}(\mathfrak{g}^{\#}) = \mathfrak{a}_1 + \mathfrak{g}'; \quad \mathfrak{a}_1 \bigcap \mathfrak{g}' = \{0\}.$$

这时, 有

$$\mathfrak{g}' \bigcap \mathfrak{a} = \mathfrak{g}' \bigcap (\pi^{-1}(\mathfrak{g}^{\#}) \bigcap \mathfrak{a}) = \mathfrak{g}' \bigcap \mathfrak{a}_1 = \{0\}. \tag{96}$$

所以 $\mathfrak{g}'$ 也是 $\mathfrak{a}$ 在 $\mathfrak{g}$ 中的补子李代数.   □

注   Levi 定理和 Weyl 定理的证明在本质上是大同小异的. 其实在李代数的上同调的架构之下, 两者之间的类似性就更加明显.

§3   复半单李代数的结构与分类

复半单李代数的结构与分类的理论, 主要的乃是 Killing 的贡献, 随后 É. Cartan 对于他的工作加了一些补充, 所以本节所讨论的材料大体上就是 Killing 和 É. Cartan 的论点.

1. Cartan 子代数和 Cartan 分解

本分节的讨论, 除了作特殊声明的情况之外, 一般地只假设基域 K 含有无穷多个元素.

定义　李代数 $\mathfrak{g}$ 的一个子李代数 $\mathfrak{h}$ 若满足下列两个条件:

1) $\mathfrak{h}$ 是幂零李代数;

2) $[x, \mathfrak{h}] \subseteq \mathfrak{h} \Longrightarrow x \in \mathfrak{h}$,

则称为 $\mathfrak{g}$ 的一个 **Cartan 子代数**.

接着让我们来讨论 Cartan 子代数的存在性和一般构造法. 为此, 我们先要描述 $\mathfrak{g}$ 中的正则元素 (regular element).

设 $\{e_i, 1 \leqslant i \leqslant \dim \mathfrak{g} = m\}$ 是 $\mathfrak{g}$ 中一组任取的基. 则 $\mathfrak{g}$ 的一个一般性元素 (generic element) $x \in \mathfrak{g}$ 可以表示成

$$x = \sum_{i=1}^{m} \xi_i e_i, \tag{97}$$

其中 ξ_i $(1 \leqslant i \leqslant m)$ 都是以 K 为其变域的变元.

由此我们可以计算 $\mathfrak{g}$ 的线性变换 $\operatorname{ad} x$ 在基 $\{e_i, 1 \leqslant i \leqslant m\}$ 下的矩阵表示式, 从而计算 $\operatorname{ad} x$ 的特征多项式

$$\begin{aligned} f_x(\lambda) &= \det(\operatorname{ad} x - \lambda I) \\ &= (-1)^m (\lambda^m + g_1(\xi)\lambda^{m-1} + \cdots + g_{m-l}(\xi)\lambda^l), \end{aligned} \tag{98}$$

其中 $g_i(\xi)(1 \leqslant i \leqslant m-l)$ 是变元 $\xi_1, \xi_2, \cdots, \xi_m$ 的 i 次齐次多项式, 且 $g_{m-l}(\xi) \not\equiv 0$, 但是 $g_i(\xi) \equiv 0, i > m-l$. 由于对任何 $x \in \mathfrak{g}, \operatorname{ad} x(x) = 0$, 因而一定有 $l \geqslant 1$.

定义　$\mathfrak{g}$ 中的一个元素 $a = \sum_{i=1}^{m} \alpha_i e_i$, 若满足

$$g_{m-l}(\alpha) \neq 0,$$

则称 a 为 $\mathfrak{g}$ 的一个**正则元素**.

因为基域 K 中含有无穷多个元素, 所以肯定会存在一个 $\alpha = (\alpha_1, \alpha_2, \cdots, \alpha_m)$ 使得非零的 $m-l$ 次多项式 $g_{m-l}(\alpha) \neq 0$. 因此由 $\mathfrak{g}$ 中的正则元素所构成的集合肯定是非空的.

定理 5　设 a 是李代数 $\mathfrak{g}$ 中一个正则元, $\mathfrak{h}$ 是 $\operatorname{ad} a$ 的幂零子空间, 亦即

$$\mathfrak{h} = \{x \in \mathfrak{g}; (\operatorname{ad} a)^m x = 0\}, \tag{99}$$

则 $\mathfrak{h}$ 是 $\mathfrak{g}$ 的一个 Cartan 子代数.

证 1) 先证 $\mathfrak{h}$ 是 $\mathfrak{g}$ 的一个子李代数. 设 $x, y \in \mathfrak{h}$, 则由 $\mathfrak{h}$ 的定义有

$$(\operatorname{ad} a)^m x = 0; (\operatorname{ad} a)^m y = 0. \tag{100}$$

再者. 由公式

$$\operatorname{ad} a([u, v]) = [\operatorname{ad} a(u), v] + [u, \operatorname{ad} a(v)] \tag{101}$$

容易推得

$$(\operatorname{ad} a)^{2m}([x, y]) = 0, \tag{100'}$$

从而有 $[x, y] \in \mathfrak{h}$. 这也就证明了 $\mathfrak{h}$ 是一个子李代数.

2) 再证 $\mathfrak{h}$ 是幂零的. 由 Engel 定理可见, 我们只要对于任给 $b \in \mathfrak{h}$, 设法证明 $\operatorname{ad} b|_{\mathfrak{h}}$ 的幂零性. 下面就用 a 的正则性和 $\mathfrak{h}$ 的定义来论证 $\operatorname{ad} b|_{\mathfrak{h}}$ 的幂零性.

设 $m_A(X)$ 是 $A = \operatorname{ad} a$ 的极小多项式, 并且有

$$m_A(X) = X^{\alpha_0} g(X), \tag{102}$$

其中 $g(X)$ 不再含有 X 的因子, 亦即

$$g(0) \neq 0,$$

因而有 $\mathfrak{g}$ 的 A-不变子空间直和分解

$$\mathfrak{g} = \mathfrak{h} \oplus V_1, \quad V_1 = \ker g(A). \tag{103}$$

设 $b \in \mathfrak{h}$. 令 $B = \operatorname{ad} b$. 则由 $(\operatorname{ad} a)^{\alpha_0} b = 0$, 立得 $(\operatorname{ad} A)^{\alpha_0} B = 0$. 因此我们就可以套用定理 2 证明中的公式 (43) 和 (46), 说明任给一个 $v \in V_1$, 皆有

$$g(A)^{\alpha_0+1} \cdot Bv = 0, \tag{104}$$

因而

$$B \cdot v = [b, v] \in \ker g(A)^{\alpha_0+1} = V_1.$$

换言之, 有

$$[\mathfrak{h}, V_1] \subseteq V_1.$$

现在让我们在 $\mathfrak{h}$ 和 V_1 中分别选定一组基, 将它们合起来则得到 $\mathfrak{g}$ 的一组基. 因为 $\mathfrak{h}$ 和 V_1 都是 A, B 不变的, 所以 A, B 的矩阵都是下述形式:

$$A \to \begin{pmatrix} (\alpha_1) & 0 \\ 0 & (\alpha_2) \end{pmatrix}, \quad B \to \begin{pmatrix} (\beta_1) & 0 \\ 0 & (\beta_2) \end{pmatrix}, \tag{105}$$

其中 $\det(\alpha_2) \neq 0$. 而我们需要证明的也就是 $B|_{\mathfrak{h}}$ 的矩阵 (β_1) 是幂零的. 可用反证法来说明 (β_1) 是幂零的. 设若不然, 则

$$\lambda^l \nmid \det(\lambda I_l - (\beta_1)), \quad l = \dim \mathfrak{h}, \tag{106}$$

其中符号 "$\nmid$" 表示 "不能整除". 我们容易由上面 A, B 的矩阵表示式计算出 $c_1 A + c_2 B$ 的特征多项式

$$
\begin{aligned}
&\det(\lambda I_m - c_1 A - c_2 B) \\
={}& \det(\lambda I_l - c_1(\alpha_1) - c_2(\beta_1)) \\
&\cdot \det(\lambda I_{m-l} - c_1(\alpha_2) - c_2(\beta_2)) \\
={}& f_1(\lambda, c_1, c_2) f_2(\lambda, c_1, c_2).
\end{aligned}
\tag{107}
$$

因 $f_1(\lambda, 0, 1) = \det(\lambda I_l - (\beta_1))$ 所含的 λ 的方次低于 l, 而 $f_2(\lambda, 1, 0)$ 则根本不含 λ 的因子, 所以一定可以适当选取 $c_1, c_2 \in \mathbf{K}$, 使得 $c_1 A + c_2 B = \mathrm{ad}\,(c_1 a + c_2 b)$ 的特征多项式中所含的 λ 的方次低于 l. 这和 a 的正则性 (即 l 的极小性) 相矛盾, 因此 (β_1) 必须是幂零的, 亦即 $\mathrm{ad}\,b|_{\mathfrak{h}}$ 对于任何 $b \in \mathfrak{h}$ 都是幂零的. 用 Engel 定理, 立即得知 $\mathfrak{h}$ 是个幂零李代数.

3) 最后, 我们验证

$$[x, \mathfrak{h}] \subseteq \mathfrak{h} \Longrightarrow x \in \mathfrak{h}.$$

设 $x \in \mathfrak{g}$ 满足 $[x, \mathfrak{h}] \subseteq \mathfrak{h}$, 则当然有

$$\mathrm{ad}\,a(x) = [a, x] \in \mathfrak{h},$$

因此, 再由 $\mathfrak{h}$ 的定义, 即有

$$(\mathrm{ad}\,a)^{m+1}(x) = (\mathrm{ad}\,a)^m \cdot (\mathrm{ad}\,a(x)) = 0, \tag{100''}$$

于是 $x \in \mathfrak{h}$.

总结上述三点证明, 即得 $\mathfrak{h}$ 为 $\mathfrak{g}$ 的一个 Cartan 子代数. □

在本节以后的讨论中, 我们总是用符号 $\mathfrak{h}$ 表示在上述定理 5 中已证明其存在性的 Cartan 子代数, 它是某一个正则元素 a 的 $\mathrm{ad}\,a$-幂零子空间. 结合 $\mathfrak{h}$ 的幂零性和定理 2 即得下述 Cartan 分解.

Cartan 分解　设 $\mathfrak{h}$ 是李代数 $\mathfrak{g}$ 的一个取定的 Cartan 子代数, 则 $\mathfrak{g}$ 对于 $\mathrm{ad}\,\mathfrak{h}$ 的素幂分解就叫做 $\mathfrak{g}$ (对于 $\mathfrak{h}$) 的 **Cartan 分解**, 亦即

$$\mathfrak{g} = \mathfrak{h} \oplus \sum V_i, \quad [\mathfrak{h}, V_i] \subseteq V_i, \tag{108}$$

其中 $\mathrm{ad}\,b|_{V_i}, b \in \mathfrak{h}$ 的极小多项式都是素幂的.

注　当 $\mathbf{K} = \mathbf{C}$ 时, $\mathrm{ad}\,b|_{V_i}, b \in \mathfrak{h}$ 的极小多项式乃是一个一次因子的方幂.

2. 复半单李代数的 Cartan 分解

从现在开始, 我们将不仅假设基域 $K = \mathbf{C}$, 而且假定李代数 $\mathfrak{g}$ 是半单的. 然后着手对于一个取定的 Cartan 子代数 $\mathfrak{h}$ 的 Cartan 分解进行结构分析. 所以我们的起点就是一个非退化的 Killing 型:

$$B(x,y) = \operatorname{Tr} \operatorname{ad} x \cdot \operatorname{ad} y, \quad x,y \in \mathfrak{g} \tag{109}$$

以及 $\mathfrak{g}$ 对于取定的 Cartan 子代数 $\mathfrak{h}$ 的素幂分解 (参看上节的定理 2):

$$\mathfrak{g} = \mathfrak{h} + \sum_{\alpha \in \Delta} \mathfrak{g}_\alpha, \tag{108'}$$

其中 $\alpha \in \Delta$ 是某些 $\mathfrak{h}$ 上的线性函数, 亦即 $\alpha : \mathfrak{h} \to \mathbf{C}$, 且 $\alpha \in \mathscr{L}(\mathfrak{h}, \mathbf{C})$, 而且 $\alpha \neq 0$, 并有

$$\mathfrak{g}_\alpha = \{x \in \mathfrak{g}, (\operatorname{ad} H - \alpha(H) I_{\mathfrak{g}_\alpha})^N = 0, \forall H \in \mathfrak{h}\} \neq \{0\}. \tag{108''}$$

例 4 设 $\mathfrak{u}$ 是一个紧半单李代数. 令

$$\mathfrak{g} = \mathfrak{u} \otimes \mathbf{C},$$

则第四章中所讨论的复 Cartan 分解也就是复半单李代数 $\mathfrak{g}$ 的 Cartan 分解.

从紧半单李代数的复化所得的这些例子来看, 当然都具有很多我们业已熟悉的性质. 例如: $\mathfrak{h}$ 是可换的; $\mathfrak{g}_\alpha$ (对所有的 $\alpha \in \Delta$) 都是一维的; 若 $\alpha, \beta \in \Delta$ 成比例, 则有 $\beta = \pm\alpha$; 等等.

很自然地, 我们应该去研讨这些有趣的性质是否也同样地对于任何复半单李代数的 Cartan 分解依然成立?

下面的讨论也就是要逐步去证明所有紧半单李代数的 Cartan 分解所具有的通性对于复半单李代数的 Cartan 分解也一定成立. 这样, 最后也就证明了任何复半单李代数都必定和唯一的一个紧半单李代数的复化是同构的! 这也就是复半单李代数的结构和分类理论的主要结果. 这些是当年 Killing 的重大贡献.

下面我们来讨论这些**性质**.

1) $[\mathfrak{g}_\alpha, \mathfrak{g}_\beta] \subseteq \mathfrak{g}_{\alpha+\beta}$.

当 $\alpha+\beta = 0$ 时, 视 $\mathfrak{g}_0$ 为 $\mathfrak{h}$; 当 $\alpha+\beta \neq 0$, 且 $\alpha+\beta \bar{\in} \Delta$ 时, 则定义 $\mathfrak{g}_{\alpha+\beta} = \{0\}$.

证 设 $H \in \mathfrak{h}, X_\alpha \in \mathfrak{g}_\alpha, X_\beta \in \mathfrak{g}_\beta$ 分别为上述三个子空间 $\mathfrak{h}, \mathfrak{g}_\alpha, \mathfrak{g}_\beta$ 的任取元素, 则由定义知, 存在正整数 m, 使得

$$\begin{cases} (\operatorname{ad} H - \alpha(H) I_{\mathfrak{g}})^m \cdot X_\alpha = 0, \\ (\operatorname{ad} H - \beta(H) I_{\mathfrak{g}})^m \cdot X_\beta = 0. \end{cases} \tag{108'''}$$

再者, 由 Jacobi 等式, 有

$$
\begin{cases}
\operatorname{ad} H([u,v]) = [\operatorname{ad} H(u), v] + [u, \operatorname{ad} H(v)], \\
(\operatorname{ad} H - \alpha(H)I_{\mathfrak{g}} - \beta(H)I_{\mathfrak{g}})([u,v]) \\
= [(\operatorname{ad} H - \alpha(H)I_{\mathfrak{g}})(u), v] + [u, (\operatorname{ad} H - \beta(H)I_{\mathfrak{g}})(v)].
\end{cases}
\tag{110}
$$

因而有

$$
\begin{aligned}
&(\operatorname{ad} H - \alpha(H)I_{\mathfrak{g}} - \beta(H)I_{\mathfrak{g}})^{2m} \cdot ([X_\alpha, X_\beta]) \\
&= \sum_{i=0}^{2m} \binom{2m}{i} [(\operatorname{ad} H - \alpha(H)I_{\mathfrak{g}})^{2m-i} \cdot X_\alpha, (\operatorname{ad} H - \beta(H)I_{\mathfrak{g}})^i \cdot X_\beta] \\
&= 0,
\end{aligned}
\tag{110$'$}
$$

所以

$$
[X_\alpha, X_\beta] \in \mathfrak{g}_{\alpha+\beta},
\tag{111}
$$

即

$$
[\mathfrak{g}_\alpha, \mathfrak{g}_\beta] \subseteq \mathfrak{g}_{\alpha+\beta}. \qquad\qquad \square
$$

2) 设 $\alpha, \beta \in \Delta \bigcup\{0\}, \alpha + \beta \neq 0, X_\alpha \in \mathfrak{g}_\alpha, X_\beta \in \mathfrak{g}_\beta$, 则有

$$
B(X_\alpha, X_\beta) = 0.
\tag{112}
$$

证　我们可以用 1) 来直接说明. 假设 Y_γ 是 $\mathfrak{g}_\gamma$ 中的任给元素 ($\gamma = 0$ 时, 表示 $Y_\gamma \in \mathfrak{h}$), 则有

$$
(\operatorname{ad} X_\alpha \cdot \operatorname{ad} X_\beta)Y_\gamma \in \mathfrak{g}_{\alpha+\beta+\gamma}.
\tag{113}
$$

由假设, $\alpha + \beta \neq 0$, 所以 $\mathfrak{g}_{\alpha+\beta+\gamma} \bigcap \mathfrak{g}_\gamma = \{0\}$. 由此可见, 对于一组与 Cartan 分解 (108$'$) 相容的基 (即由 $\mathfrak{h}, \mathfrak{g}_\alpha$ 的基拼成的 $\mathfrak{g}$ 的基), $\operatorname{ad} X_\alpha \cdot \operatorname{ad} X_\beta$ 的矩阵在对角线上的元素显然全部是零. 所以

$$
B(X_\alpha, X_\beta) = \operatorname{Tr}(\operatorname{ad} X_\alpha \cdot \operatorname{ad} X_\beta) = 0. \qquad\qquad \square
$$

2$'$) 由 2) 即可**推论**下述两点:

i) 把 B 限制在 $\mathfrak{h}$ 上所得的双线性型也是非退化的;

ii) $\alpha \in \Delta \Longrightarrow -\alpha \in \Delta$, 而且, 对任一 $X_\alpha \in \mathfrak{g}_\alpha, X_\alpha \neq 0$, 则有 $X_{-\alpha} \in \mathfrak{g}_{-\alpha}$, 使得

$$
B(X_\alpha, X_{-\alpha}) \neq 0.
$$

证 设 $H_0 \in \mathfrak{h}$, 而且有 $B(H_0, H) = 0, \forall H \in \mathfrak{h}$ 皆成立. 由 2) 知 $B(H_0, X_\alpha) = 0, \forall X_\alpha \in \mathfrak{g}_\alpha, \alpha \in \Delta$. 再由 B 的双线性即得

$$B(H_0, X) = 0, \quad \forall X \in \mathfrak{g}. \tag{114}$$

再由 B 是非退化的, 即有 $H_0 = 0$. 这样我们已经证明了 i).

下面证明 ii). 因为 $B(X_\alpha, X_\beta) = 0$ 对所有 $X_\beta \in \mathfrak{g}_\beta, \alpha + \beta \neq 0$ 都成立, 所以当 $\alpha \in \Delta$, 而 $-\alpha \bar{\in} \Delta$ 时, 即有 $X_\alpha \neq 0$ 满足

$$B(X_\alpha, X) = 0, \quad \forall X \in \mathfrak{g}.$$

这和 B 的非退化性相矛盾. 由此可见

$$\alpha \in \Delta \Longrightarrow -\alpha \in \Delta,$$

而且对于每个 $X_\alpha \in \mathfrak{g}_\alpha, X_\alpha \neq 0$, 必定存在一个 $X_{-\alpha} \in \mathfrak{g}_{-\alpha}$, 使得

$$B(X_\alpha, X_{-\alpha}) \neq 0. \tag{115}$$

$\square$

3) 设 $H_1, H_2 \in \mathfrak{h}$, 则有公式

$$B(H_1, H_2) = \sum_{\alpha \in \Delta} \dim \mathfrak{g}_\alpha \cdot \alpha(H_1)\alpha(H_2). \tag{116}$$

证 由 Cartan 分解的定义, 每一个 $\mathfrak{g}_\alpha$ 都是 $\operatorname{ad} H_i$ 不变的, 而且可以在每一个 $\mathfrak{g}_\alpha$ ($\mathfrak{h} = \mathfrak{g}_0$) 中选取适当的基, 使得 $\operatorname{ad} H_i|_{\mathfrak{g}_\alpha}$ 的矩阵为上三角形, 而且在对角线上的值都是 $\alpha(H_i)$. 亦即

$$\operatorname{ad} H_i|_{\mathfrak{g}_\alpha} \to \begin{pmatrix} \alpha(H_i) & & & * \\ & \ddots & & \\ & & \ddots & \\ 0 & & & \alpha(H_i) \end{pmatrix}, \quad \alpha \in \Delta \bigcup \{0\}. \tag{117}$$

由此可见, 对于任何 $\alpha \in \Delta \bigcup \{0\}$, $\mathfrak{g}_\alpha$ 也是线性变换 $\operatorname{ad} H_1 \cdot \operatorname{ad} H_2$ 的不变子空间. 而且在上述基下 $\operatorname{ad} H_1 \cdot \operatorname{ad} H_2|_{\mathfrak{g}_\alpha}$ 的矩阵表示式为

$$\operatorname{ad} H_1 \cdot \operatorname{ad} H_2|_{\mathfrak{g}_\alpha} \to \begin{pmatrix} \alpha(H_1)\alpha(H_2) & & & * \\ & \ddots & & \\ & & \ddots & \\ 0 & & & \alpha(H_1)\alpha(H_2) \end{pmatrix},$$

其中 $\alpha \in \Delta \bigcup \{0\}$. 所以有

$$B(H_1, H_2) = \sum_{\alpha \in \Delta} \dim \mathfrak{g}_\alpha \cdot \alpha(H_1)\alpha(H_2). \qquad \square$$

3') $\mathfrak{h}$ 是可换的, 而且 $\bigcap_{\alpha \in \Delta} \ker(\alpha) = \{0\}$.

证　设 $H \in [\mathfrak{h}, \mathfrak{h}]$, 亦即有 $c_i \in \mathbf{C}, H_i, H_i' \in \mathfrak{h}$, 使得

$$H = \sum c_i [H_i, H_i'],$$

则由上面的计算显然可以看到 $\operatorname{ad} H|_{\mathfrak{g}_\alpha}$ 在上述基下的矩阵是一个对角线上元素全为零的上三角矩阵, 亦即

$$\begin{aligned}
\operatorname{ad} H|_{\mathfrak{g}_\alpha} &= \sum c_i [\operatorname{ad} H_i, \operatorname{ad} H_i']|_{\mathfrak{g}_\alpha} \\
&= \sum c_i [\operatorname{ad} H_i|_{\mathfrak{g}_\alpha}, \operatorname{ad} H_i'|_{\mathfrak{g}_\alpha}] \\
&\to \begin{pmatrix} 0 & & & * \\ & \ddots & & \\ & & \ddots & \\ 0 & & & 0 \end{pmatrix}.
\end{aligned}$$

因此, 对于 $\mathfrak{h}$ 中的任给元素 H', 皆有

$$B(H, H') = \operatorname{Tr}(\operatorname{ad} H \cdot \operatorname{ad} H') = 0. \qquad (118)$$

再由 2') 之 i) 即得 $H = 0$, 亦即 $[\mathfrak{h}, \mathfrak{h}] = 0$.

再者, 设 $H \in \ker(\alpha), \forall \alpha \in \Delta$, 则由公式 (116) 有

$$B(H, H_2) = \sum_{\alpha \in \Delta} \dim \mathfrak{g}_\alpha \cdot \alpha(H)\alpha(H_2) = 0, \quad \forall H_2 \in \mathfrak{h}. \qquad (119)$$

所以 $H = 0$, 亦即

$$\bigcap_{\alpha \in \Delta} \ker(\alpha) = \{0\}. \qquad \square$$

定义　对每个 $\alpha \in \Delta$, 我们定义一个 $H_\alpha \in \mathfrak{h}$, 使得

$$B(H_\alpha, H) = \alpha(H), \quad \forall H \in \mathfrak{h}. \qquad (120)$$

因为 $B(H_1, H_2), H_i \in \mathfrak{h}$ 是 $\mathfrak{h}$ 上非退化的对称双线性型, 所以对于每一个 $\alpha \in \Delta \subset \mathfrak{h}^*$ 上面定义的 H_α 是唯一存在的.

注 采用上述定义的 $H_\alpha, \alpha \in \Delta$, 则有

$$\bigcap_{\alpha \in \Delta} \ker(\alpha) = \{0\}$$

的充分必要条件是 $\{H_\alpha, \alpha \in \Delta\}$ 构成 $\mathfrak{h}$ 的一组生成元.

特别, 对于复半单李代数, $\{H_\alpha, \alpha \in \Delta\}$ 就是 $\mathfrak{h}$ 的一组生成元.

4) 设 $X_\alpha \in \mathfrak{g}_\alpha, X_\alpha \neq 0$, 即有

$$[H, X_\alpha] = \alpha(H)X_\alpha, \quad \forall H \in \mathfrak{h}.$$

又若 $X_{-\alpha}$ 是 $\mathfrak{g}_{-\alpha}$ 中任一元素, 则有

$$[X_\alpha, X_{-\alpha}] = B(X_\alpha, X_{-\alpha})H_\alpha. \tag{121}$$

证 注意到 $[\mathfrak{g}_\alpha, \mathfrak{g}_{-\alpha}] \subseteq \mathfrak{g}_{\alpha-\alpha} = \mathfrak{h}$, 即 $[X_\alpha, X_{-\alpha}] \in \mathfrak{h}$, 又由 B 的不变性, 故对任何 $H \in \mathfrak{h}$, 有

$$\begin{aligned}
B([X_\alpha, X_{-\alpha}], H) &= B(X_{-\alpha}, [H, X_\alpha]) \\
&= B(X_{-\alpha}, \alpha(H)X_\alpha) \\
&= B(X_{-\alpha}, X_\alpha) \cdot B(H_\alpha, H).
\end{aligned} \tag{122}$$

亦即

$$B([X_\alpha, X_{-\alpha}] - B(X_{-\alpha}, X_\alpha)H_\alpha, H) = 0, \tag{122'}$$

对于任给 $H \in \mathfrak{h}$ 皆成立. 而由 2') 之 i) 有

$$[X_\alpha, X_{-\alpha}] - B(X_{-\alpha}, X_\alpha)H_\alpha = 0,$$

即公式 (121) 成立. $\qquad\qquad\qquad\qquad\qquad\qquad\qquad\qquad\qquad\qquad\quad\square$

5) $\alpha(H_\alpha) = B(H_\alpha, H_\alpha) \neq 0, \forall \alpha \in \Delta$.

证 在 $\mathfrak{g}_\alpha$ 中取 $X_\alpha \neq 0$, 则有

$$[H, X_\alpha] = \alpha(H)X_\alpha, \quad \forall H \in \mathfrak{h}.$$

再者, 因为在 2') 中已证, 有 $X_{-\alpha} \in \mathfrak{g}_{-\alpha}$, 使得 $B(X_\alpha, X_{-\alpha}) \neq 0$. 我们不妨将此 $X_{-\alpha}$ 乘以适当的系数, 使得

$$B(X_\alpha, X_{-\alpha}) = 1,$$

因而由 4) 有

$$[X_\alpha, X_{-\alpha}] = H_\alpha. \tag{123}$$

我们现在要着手用反证法来证明 $\alpha(H_\alpha) \neq 0$. 如果有 $\alpha(H_\alpha) = 0$, 我们令

$$W = \mathbf{C}X_\alpha + \mathbf{C}H_\alpha + \sum \mathfrak{g}_{-j\alpha}, \quad j = 1, 2, \cdots. \tag{124}$$

如果 $-j\alpha \bar{\in} \Delta$, 则视 $\mathfrak{g}_{-j\alpha} = \{0\}$.

不难看出 W 是 $\mathfrak{g}$ 中的一个子李代数. 再者由假设

$$\alpha(H_\alpha) = 0$$

可以得到

$$W_0 = \mathbf{C}H_\alpha + \sum \mathfrak{g}_{-j\alpha} \subset W \tag{125}$$

是 W 中的一个可解理想, 因此 W 本身就是一个可解李代数.

将 Lie 定理应用到 $\mathrm{ad}\, W \subset \mathfrak{gl}(\mathfrak{g})$, 就可以在 $\mathfrak{g}$ 中选取适当的一组基使得所有 $\mathrm{ad}\, Y$ $(Y \in W)$ 的矩阵都成上三角矩阵. 由此易见

$$\mathrm{ad}\, H_\alpha = [\mathrm{ad}\, X_\alpha, \mathrm{ad}\, X_{-\alpha}]$$

的矩阵是对角线上元素全为 0 的上三角形矩阵, 亦即 $\mathrm{ad}\, H_\alpha$ 的所有特征值都是零! 但是由 Cartan 分解得知 $\mathrm{ad}\, H_\alpha$ 的特征值就是 $\{0, \beta(H_\alpha); \beta \in \Delta\}$. 换句话说, 对于任给 $\beta \in \Delta, \beta(H_\alpha) = 0$. 这与 3′) 和 $H_\alpha \neq 0$ 是矛盾的. 由此可见, 假设 $\alpha(H_\alpha) = 0$ 是不可能的, 亦即证得 $\alpha(H_\alpha) \neq 0$. □

6) $\dim \mathfrak{g}_\alpha = 1, \forall \alpha \in \Delta$; 又若 $\alpha \in \Delta$, 则 $j\alpha \in \Delta$ 的充要条件是 $j = \pm 1$.

证　因为由 (124) 式定义的 W 显然是 $\mathrm{ad}\, X_\alpha, \mathrm{ad}\, X_{-\alpha}$ 的不变子空间, 所以有

$$\mathrm{ad}\, H_\alpha|_W = [\mathrm{ad}\, X_\alpha|_W, \mathrm{ad}\, X_{-\alpha}|_W], \tag{126}$$

因而

$$\mathrm{Tr}\,(\mathrm{ad}\, H_\alpha|_W) = 0.$$

再者, 我们可以由 $\mathrm{ad}\, H_\alpha$ 在 W 的每个 $\mathrm{ad}\, H_\alpha$ 不变子空间直接算得

$$\mathrm{Tr}\,(\mathrm{ad}\, H_\alpha|_W) = \alpha(H_\alpha)(1 - \dim \mathfrak{g}_{-\alpha} - \dim \mathfrak{g}_{-2\alpha} - \cdots). \tag{127}$$

因为在 5) 中业已证明 $\alpha(H_\alpha) \neq 0$, 所以

$$1 - \dim \mathfrak{g}_{-\alpha} - \dim \mathfrak{g}_{-2\alpha} - \cdots = 0. \tag{128}$$

于是从 $\dim \mathfrak{g}_{-\alpha} \neq 0$ 有

$$\dim \mathfrak{g}_{-\alpha} = \dim \mathfrak{g}_\alpha = 1,$$

$$\dim \mathfrak{g}_{-j\alpha} = 0, \quad j \geqslant 2. \qquad \square$$

注 上面六点 1)—6) 是复半单李代数的 Cartan 分解的基本性质. 在它们的论证中, 最主要的着力点就是 $\mathfrak{g}$ 的 Killing 型 $B(X,Y)$ 的非退化性 (亦即半单性). 读者不妨在此回顾上面这一段的论证, 就不难看到, 除了 5) 的证明中用到一次 Lie 定理之外, 其他的论证都是直截了当的初等计算.

现在我们将复半单李代数与紧半单李代数作一番**比较分析**.

总结上面**复半单李代数**的 Cartan 分解的六点基本性质, 我们可以把它和第四章所讨论的**紧半单李代数**的**复** Cartan 分解加以比较分析.

第一, 在本质上, 一个**紧半单李代数** $\mathfrak{u}$ 的**复** Cartan 分解, 也就是**复半单李代数** $\mathfrak{g} = \mathfrak{u} \otimes \mathbf{C}$ 的 Cartan 分解. 所以前者乃是后者的一部分 "实例". 其实, 本章的主要结论也就是要证明这一部分 "实例" 根本就已经是复半单李代数的 Cartan 分解的全部可能性了!

第二, 从论证上来看, 紧致性使得前者的结构分析大为简化. 在紧半单的 Cartan 分解中, 性质 1)—5) 基本上是十分明显的. 但是在复半单李代数的情形, 虽然并不算难证, 但是也并不是完全明显的.

第三, 紧半单李代数的复 Cartan 分解的诸多特性之中, 比较深刻的部分都是应用 SU (2) 的复表示论加以推导的 (参看第三章的定理 4 和定理 5, 以及从第四章一开头一直到 Chevalley 基的选定的一大段的讨论). 所以在这里对于复半单李代数的 Cartan 分解的探讨中也自然要设法同样地运用 SU (2) 的复表示论, 来论证它也同样地具有那些深刻的特性, 一直到同样地建立它的一组 Chevalley 基为止. 这也就是我们用来证明任何复半单李代数 $\mathfrak{g}$ 都和一个紧半单李代数的复化 $\mathfrak{u} \otimes \mathbf{C}$ 同构的一个自然途径, 其起点就是下述基本事实:

7) 设 $\alpha \in \Delta$, 则

$$\mathbf{C}X_\alpha \oplus \mathbf{C}H_\alpha \oplus \mathbf{C}X_{-\alpha}$$

构成 $\mathfrak{g}$ 的一个子李代数, 它和 SL (2, $\mathbf{C}$) 的李代数亦即 SU (2) 的李代数的复化同构.

证 设 $\mathfrak{a}_1$ 为 SU (2) 的李代数的复化, 亦即是 SL (2, $\mathbf{C}$) 的李代数, 则由第三章的讨论, $\mathfrak{a}_1$ 是一个复三维空间. 它具有一组基 $\{H, X, Y\}$, 满足:

$$\begin{cases} [X,Y] = H, \\ [H,X] = 2X, \\ [H,Y] = 2Y. \end{cases} \tag{129}$$

在 5) 和 6) 中我们业已证明

$$\alpha(H_\alpha) \neq 0, \quad \dim \mathfrak{g}_a = \dim \mathfrak{g}_{-\alpha} = 1,$$

而且在 $\mathfrak{g}_\alpha$ 和 $\mathfrak{g}_{-\alpha}$ 中分别存在 $X_\alpha, X_{-\alpha}$ 使得

$$\begin{cases} [X_\alpha, X_{-\alpha}] = H_\alpha, \\ [H_\alpha, X_\alpha] = \alpha(H_\alpha) X_\alpha, \\ [H_\alpha, X_{-\alpha}] = -\alpha(H_\alpha) X_{-\alpha}. \end{cases} \tag{129'}$$

由此可见, 只要取

$$\begin{cases} X'_\alpha = X_\alpha, \\ X'_{-\alpha} = \dfrac{2}{\alpha(H_\alpha)} X_{-\alpha}, \\ H'_\alpha = \dfrac{2}{\alpha(H_\alpha)} H_\alpha, \end{cases} \tag{130}$$

即得 H'_α, X'_α 及 $X'_{-\alpha}$ 也适合关系式 (129). 换句话说, 这也就证明了

$$\mathcal{L}_\alpha = \mathbf{C} X_\alpha + \mathbf{C} X_{-\alpha} + \mathbf{C} H_\alpha \cong \mathfrak{a}_1. \qquad \square$$

有了上述基本事实 7), 就可以从 $\mathcal{L}_\alpha$ 在 $\mathfrak{g}$ 上的伴随表示得出 SU(2) 在 $\mathfrak{g}$ 上的复表示. 由此可见, 在第四章对于紧半单李代数的复 Cartan 分解的所有结构的分析, 完全可以照搬到复半单李代数的 Cartan 分解中来, 一直到得出一个复半单李代数的 Chevalley 基的选定为止, 请读者耐心地逐步一一检验, 本书就不再重复了. 总之, 这样就可以顺理成章地证明:

复半单李代数的分类定理　对于每一个复半单李代数 $\mathfrak{g}$ 都存在一个紧半单李代数 $\mathfrak{u}$, 使得

$$\mathfrak{g} \cong \mathfrak{u} \otimes \mathbf{C} \quad (存在性).$$

而且如果

$$\mathfrak{u}_1 \otimes \mathbf{C} \cong \mathfrak{u}_2 \otimes \mathbf{C},$$

则

$$\mathfrak{u}_1 \cong \mathfrak{u}_2 \quad (唯一性).$$

习　题

1. 叙述并证明李代数的同态基本定理.

2. 回顾第一章、第二章的讨论, 不难看到李群的线性表示和上述李代数的线性表示之间的密切关系. 亦即设 $\varphi: G \to \mathrm{GL}(V)$ 是一个李群 G 在 V 上的线

性表示, $d\varphi : \mathfrak{g} \to \mathfrak{gl}(V)$ 就是其相应的李代数 $\mathfrak{g}$ 在 V 上的线性表示. 由此可见, 李代数的线性表示也就是李群的线性表示的 "微分形式", 乃是一种线性化的自然产物.

请读者采用上述观点, 再把第一章中关于 $V^*, V \otimes W$ 和 $\mathscr{L}(V; W)$ 上相应群表示的定义和本章关于 $V^*, V \otimes W$ 和 $\mathscr{L}(V; W)$ 上相应李代数表示的定义作一番比较分析.

3. 设 $\mathfrak{g}$ 的一个理想 $\mathfrak{a}$ 和商代数 $\mathfrak{g}/\mathfrak{a}$ 都是可解的, 试证 $\mathfrak{g}$ 本身也是可解的.

4. 设 $\mathfrak{r}$ 是李代数 $\mathfrak{g}$ 的根基 (亦即极大可解理想), 则商代数 $\mathfrak{g}/\mathfrak{r}$ 是半单的.

5. 设 V, W 是两个给定的 $\mathfrak{g}$-模, 分别定义了 $V^* \otimes W$ 和 $\mathscr{L}(V; W)$ 上相应的 $\mathfrak{g}$-模结构. 试证 $V^* \otimes W$ 和 $\mathscr{L}(V; W)$ 是 $\mathfrak{g}$-模同构的.

6. 设 $\mathfrak{g}$ 是非半单李代数, 试证 $\mathfrak{g}$ 中必定存在一个非零的可换理想 $\mathfrak{a}$, 亦即 $\mathfrak{a} \neq 0$, 但是有:

$$[\mathfrak{g}, \mathfrak{a}] \subseteq \mathfrak{a}; \quad [\mathfrak{a}, \mathfrak{a}] = 0.$$

7. 完成定理 3 推论 2 的证明.

8. 设 V 是一个半单 $\mathfrak{g}$-模, 试证 V^* 也是半单 $\mathfrak{g}$-模.

9. 请读者参照第四章紧半单李代数分类定理的证明完成复半单李代数的分类定理的证明.

第六章　实半单李代数和对称空间

设 $\mathfrak{g}$ 是实数域 $\mathbf{R}$ 上的半单李代数, 则 $\mathfrak{g} \otimes \mathbf{C}$ 就是一个复半单李代数, 而复半单李代数的分类我们在第五章业已完成. 在本章中我们将证明在 $\mathfrak{g} \otimes \mathbf{C}$ 中存在一个适当的紧半单李代数 $\mathfrak{u} \subset \mathfrak{g} \otimes \mathbf{C}$, 使得 $\mathfrak{u} \otimes \mathbf{C} = \mathfrak{g} \otimes \mathbf{C}$, 而且 $\mathfrak{u}$ 在 $\mathfrak{g} \otimes \mathbf{C}$ 对 $\mathfrak{g}$ 的共轭之下保持不变. 由此可见, 把 $\mathfrak{g} \otimes \mathbf{C}$ 对 $\mathfrak{g}$ 的共轭限制到 $\mathfrak{u}$ 上, 即得到 $\mathfrak{u}$ 的一个对合自同构 $\sigma : \mathfrak{u} \to \mathfrak{u}, \sigma^2 = \mathrm{id}$. 令 $\mathfrak{k}, \mathfrak{p}$ 分别是 σ 的属于特征值 $+1, -1$ 的特征空间, 亦即

$$\mathfrak{k} = \{X \in \mathfrak{u} : \sigma(X) = X\},$$
$$\mathfrak{p} = \{X \in \mathfrak{u} : \sigma(X) = -X\},$$

则不难看出下述实向量空间的分解:

$$\mathfrak{u} = \mathfrak{k} \oplus \mathfrak{p}, \quad \mathfrak{g} = \mathfrak{k} \oplus i\mathfrak{p}, \quad i = \sqrt{-1}.$$

由此可见, 实半单李代数的结构和分类的研讨, 可以归于紧半单李代数的对合自同构的分类的研讨. 这也就是本章研讨实半单李代数所采取的途径.

再者, 设 M 是一个黎曼流形 (Riemannian manifold), 若 M 对于其中任给一点 $p \in M$ 都成**中心对称**, 亦即对于每个点 $p \in M$, 恒存在一个**对合保长变换** $s_p : M \to M$, 它使得每一条过 p 点的测地线反向, 则称 M 为一**对称空间** (symmetric space). 我们将证明每一个对称空间 M 都自然地是一个**齐性空间** (homogeneous space). 换句话说, 它的保长变换群是一个李群 G. 李群 G 在 M 上的作用是可递的, 而且 G 中使得一个取定的基点 $O \in M$ 固定不动的保长变换所成的子群 K 是 G 的一个紧致子群, 即 M 可视为 G 对 K 的商空间, 亦即

$M = G/K$. 进而, M 对于基点 O 的中心对称 $s_O : M \to M$ 就自然地诱导而得 G 上的对合自同构 $\sigma_O : G \to G$. 从李代数的观点来说, $\mathrm{d}\sigma_o : \mathfrak{g} \to \mathfrak{g}$ 就是一个李代数的对合自同构. 而 $\mathfrak{k}$ 也就是 $\mathrm{d}\sigma_o$ 的定点子代数. 这里, $\mathfrak{g}, \mathfrak{k}$ 分别为 G, K 的李代数. 由此可见, 对称空间的结构分类, 也可以归于某种李代数的对合自同构的分类来加以研讨. 这也就是为什么把上述一个代数事物, 一个几何事物这样两种截然不同的事物的研讨合并成一章的理由.

本章所讨论的结果, 绝大部分乃是 É. Cartan 的贡献.

§1　实半单李代数的结构

设 $\mathfrak{u}$ 是一个紧半单李代数, 则 $\mathfrak{u} \otimes \mathbf{C}$ 是一个复半单李代数. 而第五章第 3 节的讨论则说明任何一个复半单李代数 $\mathfrak{g}_{\mathbf{C}}$ 都可以唯一地表示成一个紧半单李代数的复化. 换句话说, 任给一个复半单李代数 $\mathfrak{g}_{\mathbf{C}}$, 在其中必存在一个紧半单李代数 $\mathfrak{u} \subset \mathfrak{g}_{\mathbf{C}}$, 使得

$$\mathfrak{g}_{\mathbf{C}} = \mathfrak{u} \otimes \mathbf{C}.$$

这也就说明了复半单李代数和紧半单李代数之间的密切关系. 本节将进而说明实半单李代数和紧半单李代数之间的密切关系.

首先, 让我们先来构造一些**非紧**的实半单李代数的例子. 因为在第一章到第四章中, 我们业已对于紧致李群和紧致李代数作了相当详尽的研讨分析, 所以紧半单李代数应该可以算是老朋友了. 因此, 我们可以试着把一个紧半单李代数加以适当的更改, 从而构造出非紧的实半单李代数.

分析　1) 设 σ 是一个紧半单李代数 $\mathfrak{u}$ 的对合自同构, 亦即 $\sigma : \mathfrak{u} \to \mathfrak{u}$ 是一个线性变换, 而且

$$\begin{cases} \sigma^2 = \mathrm{id}, \\ [\sigma X, \sigma Y] = \sigma[X, Y], \end{cases} \tag{1}$$

则 $\mathfrak{u}$ 有下述 σ-不变子空间的直和分解:

$$\begin{aligned} \mathfrak{u} &= \ker(\sigma^2 - \mathrm{id}) \\ &= \ker(\sigma - \mathrm{id}) \oplus \ker(\sigma + \mathrm{id}) \\ &= \mathfrak{k} \oplus \mathfrak{p}, \end{aligned} \tag{2}$$

亦即

$$\begin{cases} \mathfrak{k} = \{X \in \mathfrak{u}; \quad \sigma(X) = X\}, \\ \mathfrak{p} = \{X \in \mathfrak{u}; \quad \sigma(X) = -X\}. \end{cases} \tag{2'}$$

不难由 (1) 和 (2) 看到, 对于任给 $X_1, X_2 \in \mathfrak{k}, Y_1, Y_2 \in \mathfrak{p}$, 恒有

$$\begin{cases} [X_1, X_2] \in \mathfrak{k}, \\ [Y_1, Y_2] \in \mathfrak{k}, \\ [X_1, Y_1] \in \mathfrak{p}. \end{cases} \tag{3}$$

亦即有括积关系式:

$$\begin{cases} [\mathfrak{k}, \mathfrak{k}] \subseteq \mathfrak{k}, \\ [\mathfrak{p}, \mathfrak{p}] \subseteq \mathfrak{k}, \\ [\mathfrak{k}, \mathfrak{p}] \subseteq \mathfrak{p}. \end{cases} \tag{3'}$$

这是因为

$$\sigma[X_1, X_2] = [\sigma(X_1), \sigma(X_2)] = [X_1, X_2],$$
$$\sigma[Y_1, Y_2] = [\sigma(Y_1), \sigma(Y_2)] = [-Y_1, -Y_2] = [Y_1, Y_2],$$
$$\sigma[X_1, Y_1] = [\sigma(X_1), \sigma(Y_1)] = [X_1, -Y_1] = -[X_1, Y_1].$$

再者, 紧半单李代数的一个特征性质是其 Killing 型

$$B(X, Y) = \mathrm{Tr}(\mathrm{ad}\, X \cdot \mathrm{ad}\, Y)$$

是一个**负定的对称双线性型**, 我们不难由 (3) 中的括积关系看到:

$$B(\mathfrak{k}, \mathfrak{p}) = 0. \tag{4}$$

事实上, 当 $X \in \mathfrak{k}, Y \in \mathfrak{p}$ 时, 我们有

$$\mathrm{ad}\, X \, \mathrm{ad}\, Y(\mathfrak{k}) \subseteq \mathfrak{p}, \quad \mathrm{ad}\, X \, \mathrm{ad}\, Y(\mathfrak{p}) \subseteq \mathfrak{k},$$

因而

$$B(X, Y) = \mathrm{Tr}(\mathrm{ad}\, X \cdot \mathrm{ad}\, Y) = 0.$$

2) 我们利用分解 (2) 来构造非紧实半单李代数. 令

$$\mathfrak{g} = \mathfrak{k} + \mathrm{i}\mathfrak{p} = \{X + \mathrm{i}Y; \quad X \in \mathfrak{k}, Y \in \mathfrak{p}\}.$$

显然, $\mathfrak{g} \subset \mathfrak{u} \otimes \mathbf{C}, \mathfrak{g}$ 为 $\mathbf{R}$ 上线性空间, 而且不难由下述括积运算和 (3) 式验算对任何 $X_1 + \mathrm{i}Y_1, X_2 + \mathrm{i}Y_2 \in \mathfrak{g}$ 都有

$$\begin{aligned} &[X_1 + \mathrm{i}Y_1, X_2 + \mathrm{i}Y_2] \\ &= ([X_1, X_2] - [Y_1, Y_2]) + \mathrm{i}([Y_1, X_2] + [X_1, Y_2]) \in \mathfrak{g}, \end{aligned} \tag{5}$$

所以 $\mathfrak{g}$ 构成一个 $\mathbf{R}$ 上的李代数.

其次, 显然有 $\mathfrak{g} \otimes \mathbf{C} = \mathfrak{u} \otimes \mathbf{C}$. 因为 $\mathfrak{u} \otimes \mathbf{C}$ 是复半单的, 所以 $\mathfrak{g} \otimes \mathbf{C}$ 是复半单的. 由此可见 $\mathfrak{g}$ 是实半单的.

最后, 若 $Y_1 \in \mathfrak{p}, Y_1 \neq 0$, 则有

$$B(\mathrm{i}Y_1, \mathrm{i}Y_1) = -B(Y_1, Y_1) > 0, \tag{6}$$

故知 $\mathfrak{g}$ 的 Killing 型并非负定, 所以 $\mathfrak{g}$ 是**非紧**的实半单李代数.

其实, 接着我们就要证明任何非紧的实半单李代数 $\mathfrak{g}$ 都可以由某一个紧半单李代数用上述构造法得到. 换句话说, 用上述方法构造而得的实半单李代数业已具有一般性.

3) 设 $\mathfrak{g}$ 是一个任给的实半单李代数 (因为紧的业已 "熟知", 所以不妨设为非紧的), 则 $\mathfrak{g}_\mathbf{C} = \mathfrak{g} \otimes \mathbf{C}$ 就是一个复半单李代数. 由上一章的论证, 得知在 $\mathfrak{g}_\mathbf{C}$ 之中必定存在一个紧半单李代数 $\mathfrak{u}$, 使得

$$\mathfrak{u} \otimes \mathbf{C} = \mathfrak{u} \oplus \mathrm{i}\mathfrak{u} = \mathfrak{g}_\mathbf{C} = \mathfrak{g} \oplus \mathrm{i}\mathfrak{g} = \mathfrak{g} \otimes \mathbf{C}.$$

换句话说, 在复半单李代数 $\mathfrak{g}_\mathbf{C}$ 之中, "共存" 着两个实半单子李代数 $\mathfrak{u}$ 和 $\mathfrak{g}$, 其中一个是紧的, 一个是非紧的, 而且

$$\mathfrak{g}_\mathbf{C} = \mathfrak{u} \oplus \mathrm{i}\mathfrak{u} = \mathfrak{g} \oplus \mathrm{i}\mathfrak{g}, \tag{7}$$

这里的直和 "$\oplus$" 是实向量空间的直和.

当然, 我们也可以把 $\mathfrak{g}_\mathbf{C}$ 本身看成一个实李代数, 则下述实线性变换对于 $\mathfrak{g}_\mathbf{C}$ 的实李代数结构来说, 都是 "自同构":

$$\begin{cases} \tau : \mathfrak{g}_\mathbf{C} = \mathfrak{u} \oplus \mathrm{i}\mathfrak{u} \to \mathfrak{u} \oplus \mathrm{i}\mathfrak{u}, \\ \qquad \tau(u_1 + \mathrm{i}u_2) = u_1 - \mathrm{i}u_2; \\ \sigma : \mathfrak{g}_\mathbf{C} = \mathfrak{g} \oplus \mathrm{i}\mathfrak{g} \to \mathfrak{g} + \mathrm{i}\mathfrak{g}, \\ \qquad \sigma(g_1 + \mathrm{i}g_2) = g_1 - \mathrm{i}g_2, \end{cases} \tag{8}$$

其中 $u_1, u_2 \in \mathfrak{u}; g_1, g_2 \in \mathfrak{g}$.

请读者注意, τ, σ 根本不是复线性变换. 其实对于任给 $\lambda \in \mathbf{C}, X \in \mathfrak{g}_\mathbf{C}$, 皆有

$$\begin{cases} \tau(\lambda X) = \overline{\lambda}\tau(X), \\ \sigma(\lambda X) = \overline{\lambda}\sigma(X), \end{cases} \tag{8'}$$

所以 $\sigma\tau$ 才是 $\mathfrak{g}_\mathbf{C}$ 的复李代数结构的一个自同构.

定义　由 (8) 定义的 $\mathfrak{g}_{\mathbf{C}}$ 的变换 τ, σ 分别称为 $\mathfrak{g}_{\mathbf{C}}$ 对 $\mathfrak{u}$, 对 $\mathfrak{g}$ 的**共轭** (conjugation).

一般来说, $\mathfrak{u}$ 不见得在 σ 的作用之下保持不变, 而 $\mathfrak{g}$ 也不见得在 τ 的作用之下保持不变. 但是在下面我们即将证明, 在 $\mathfrak{g}_{\mathbf{C}}$ 之中必定存在一个适当的紧半单李代数 $\mathfrak{u}$, 使得

$$\sigma(\mathfrak{u}) = \mathfrak{u} \quad \tau(\mathfrak{g}) = \mathfrak{g}.$$

对于这样一个紧半单李代数 $\mathfrak{u}$ 来说, 则 σ 在 $\mathfrak{u}$ 上的作用也就是一个**对合自同构**, 而且有下面的分解:

$$\begin{cases} \mathfrak{u} = (\mathfrak{u} \bigcap \mathfrak{g}) \oplus (\mathfrak{u} \bigcap i\mathfrak{g}) = \mathfrak{k} \oplus \mathfrak{p}, \\ \mathfrak{g} = \mathfrak{k} \oplus i\mathfrak{p}. \end{cases} \tag{9}$$

总结上述三点分析, 我们就可以认识到探讨实半单李代数的一个自然途径和所要克服的第一个关键性定理, 那就是要证明在 $\mathfrak{g}_{\mathbf{C}} = \mathfrak{g} \otimes \mathbf{C}$ 中存在一个 σ-不变的紧半单李代数 $\mathfrak{u}$. 这样就可以把非紧的实半单李代数的研讨归于紧半单李代数及其对合自同构的研究.

定理 1 (Cartan 引理)　设 $\mathfrak{g}$ 是一个任给的实半单李代数,

$$\mathfrak{g}_{\mathbf{C}} = \mathfrak{g} \otimes \mathbf{C} = \mathfrak{g} \oplus i\mathfrak{g},$$

$\sigma : \mathfrak{g}_{\mathbf{C}} \to \mathfrak{g}_{\mathbf{C}}$ 是 (8) 式所定义的 $\mathfrak{g}_{\mathbf{C}}$ 对 $\mathfrak{g}$ 的共轭, 则在 $\mathfrak{g}_{\mathbf{C}}$ 中必定存在一个紧半单李代数 $\mathfrak{u}$, 使得 $\mathfrak{u} \otimes \mathbf{C} = \mathfrak{g}_{\mathbf{C}}$, 而且 $\mathfrak{u}$ 是 σ-不变的.

证　由第五章对于复半单李代数的结构理论得知, $\mathfrak{g}_{\mathbf{C}}$ 中肯定存在一个紧半单李代数 $\mathfrak{u}_0$, 使得 $\mathfrak{u}_0 \otimes \mathbf{C} = \mathfrak{g}_{\mathbf{C}}$, 亦即 $\mathfrak{g}_{\mathbf{C}} = \mathfrak{u}_0 \oplus i\mathfrak{u}_0$. 所以问题在于 σ-不变的这种紧半单李代数的存在性.

设 $\varphi : \mathfrak{g}_{\mathbf{C}} \to \mathfrak{g}_{\mathbf{C}}$ 是 $\mathfrak{g}_{\mathbf{C}}$ 的复李代数结构的一个自同构, 则显然 $\mathfrak{u} = \varphi(\mathfrak{u}_0)$ 也是一个满足 $\mathfrak{u} \oplus i\mathfrak{u} = \mathfrak{g}_{\mathbf{C}}$ 的紧半单李代数. 因此, 一个自然的想法就是设法构造一个适当的复自同构 φ, 使得 $\varphi(\mathfrak{u}_0)$ 是 σ-不变的. 这也就是下面所要论证的.

1) 如 (8) 式所定义, 令

$$\tau_0 : \mathfrak{g}_{\mathbf{C}} \to \mathfrak{g}_{\mathbf{C}}, \quad \sigma : \mathfrak{g}_{\mathbf{C}} \to \mathfrak{g}_{\mathbf{C}} \tag{8''}$$

分别是 $\mathfrak{g}_{\mathbf{C}}$ 对于 $\mathfrak{u}_0$, 对于 $\mathfrak{g}$ 的共轭.

为了便于叙述, 我们将引用符号 $F(A)$ 表示一个变换 A 的定点子集, 亦即

$$F(A) = \{x; Ax = x\}.$$

例如

$$\begin{cases} F(\tau_0) = \mathfrak{u}_0, \\ F(\sigma) = \mathfrak{g}, \\ F(BAB^{-1}) = BF(A). \end{cases}$$

由此可见, 设 φ 是 $\mathfrak{g}_{\mathbf{C}}$ 的一个复自同构 (即 $\mathfrak{g}_{\mathbf{C}}$ 的复李代数结构的自同构), $\mathfrak{u} = \varphi(\mathfrak{u}_0)$, 则

$$\tau = \varphi\tau_0\varphi^{-1} : \mathfrak{g}_{\mathbf{C}} \to \mathfrak{g}_{\mathbf{C}}. \tag{10}$$

显然 τ 满足下列关系:

$$\begin{cases} F(\tau) = \varphi F(\tau_0) = \varphi(\mathfrak{u}_0) = \mathfrak{u}, \\ \tau(\lambda X) = \bar{\lambda}\tau(X). \end{cases} \tag{11}$$

因此 τ 是 $\mathfrak{g}_{\mathbf{C}}$ 的实自同构 (即 $\mathfrak{g}_{\mathbf{C}}$ 的实李代数结构的自同构), 亦即 $\tau = \varphi\tau_0\varphi^{-1}$ 是 $\mathfrak{g}_{\mathbf{C}} = \mathfrak{u} \otimes \mathbf{C} = \mathfrak{u} \oplus i\mathfrak{u}$ 对于 $\mathfrak{u} = \varphi(\mathfrak{u}_0)$ 的共轭. 再者, $\psi = \sigma\tau$ 是 $\mathfrak{g}_{\mathbf{C}}$ 的一个复自同构.

由于 $\tau^2 = \mathrm{id}, \sigma^2 = \mathrm{id}$, 因而有

$$\tau' = \psi\tau\psi^{-1} = \sigma\tau \cdot \tau \cdot \tau\sigma = \sigma\tau\sigma, \tag{12}$$

$$F(\tau') = \psi(\mathfrak{u}) = \sigma\tau(\mathfrak{u}) = \sigma(\mathfrak{u}). \tag{12'}$$

所以, $\mathfrak{u}$ 是 σ-不变的充要条件就是

$$\tau' = \sigma\tau\sigma = \tau, \tag{13}$$

亦即

$$\sigma\tau = \tau\sigma.$$

由此可见, 本定理的证明要点, 也就是要求得一个适当的 $\mathfrak{g}_{\mathbf{C}}$ 的复自同构 φ, 使得 $\tau = \varphi\tau_0\varphi^{-1}$ 满足 $\tau\sigma = \sigma\tau$.

2) 为了要构造一个满足上述条件的复自同构 φ, 我们先对 $\rho = \sigma\tau_0$ 这个 "现成的" 复自同构作一番分析. 在复向量空间 $\mathfrak{g} \otimes \mathbf{C}$ 上, $B(X, Y) = \mathrm{Tr}(\mathrm{ad}\, X \cdot \mathrm{ad}\, Y)$ 是一个非退化的对称双线性型. 因为 $\mathfrak{g}_{\mathbf{C}} = \mathfrak{u}_0 \otimes \mathbf{C}$, 而且 $\mathfrak{u}_0$ 是紧半单的, 所以

$$\langle X, Y \rangle = -B(X, Y), \quad X, Y \in \mathfrak{u}_0 \tag{14}$$

是 $\mathfrak{u}_0$ 上的一个正定内积. 由此可见

$$\langle X, Y \rangle = -B(X, \tau_0 Y), \quad X, Y \in \mathfrak{g}_{\mathbf{C}} \tag{14'}$$

是定义在 $\mathfrak{g}_{\mathbf{C}}$ 上的一个**酉内积** (unitary inner product 或者 Hermitian inner prouduct). 再者, 因为 $B(X,Y)$ 显然是在 $\mathfrak{g}_{\mathbf{C}}$ 的任何一个复自同构之下保持不变的, 所以对于复自同构 $\rho = \sigma\tau_0$ 下式成立:

$$
\begin{aligned}
B(\rho(X), \tau_0 Y) &= B(X, \rho^{-1} \cdot \tau_0 Y) = B(X, \tau_0 \sigma \tau_0 Y) \\
&= B(X, \tau_0 \rho(Y)).
\end{aligned}
\tag{15}
$$

换句话说, 对于复向量空间 $\mathfrak{g}_{\mathbf{C}}$ 上的酉内积 $\langle X, Y \rangle$ 来说, $\rho : \mathfrak{g}_{\mathbf{C}} \to \mathfrak{g}_{\mathbf{C}}$ 是一个 Hermite 线性变换, 亦即

$$
\langle \rho(X), Y \rangle = \langle X, \rho(Y) \rangle, \quad \forall X, Y \in \mathfrak{g}_{\mathbf{C}}.
\tag{16}
$$

因此, $P = \rho^2 : \mathfrak{g}_{\mathbf{C}} \to \mathfrak{g}_{\mathbf{C}}$ 是一个正定 Hermite 线性变换.

由熟知的线性代数知识, 我们可以在 $\mathfrak{g}_{\mathbf{C}}$ 中选取适当的一组基

$$
\{X_i; \quad 1 \leqslant i \leqslant \dim \mathfrak{g}_{\mathbf{C}} = m\},
$$

使得

$$
\begin{cases}
\rho X_i = \mu_i X_i, & 1 \leqslant i \leqslant m, \mu_i \in \mathbf{R}, \mu_i \neq 0; \\
P X_i = \lambda_i X_i, & 1 \leqslant i \leqslant m, \lambda_i = \mu_i^2,
\end{cases}
\tag{17}
$$

因而 $\lambda_i = \mu_i^2 > 0, 1 \leqslant i \leqslant m$, 即 λ_i 都是正实数.

再者, 设 $c_{ij}^k, 1 \leqslant i, j, k \leqslant m$ 是复李代数 $\mathfrak{g}_{\mathbf{C}}$ 对于上述基 $\{X_i; 1 \leqslant i \leqslant m\}$ 的结构常数, 亦即

$$
[X_i, X_j] = \sum_{k=1}^{m} c_{ij}^k X_k, \quad 1 \leqslant i, j \leqslant m.
\tag{18}
$$

P 为 $\mathfrak{g}_{\mathbf{C}}$ 的复自同构, 也就是说

$$
[P X_i, P X_j] = P[X_i, X_j].
$$

由 (17) 与 (18), 我们有

$$
\begin{aligned}
\sum_{k=1}^{m} \lambda_i \lambda_j c_{ij}^k X_k &= [\lambda_i X_i, \lambda_j X_j] = [P X_i, P X_j] \\
&= P[X_i, X_j] = P\left(\sum_{k=1}^{m} c_{ij}^k X_k\right) \\
&= \sum_{k=1}^{m} \lambda_k c_{ij}^k X_k,
\end{aligned}
\tag{19}
$$

亦即

$$
\lambda_i \lambda_j c_{ij}^k = \lambda_k c_{ij}^k
\tag{20}
$$

对于任何 $1 \leqslant i, j, k \leqslant m$ 都成立. 换句话说, 对于任何一个非零的结构常数 $c_{ij}^k \neq 0$, 都有 $\lambda_i \lambda_j = \lambda_k$. 而在 $c_{ij}^k = 0$ 时, (20) 式是平凡的 $0 = 0$! 总之, 由 (20) 可以推出, 对于任何 $t \in \mathbf{R}$, 都有

$$\lambda_i^t \lambda_j^t c_{ij}^t = \lambda_k^t c_{ij}^k \tag{20'}$$

依然对于所有 $1 \leqslant i, j, k \leqslant m$ 成立. 这也就证明了 P^t ($\forall t \in \mathbf{R}$) 都是 $\mathfrak{g}_{\mathbf{C}}$ 的复自同构!

3) 由 ρ 的定义和 $\sigma^2 = \tau_0^2 = \mathrm{id}$ 即有

$$\tau_0 \rho \tau_0 = \tau_0 (\sigma \tau_0) \tau_0 = \tau_0 \sigma = \rho^{-1}, \tag{21}$$

因此, 再由 $P = \rho^2$ 即得

$$\begin{cases} \tau_0 P \tau_0 = P^{-1}, \\ \tau_0 P^t \tau_0 = P^{-t}, \quad t \in \mathbf{R}. \end{cases} \tag{21'}$$

我们取 $\varphi = P^{\frac{1}{4}}$. 令 $\tau = \varphi \tau_0 \varphi^{-1}$, 则有

$$\begin{cases} \sigma \tau = \sigma P^{\frac{1}{4}} \tau_0 P^{-\frac{1}{4}} = \sigma \tau_0 P^{-\frac{1}{2}} = \rho P^{-\frac{1}{2}}, \\ \tau \sigma = (\sigma \tau)^{-1} = P^{\frac{1}{2}} \rho^{-1}. \end{cases} \tag{22}$$

容易由 ρ 和 P^t 在基 $\{X_i; 1 \leqslant i \leqslant m\}$ 上的作用直接验算而得 $\rho P^{-\frac{1}{2}} = P^{\frac{1}{2}} \rho^{-1}$, 亦即 $\sigma \tau = \tau \sigma$, 故 $\varphi(\mathfrak{u}_0)$ 是 σ-不变的. 因为对每一个 $1 \leqslant i \leqslant m$, 有

$$\begin{cases} \rho P^{-\frac{1}{2}}(X_i) = \dfrac{\mu_i}{\sqrt{\lambda_i}} X_i = \mathrm{sign}(\mu_i) X_i, \\ P^{\frac{1}{2}} \rho^{-1}(X_i) = \dfrac{\sqrt{\lambda_i}}{\mu_i} X_i = \mathrm{sign}(\mu_i) X_i. \end{cases} \tag{23}$$

这样我们完成了定理的证明. □

推论 对于任给实半单李代数 $\mathfrak{g}$, 都存在着一个唯一的紧半单李代数 $\mathfrak{u}$ 和它的一个对合自同构 σ, 使得

$$\begin{cases} \mathfrak{u} = \mathfrak{k} + \mathfrak{p}, \\ \mathfrak{g} = \mathfrak{k} + i\mathfrak{p}. \end{cases}$$

其中

$$\mathfrak{k} = \ker(\sigma - \mathrm{id}), \quad \mathfrak{p} = \ker(\sigma + \mathrm{id}).$$

注记 上述分解, 称为实半单李代数的 **Cartan 分解**. 关于 Cartan 分解的一些重要性质如唯一性等留作习题.

§2　变换群与古典几何

1. 变换群与欧氏几何

　　群和变换群的概念, 直到 19 世纪末 20 世纪初才崭露头角, 并在整个近代数学的发展中扮演着一个统贯全局的枢纽性的角色. 其实早在二三千年前的古希腊时代, 变换群就已经是古典几何学中的主角, 只不过那时候的描述方式是用空间的 **"叠合公理"** 来加以表达罢了! 其中最基本的就是 "线段"、"夹角" 和 "三角形" 的叠合条件分别是 "等长", "等角度" 和 "两边一夹角对应相等" (简称为 S.A.S).

　　中学所学的平面和立体几何 —— **欧氏几何** (Euclidean geometry) 公理体系中, 最特殊的, 也是最引起议论的要算是**平行公理**; 但是最基本的, 也是最常用的却要首推**叠合公理**. 在本质上, 叠合公理所描述的其实就是空间 (或局限到平面) 的**对称性**: 一个平面对于其中任给一条直线成**反射对称**, 空间对于其中任给一个平面成**反射对称**. 改用变换群的术语来说, 那就是对于空间的任何给定的点 P 和一个给定的方向 $\overrightarrow{PA}$, 都存在一个全空间 V 的**保长对合变换** $s(\overrightarrow{PA}): V \to V$, 它使得所有过 P 点而且和 $\overrightarrow{PA}$ 垂直的直线固定不动 (即其中每点都不动), 但是使得 $\overrightarrow{PA}$ 变成它的反方向 $\overrightarrow{PA'}$. 这就是以过 P 点的 $\overrightarrow{PA}$ 的垂面为定点的反射对称, 如图 6.1 所示.

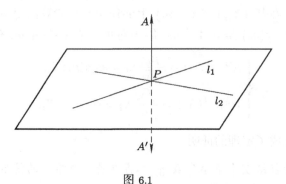

图 6.1

　　几何学的进化历程, 大体上来说, 是先从实践经验总结而得一系列简单而且基本的空间性质, 也可说就是将我们在空间中观察活动的经验加以分析归纳而得的几何常识. 这种几何可以称为 "实验几何". 在古希腊时代, 开始把日益增多的实验几何知识改用逻辑推理加以比较分析, 精炼组织, 经过古希腊几何学家三四百年的钻研和探讨, 建立起初步完整的 "推理几何学". 这不单单是几何学的重大进步, 它也是整个人类的理性文明史上的一个突破, 是人类社会一个辉煌的里程碑. 长话短说, 几何学的研究的自然趋势是从定性的层面逐渐向定量的层面推进. 例如三角学就是把三角形的研究, 从恒等、相似的论证, 提升到能够有效地进行计算的角边之间的定量关系. 但是, 要把整个几何学的研讨全面数量化, 建立起我们现在所熟知常用的解析几何学, 则还有待于 16 世纪才发展起来的代数学的促进 (16 世纪末韦达 (Francois Viète) 所著的《代数学》启发了笛卡儿 (René Descartes) 和费马 (Pierre de Fermat), 使他们想到可以用新兴的代数学, 作为定量地研讨几何学的有力工具, 从而创立了 "解析几何学").

解析几何学中常用的一个基本方法就是把空间**坐标化**, 亦即在空间中选取坐标系, 从而把所要研究的几何问题归于在选取的坐标系中所涉及的坐标的计算来加以解答. 在这里, 我们要提请读者注意下述两点:

1) 从方法论上来看, 坐标系的选取, 乃是用来把几何问题的研讨归于相应的数量问题的计算的一种手段, 坐标系本身并没有内在的几何意义. 换句话说, 任何具有内在的几何意义的事物, 例如长度、角度、面积、恒等、相似等等是显然应该和坐标系的选取无关的! 其实, 还可以反过来说, 一个和坐标系选取无关的事物也就具有内在的几何意义!

2) 从概念上来分析, 叠合公理所描述的空间对称性也就是空间结构的**匀齐性** (homogeneity) 的一种具体表现. 换句话说, 整个空间在结构上是非常匀齐的. 在空间之中的任何两个点, 任何两条直线, 任何两个平面都是居于平等地位的. 改用变换群的术语来说, 都是在空间的**保构** (structural preserving) 变换之下可以互相变换者. 但是, 在选取坐标系这个过程中, 毫无疑问地是在搞 "特殊化". 原点、坐标轴等都是属于特殊地位的点和直线. 这岂不是 "破坏" 了空间中最基本的匀齐性? 我们要如何才能一方面达成坐标化、数量化, 而另一方面又保有空间的匀齐性呢? 另一种提法是: 在用坐标化研讨几何问题时, 空间的匀齐性应该如何去描述, 去运用呢? 上述这个问题的解答就是: 空间的匀齐性在坐标化之下的描述方式就是任何两个正交坐标系都居于平等地位. 因此空间的匀齐性在解析几何的研讨中的用法就在于灵活运用**坐标变换**!

总结上述二点分析, 就可以看到坐标变换在解析几何学中的基本重要性. 甚至于可以说, 解析几何学所研究的对象, 也就是在正交坐标变换群的作用之下保持不变的事物!

设 $(O; e_x, e_y, e_z)$ 和 $(O'; e_{x'}, e_{y'}, e_{z'})$ 是空间的两个正交坐标系, 则在空间上存在一个唯一的**平移** (translation), 它把坐标系 $(O; e_x, e_y, e_z)$ 平移到坐标系 $(O'; e_x, e_y, e_z)$. 然后在空间上存在一个以 O' 为定点的**正交变换**, 把 e_x, e_y, e_z 分别映像到 $e_{x'}, e_{y'}, e_{z'}$. 所以, 从解析几何的观点来看, 空间的两个正交坐标架之间, 一定有唯一的一个保构变换, 把其中一个正交坐标架变换到另一个正交坐标架. 而且, 这个保构变换可以唯一地分解为一个平移和一个正交变换的组合. 反之, 我们任取一个正交坐标架 $(O; e_x, e_y, e_z)$, 则它在一个给定的保构变换之下的像当然还是一个正交坐标架. 这也就充分地说明了正交坐标系和空间的**保构变换群** (亦即自同构群) 之间的密切关系.

总结上面对于欧氏空间的保构变换群的分析, 我们可以从保构变换群的观点来描述 n 维欧氏空间 E^n 如下:

令 G 为 E^n 的**自同构群**, T 是由 E^n 的所有平移组成的子群, $P \in E^n$ 是空间的任一给定的点, G_P 是 G 中使得 P 点固定不动的定点子群, 则可以由李群的观点描述如下:

1) $T \cong \mathbf{R}^n$, 即 T 为 n 维**可换单连通李群**, 也就是 $\mathbf{R}^n$ 的加法群.

2) $G_P \cong O(n)$, 即 G_P 为 n 阶正交群, 也就是 n 阶正交方阵的乘法群.

3) T 是 G 的一个正规子群, 而且 T 在 E^n 上的作用是**单可递的** (simply transitive).

4) G 对 T 的商群与 $O(n)$ 同构, 即

$$G/T \cong O(n).$$

从而可以把 E^n 看作 G 对 $O(n)$ 的**左陪集空间** (left coset space). 即

$$E^n = G/O(n).$$

5) 在古典欧氏几何学的论证之中, 扮演着重要角色的反射对称乃是 G 中的一种特别简单的 **"对合"** 元素 (involutive element, an element of order 2). 但是它们业已构成 G 的一组生成元.

2. 常曲率空间与正交群

"几何学" 这个名词译自希腊文的 "geometry", 其原义为 "测地之学". 由此可见, 在古代几何学家的心目中, 是把平面几何学当做 "地面" 几何学来探讨的, 虽然后来逐渐地认识到人类所居住的大体上乃是一个球体. 因此比较确切的 "地面" 几何学应该是**球面几何学**, 而不是平面几何学. 但是当我们的活动范围和地球的半径相比起来还是非常小的情况之下, 平面和这样一个大半径的球面上一个相当小的局部相差极微, 所以平面几何依然是讨论地面几何问题的一个简单实用的**近似模式** (approximate model). 但是随着人类活动范围的扩张, 航海、航空的发展, 球面几何学当然就成为一门必要的学问. 从基本性质来看, 球面和平面其实是有很多相同之处的. 例如, 球面上的大圆和平面中的直线就是相同的事物, 它们都是最短通路. 再者, 平面上最简单而且最基本的对称性是平面对于其中任给一条**直线**成反射对称. 而球面也是对于其中任给一个**大圆**成反射对称的! 假如改用古老的叠合公理的术语来说, 则球面和平面具有完全同样的叠合公理. 亦即球面几何学中, 大圆圆弧, 大圆夹角和球面三角形的叠合条件依然分别是等长、等角度和 S.A.S. 对应相等! 把上述球面三角形的叠合性质加以数量化, 即有

球面三角学 (spherical trigonometry). 球面三角形的正弦定理和余弦定理则是整个球面几何学的精要所在.

接着让我们简要地谈一谈平行公理和**非欧几何学** (non-Euclidean geometry) 的发现. 在欧几里得 (Euclid) 的名著《几何原理》(《Elements》) 里, 他采用下述第五公设来描述平面上的 "平行性质" (parallelism), 通常称为欧氏平行公理.

欧氏平行公理 (Parallel Axiom of Euclid) 设共面的两条直线 l_1, l_2 和另一条直线 l 相交 (如图 6.2), 若有同侧的两个交角之和小于一平角, 则直线 l_1, l_2 必定相交于该侧.

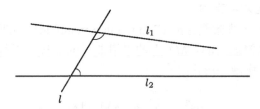

图 6.2

这个公理叙述的是平面的一个基本特性; 也是欧氏几何学在论证三角形内角和定理, 相似三角形定理等的基点. 但是自欧几里得的名著《几何原理》问世以来, 近两千多年的众多后学, 对于欧氏几何体系之中的其他公理的 "不证自明性" 都能欣然接受, 唯独对平行公理感到不自在, 每每穷毕生之力, 劳神苦思, 务必证之而后快! 因此, 平行公理的探讨, 也是对于欧氏几何学研究得最多、最久的 "疑难" 和焦点. 经两千多年的探讨, 终于在 19 世纪初由波尔约 (Bolyai) 和罗巴切夫斯基 (Lobachevsky) 各自独立地发现了**非欧几何学** (Non-euclidean Geometry)! 究竟什么是非欧几何学呢? 简要地说, 非欧几何学所研究的空间, 除了平行公理不成立之外, 它满足欧氏空间所有其他的公理. 换句话说, "非欧空间" 有别于 "欧氏空间" 之唯一的差异就在于后者满足平行公理, 而前者则不满足平行公理, 其他种种基本性质都是完全一致的! 例如非欧空间也是对于任给平面成反射对称的. 同样的, 一个非欧平面则是对于其中的任给直线成反射对称的. 改用公理的描述法, 则是非欧几何学也有和欧氏几何学完全一样的叠合公理. 波尔约和罗巴切夫斯基的划时代的创见就是不但肯定了这种非欧空间的存在性, 而且还建立起非欧空间的三角学, 从而奠定了以解析的方法研讨非欧几何学的基础.

欧氏空间、球空间和非欧空间是古典几何中三种极为重要的基本几何模式. 它们的共同的特点就是: 它们都满足同样的三个叠合公理. 改用变换群的术语来说, 也就是它们都是对于任给一点上的任给一个方向成反射对称. 换句话说, 设 M^n 是一个 n 维**黎曼空间**, G 是 M^n 上的所有保长变换所构成的群, 亦即是 M^n 的自同构群. 对于 M^n 中任给一点 P, 令 G_P 是 M^n 上所有使得 P 点固定不动的保长变换所构成的子群, 则上述叠合公理或反射对称性的变换群描述也就是: 对于任给 $P \in M^n, G_P \cong O(n)$. 亦即空间 M^n 对于其中的每一个点的定点保长变换群都是 (极大可能的) n 阶正交群! 反之, 我们不难证明, 任何满足条件 $G_P \cong O(n), P \in M^n$ 的**黎曼空间**必定和欧氏空间、球空间和非欧空间中的一个同构 (详见项武义著《古典几何学讲义》)!

§3   李群和对称空间

1. 黎曼流形与对称空间

设 M^n 是一个 n 维**黎曼流形** (Riemannian manifold), 亦即 M^n 可以用相容的局部坐标系加以覆盖, 而且 M^n 上的平滑曲线的弧长元素可以用局部坐标系表示成下述正定二次微分形式:

$$\mathrm{d}s^2 = \sum_{i,j=1}^n g_{ij}(x)\mathrm{d}x_i\mathrm{d}x_j. \tag{24}$$

概括地说, 一个 n 维黎曼流形也就是一个在无穷小的层次上, 以 n 维欧氏空间为其局部的典型的空间模式 (locally infinitesimally euclidean). 在欧氏空间之中, 最简单而且基本的几何量就是其中任给一条曲线的**弧长元素**, 若用平直的笛卡儿坐标系来表达, 它就是

$$\mathrm{d}s^2 = \sum_{i=1}^n (\mathrm{d}x_i)^2. \tag{25}$$

若是用更具一般性的局部曲线坐标系 $\{y_j; 1 \leqslant j \leqslant n\}$ 来表达, 也就是下述正定二次微分形式:

$$\begin{aligned}
\mathrm{d}s^2 &= \sum_{i=1}^n (\mathrm{d}x_i)^2 = \sum_{i=1}^n \left(\sum_{j=1}^n \frac{\partial x_i}{\partial y_j}\mathrm{d}y_j\right)^2 \\
&= \sum_{i,j=1}^n g_{ij}\mathrm{d}y_i\mathrm{d}y_j,
\end{aligned} \tag{25'}$$

其中

$$g_{ij} = \sum_{k=1}^n \frac{\partial x_k}{\partial y_i}\frac{\partial x_k}{\partial y_j}.$$

由此可见, 黎曼流形也就是这样一种空间模式, 在其中, 曲线的弧长元素这个最简单而且基本的几何量上, 和欧氏空间一样可以表示成正定二次微分形式.

我们也可以用切空间的概念, 来把上述黎曼流形和欧氏空间之间的密切关系说得更加明确些. 设 A 是 M^n 中任意取定的一点, 它在某一局部坐标系 $(x) =$

$(x_1, x_2, \cdots, x_n)$ 之中的坐标为 $(a) = (a_1, a_2, \cdots, a_n)$. 令 TM_A^n 是 M^n 在 A 点的**切空间**, $\varphi_i : (-\varepsilon, +\varepsilon) \to M^n, 1 \leqslant i \leqslant n$ 是下述参数曲线:

$$\varphi_i(t) = (a_1, \cdots, a_{i-1}, a_i + t, a_{i+1}, \cdots, a_n),$$

于是 $\varphi_i(t)$ 分别是过 A 点的 n 条坐标曲线; 它们在 A 点的切向量构成 TM_A^n 中的一组基, 通常用符号

$$\left\{ \frac{\partial}{\partial x_i}(A), 1 \leqslant i \leqslant n \right\}$$

表示. 对于这样一组基, 我们可以用下述正定二次形 Q:

$$Q\left(\sum_{i=1}^{n} \xi_i \frac{\partial}{\partial x_i}(A) \right) = \sum_{j=1}^{n} g_{ij}(A)\xi_i\xi_j \tag{26}$$

把 $TM_A^n \cong \mathbf{R}^n$ 定义成一个欧氏度量空间. 不难看到当所有 $|x_i - a_i|$ $(1 \leqslant i \leqslant n)$ 都很小时, 上述欧氏空间的度量和 M^n 上的度量是相差极微的. 简要地说, 上述欧氏切空间就是黎曼空间 M^n 在 A 点邻近的度量性质的 "线性逼近" (linear approximation).

由上面这一小段简略的介绍, 可以看到黎曼流形乃是一种很自然而且范围非常广泛的空间模式. 黎曼流形的实例是非常繁复多样的, 因此在研究黎曼几何学时, 就特别要注意问题和研讨范围的选择, 力求做到恰到好处. 例如在黎曼流形种种实例之中, 上一节所介绍的常曲率空间和本节所要讨论的对称空间, 虽然都是十分特殊的实例, 但是对于它们的几何性质的研讨反而特别重要. 因为它们是特别美好的黎曼流形, 其结构自然地和数学的其他领域紧密地联系在一起. 其实, 黎曼几何学研究的重点并不在于黎曼流形结构的一般性的讨论, 而是在于各种特殊的**自然黎曼结构**和种种**基本**的几何性质的研讨.

定义 设 p 是黎曼流形 M^n 中的一个点. 若存在 M^n 上的一个**对合保长变换** $\sigma_p : M^n \to M^n, \sigma_p^2 = \mathrm{Id}$, 使得 p 是它的一个孤立的定点, 则称 M^n 对于 p 成**中心对称**; σ_p 就叫做对于 p 点的中心对称; X 和 $\sigma_p(X)$ $(X \in M^n)$ 则称为对于 p 点的**对称点**. 若 M^n 对于其中任何一点 p 皆成中心对称, 则称 M^n 为一个**对称空间**. 换句话说, **对称空间就是一个对于其上任何一点 p 都成中心对称的黎曼流形**.

下面我们举出两个简单的例子, 然后讨论一般的对称空间.

例 1 n 维欧氏空间 E^n 是对称空间.

事实上, 设 p 为 E^n 中一点, 则 σ_p 可定义如下: $\forall q \in E^n$,

$$\sigma_p(q) = q',$$

其中 q, p, q' 在同一直线上, 且 q, q' 在 p 的异侧, 满足

$$|pq| = |pq'|,$$

见图 6.3. 显然, σ_p 是对合保长变换, p 是 σ_p 的唯一的不动点, 因而是孤立的. 故 E^n 是对称空间.

例 2　设 S^{n-1} 是 n 维欧氏空间 E^n 中的一个单位球面, 则 S^{n-1} 是一个对称空间.

事实上, 设 p 为 S^{n-1} 中任一点, 则 σ_p 可定义如下: 设 q 为 S^{n-1} 中另一点, 过 p, q 有 S^{n-1} 的唯一的大圆 C. 在 C 上可取 q', 使 q, q' 在 p 的异侧且 $\overset{\frown}{qp}$ 与 $\overset{\frown}{q'p}$ 的长度相等. 令

$$\sigma_p(q) = q',$$

见图 6.4. 显然, σ_p 是对合保长变换, 且 σ_p 的定点为 p 与 p_1, 因而 p 是 σ_p 的孤立定点. 所以 S^{n-1} 是对称空间.

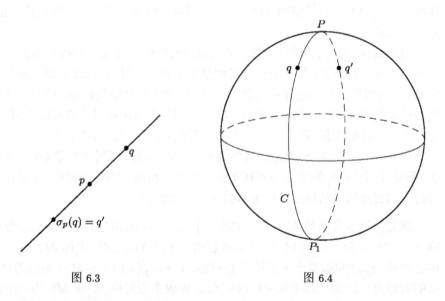

图 6.3　　　　　　　　　　　　　　　图 6.4

接着, 我们要用黎曼几何学中几个常用的一般性基本知识来分析对称空间的结构. 为此, 我们先列举黎曼流形的几个基本事实:

1) 在一个黎曼流形之中, 最简单、最基本的当首推**测地线**. 测地线是欧氏空间中的直线段的自然推广. 测地线乃是黎曼流形之中, 局部的最短通路. 一个大家熟知的例子为球面上的大圆圆弧.

2) 设 p, q 是一个连通黎曼流形 M^n 中的任给两点. 很自然地, 我们可以把所有联结 p, q 两点的曲线段的弧长的最大下限定义为 p, q 两点之间的**距离**, 通常

以符号 $d(p,q)$ 表示. 这样一来, 我们就可以在 M^n 上建立起一个由黎曼结构衍生而得的度量空间的结构. 例如上面这样定义的距离, 显然满足 "三角不等式":

$$d(p_1, p_2) + d(p_2, p_3) \geqslant d(p_1, p_3).$$

3) 在度量空间 X 中点列 $\{p_n; n \in \mathbf{N}\}$ 收敛于某一定点 a (即以 a 为其极限) 的必要条件是它满足通常的柯西 (Cauchy) 条件, 亦即对于任给 $\varepsilon > 0$, 恒存在一个足够大的 N, 使得当 $m, n \geqslant N$ 时,

$$d(p_m, p_n) < \varepsilon.$$

假如上述柯西条件也是 X 中点列之极限点存在的充分条件, 则称 X 是一个**完备的**度量空间. 若一个黎曼流形 M^n 对于其上的度量结构来说是完备的, 则称为**完备黎曼流形**.

再者, 在 Hopf-Rinow [4] 中, 证明了一个黎曼空间 M^n 是完备的一个充要条件是 M^n 中的任何一条测地线都可以无限地延伸, 而且在一个完备的黎曼流形 M^n 之中, 任给两点之间恒存在一条最短通路, 它当然是联结这两点的一条测地线段.

4) 在黎曼几何学中有两个密切相关的一般性基本结构, 叫做**平行移动与协变微分** (parallelism and covariant differentiation). 兹简述如下:

由于从本质上来说, 两者都是局部性事物, 所以我们不妨把所要描述的事物局限到 M^n 上的一个局部坐标系中来讨论. 设 U 是 M^n 上 p_0 点的一个邻域, $(x) = (x_1, x_2, \cdots, x_n)$ 是其上选定的一个局部坐标系. 在这个局部坐标系中, M^n 的局部黎曼结构可以由下述弧长元素加以表达, 即

$$\mathrm{d}s^2 = \sum_{i,j=1}^{n} g_{ij}(x)\mathrm{d}x_i \mathrm{d}x_j. \tag{27}$$

当我们把上述坐标系中的 $n-1$ 个坐标值取定, 而只让其中之一, 如 x_j 变动, 这样所得的参数曲线叫做它的第 j 个**坐标曲线族**. 它在每点的切向量构成 U 上的一个向量场, 通常用符号 $\dfrac{\partial}{\partial x_j}$ 表示, 并用 $\dfrac{\partial}{\partial x_j}(p)$ 表示它在 p 点所取的切向量. 容易看到 $\left\{\dfrac{\partial}{\partial x_j}(p); 1 \leqslant j \leqslant n\right\}$ 构成切空间 $TM_p^n, p \in U$ 的一组基. 由此可见, 任何一个定义在 U 上的向量场 X, 都可以表示成

$$X(p) = \sum_{j=1}^{n} \xi_j(p) \frac{\partial}{\partial x_j}(p), \tag{28}$$

亦即

$$X = \sum_{j=1}^{n} \xi_j \frac{\partial}{\partial x_j},$$

其中 $\{\xi_j; 1 \leqslant j \leqslant n\}$ 是 U 上用以描述向量场 X 的 n 个函数. 设 X, Y 是两个定义在 U 上的向量场,

$$X = \sum_{j=1}^{n} \xi_j \frac{\partial}{\partial x_j}, \quad Y = \sum_{j=1}^{n} \eta_j \frac{\partial}{\partial x_j}, \tag{29}$$

则有下述括积和逐点求内积所得的函数:

$$\begin{cases} [X,Y] = \sum_{j=1}^{n} \sum_{i=1}^{n} \left(\xi_i \frac{\partial \eta_j}{\partial x_i} - \eta_i \frac{\partial \xi_j}{\partial x_i} \right) \frac{\partial}{\partial x_j}, \\ g(X,Y) = \sum_{i,j=1}^{n} g_{ij} \xi_i \eta_j = \langle X, Y \rangle. \end{cases} \tag{30}$$

我们首先讨论:

协变微分　从运算的观点, 协变微分也就是在欧氏空间 E^n 上的向量场的方向微分在黎曼流形的架构中的自然推广. 因此, 我们先温习一个欧氏空间的向量场的方向微分所满足的 "运算律", 然后再看一看在一般的黎曼流形中, 是否还存在具有同样的运算律的 "微分运算"?

分析　在熟知的欧氏空间 E^n 中, 我们可以取一个笛卡儿坐标系 $\{(x_1, x_2, \cdots, x_n)\}$, 则 $\left\{ \frac{\partial}{\partial x_j}; 1 \leqslant j \leqslant n \right\}$ 是 E^n 上 n 个到处正交的平行向量场. 通常用符号 $(\xi_1, \cdots, \xi_n)$ 表示向量场

$$X = \sum_{j=1}^{n} \xi_j \frac{\partial}{\partial x_j}.$$

设 $X = (\xi_1, \xi_2, \cdots, \xi_n), Y = (\eta_1, \eta_2, \cdots, \eta_n)$ 是 E^n 上的两个任给向量场, 则可以用 E^n 中对于分量的方向微分来定义 Y 对于 X 的 "**方向微分**", 亦即

$$\nabla_X Y = \sum_{i=1}^{n} \xi_i \cdot \frac{\partial}{\partial x_i}(Y),$$
$$= \left(\sum_{i=1}^{n} \xi_i \frac{\partial \eta_1}{\partial x_i}, \sum_{i=1}^{n} \xi_i \frac{\partial \eta_2}{\partial x_i}, \cdots, \sum_{i=1}^{n} \xi_i \frac{\partial \eta_n}{\partial x_i} \right). \tag{31}$$

不难由上述分量计算公式, 直接验证上面这种 E^n 上的向量场的 "方向微分" 满足下述性质:

$$\begin{cases} \nabla_{f_1 X_1 + f_2 X_2} Y = f_1 \nabla_{X_1} Y + f_2 \nabla_{X_2} Y, \\ \nabla_X (f_1 Y_1 + f_2 Y_2) = (X f_1) Y_1 + f_1 \nabla_X Y_1 + (X f_2) Y_2 + f_2 \nabla_X Y_2, \\ \nabla_X Y - \nabla_Y X = [X, Y] \\ \nabla_Z(\langle X, Y \rangle) = \langle \nabla_Z X, Y \rangle + \langle X, \nabla_Z Y \rangle. \end{cases} \tag{32}$$

协变微分就是上述 E^n 上的向量场的方向微分在黎曼流形上的一般性推广. 其理论根据就是下述简单的基本事实.

定理 2 在一个任给的黎曼流形 M^n 上, 唯一地存在着一种满足下列运算定律的协变微分:

$$\begin{cases} \nabla_{f_1 X_1 + f_2 X_2} Y = f_1 \nabla_{X_1} Y, + f_2 \nabla_{X_2} Y, \\ \nabla_X (f_1 Y_1 + f_2 Y_2) = (X f_1) Y_1 + f_1 \nabla_X Y_1 + (X f_2) Y_2 + f_2 \nabla_X Y_2, \\ \nabla_X Y - \nabla_Y X = [X, Y], \\ \nabla_Z(\langle X, Y \rangle) = \langle \nabla_Z X, Y \rangle + \langle X, \nabla_Z Y \rangle, \end{cases} \tag{32'}$$

其中

$$\langle X, Y \rangle = g(X, Y) = \sum_{i,j=1}^{n} g_{ij} \xi_i \eta_j.$$

证 由上述运算定律 ((32) 式) 即得

$$\begin{aligned} Z(\langle X, Y \rangle) &= \langle \nabla_Z X, Y \rangle + \langle X, \nabla_Z Y \rangle \\ &= \langle \nabla_X Z, Y \rangle + \langle X, \nabla_Z Y \rangle + \langle [Z, X], Y \rangle. \end{aligned} \tag{33}$$

将上式中的 X, Y, Z 轮换, 即得另外两式:

$$X(\langle Y, Z \rangle) = \langle \nabla_Y X, Z \rangle + \langle Y, \nabla_X Z \rangle + \langle [X, Y], Z \rangle, \tag{33'}$$

$$Y(\langle Z, X \rangle) = \langle \nabla_Z Y, X \rangle + \langle Z, \nabla_Y X \rangle + \langle [Y, Z], X \rangle. \tag{33''}$$

$(33) + (33'') - (33')$, 可以得到

$$\begin{aligned} 2\langle X, \nabla_Z Y \rangle &= Z(\langle X, Y \rangle) + \langle Z, [X, Y] \rangle + Y(\langle X, Z \rangle) + \langle Y, [X, Z] \rangle \\ &\quad - X(\langle Y, Z \rangle) - \langle X, [Y, Z] \rangle. \end{aligned} \tag{34}$$

由此可见, 我们根本可以用上式来定义 $\nabla_Z Y$, 这是因为上式左端唯一地确定了 $\nabla_Z Y$ 在每一点的切空间中的取值, 而上式右端则都是只用到黎曼结构的已知事物!

例如, 当我们把 X, Y, Z 分别取为 $\dfrac{\partial}{\partial x_k}, \dfrac{\partial}{\partial x_j}$ 和 $\dfrac{\partial}{\partial x_i}$ 时, 即可由 (34) 解得

$$\nabla_{\frac{\partial}{\partial x_i}} \left(\frac{\partial}{\partial x_j} \right) = \sum_{l=1}^{n} \Gamma_{ij}^{l} \frac{\partial}{\partial x_l}, \tag{35}$$

其中 Γ_{ij}^{l} 由下述关系式所唯一确定:

$$\sum_{l=1}^{n} g_{lk} \Gamma_{ij}^{l} = \frac{1}{2} \left\{ \frac{\partial g_{ki}}{\partial x_j} + \frac{\partial g_{jk}}{\partial x_i} - \frac{\partial g_{ij}}{\partial x_k} \right\}. \tag{35'}$$

我们不难由 (35) 与 (35′) 来直接定义协变微分 $\nabla_Z Y$, 然后验证它是满足运算定律 (32′) 的. 这也就证明了协变微分的存在性和唯一性.　　　　　□

下面我们转而讨论

平行移动　我们仍然假设 U 是黎曼流形 M^n 的一个坐标邻域, 其上坐标系记为 $(x) = (x_1, x_2, \cdots, x_n)$. 再设, U 中一条给定的参数曲线 $\gamma(t), t \in [a, b]$ (即 $\gamma : [a, b] \to U$) 的局部坐标是

$$(x_1(t), x_2(t), \cdots, x_n(t)),$$

则 γ 在 $\gamma(t)$ 点的切向量就是

$$\dot{\gamma}(t) = \sum_{i=1}^{n} x_i'(t) \frac{\partial}{\partial x_i}, \tag{36}$$

其中

$$x_i'(t) = \frac{\mathrm{d}x_i(t)}{\mathrm{d}t}.$$

再者, 设 X 是一个定义在 γ 上的向量场, 它在 $\gamma(t)$ 点的取值为

$$X(t) = \sum_{j=1}^{n} \xi_j(t) \frac{\partial}{\partial x_j} \in TM_{\gamma(t)}^{n}, \tag{37}$$

则可用上述协变微分定义 $X(t)$ 沿着曲线 $\gamma(t)$ 的微分如下:

$$\begin{aligned} \mathrm{D}_\gamma X(t) &= \nabla_{\dot{\gamma}(t)} X(t) \\ &= \sum_{k=1}^{n} \left(\xi_k'(t) + \sum_{i,j=1}^{n} \Gamma_{ij}^{k} x_i'(t) \xi_j(t) \right) \frac{\partial}{\partial x_k}. \end{aligned} \tag{38}$$

定义　定义在 γ 上的向量场 $X(t)$, 若满足

$$\mathrm{D}_\gamma X(t) \equiv 0,$$

则称 $X(t)$ 是**沿着 γ 平行的**.

换句话说, $X(t)$ 沿 γ 平行, 即 $X(t) = \sum_{j=1}^{n} \xi_j(t) \dfrac{\partial}{\partial x_j}$ 中的 "分量" $\{\xi_j(t), 1 \leqslant j \leqslant n\}$ 满足下述微分方程组:

$$\frac{\mathrm{d}}{\mathrm{d}t}\xi_k(t) + \sum_{i,j=1}^{n} \Gamma_{ij}^{k} x_i'(t)\xi_j(t) = 0, \quad 1 \leqslant k \leqslant n, \tag{38'}$$

其中 $\Gamma_{ij}^{k} x_j'(t)$ 都是随着 M^n 中参数曲线 γ 的给定而确定的 t 的函数. 所以微分方程组 (38') 乃是一组 n 元一阶线性微分方程. 它的解是由其初值所唯一确定的 n 维向量空间, 换句话说, 在 γ 上的平行向量场构成一个 n 维向量空间. 而且它们在起点 $\gamma(t)$ 的计值, 就是一个自然的向量空间同构. 令 $\mathscr{P}(M^n; \gamma)$ 是由所有沿着 γ 平行的向量场所构成的向量空间, $\gamma(t_1)$ 是曲线上任给一点, 则有向量空间的同构映射 $E(t_1)$ (见下图).

$$
\begin{array}{ccc}
\mathscr{P}(M^n, \gamma) & \xrightarrow{\;\;E(t_1)\;\;} & TM^n_{\gamma(t_1)} \\[2pt]
\cup & & \cup \\[2pt]
X & \xrightarrow{\hspace{3cm}} & X(t_1)
\end{array}
$$

再者, 设 $\gamma(t_1), \gamma(t_2)$ 是 γ 上的任给两点, 则有同构映射

$$/\!/_{\gamma}(t_1, t_2) : TM^n_{\gamma(t_1)} \to TM^n_{\gamma(t_2)}$$

是保长的, 而使下述图解是可换的.

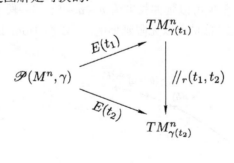

亦即

$$E(t_2) = /\!/_{\gamma}(t_1, t_2) \cdot E(t_1),$$

$$\frac{\mathrm{d}}{\mathrm{d}t}(\langle X(t), Y(t) \rangle) \equiv 0, \quad \forall X(t), Y(t) \in \mathscr{P}(M^n, \gamma).$$

定义 映象 $/\!/_{\gamma}(t_1, t_2)$ 称为 M^n 上沿着 γ 由 $\gamma(t_1)$ 到 $\gamma(t_2)$ 的**平行移动**.

有了上面关于黎曼流形的基本事实 1)—4), 我们可以来讨论对称空间的一些几何性质了.

定理 3　设 M 是一个对称空间, $G(M)$ 是 M 的保构变换群, 则

1) M 是一个完备的黎曼流形;

2) M 是一个齐性空间, 亦即 $G(M)$ 在 M 上的作用是可递的 (transitive).

3) 设 K 是使得某一取定的基点 $p_0 \in M$ 不动的保构变换子群, 则 K 是 $G(M)$ 的一个紧致子群, 而且是一个李群.

4) 对于 M 中任给一条测地线 $\gamma : \mathbf{R} \to M$ (我们约定以弧长为其参数), 都存在 $G(M)$ 中的唯一的一个单参数子群 $\varphi_\gamma : \mathbf{R} \to G(M)$, 满足下列条件:

$$\begin{cases} \varphi_\gamma(t_1) \cdot \gamma(t_2) = \gamma(t_1 + t_2), \\ \mathrm{d}\varphi_\gamma(t_1)|_{TM\gamma(t_2)} = //_\gamma(t_2, t_1 + t_2). \end{cases}$$

注　有一个一般性的 Myers-Steenrod 定理 [9], 它证明了任何一个黎曼流形的自同构群 (亦即其保长变换群) 恒具有自然的李群结构. 但是在下面定理 3 的证明中将不引用它, 也不依赖它! 其实, 我们还可以由 3), 4) 得到 $G(M)$ 自然地具有李群结构. 换句话说, 在对称空间这一特殊情形, 上述 Myers-Steenrod 定理可以有一个简朴的直接证明 (本章习题 11).

证　1) 要证 M 的完备性, 我们只要说明 M 中的任何一条测地线总是可以无限延伸的. 设 $\gamma : [a, b] \to M$ 是对称空间 M 中的任意给定的一条测地线. 取 $\varepsilon < \dfrac{1}{2}(b - a)$.

设 s 是 M 对于 $\gamma(b - \varepsilon)$ 点的中心对称, 则 γ 和 $s \cdot \gamma$ 有一段长度为 2ε 的衔接. 这也就说明 γ 至少可以延伸长度为 $b - a - 2\varepsilon$ 的一段 (如图 6.5 所示). 这也就说明了任何测地线总是可以无限延伸的. 所以由 Hopf–Rinow 定理 [4] 得知 M 是**完备的**!

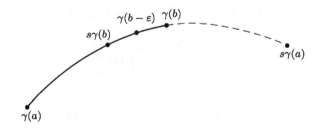

图 6.5

2) 设 p, q 是 M 上的任给两点. 由 M 的完备性得知在 M 中存在一条联结 p, q 两点的最短测地线段 $\gamma : [0, d(p, q)] \to M$, 使得 $\gamma(0) = p, \gamma(d(p, q)) = q$. 令 s

为 M 对于 γ 上的点 $\gamma\left(\frac{1}{2}d(p,q)\right)$ 的中心对称. 则显然有

$$s(p) = q, \quad s(q) = p.$$

所以 $G(M)$ 在 M 上的作用是**可递的**! 即 M 是**齐性的**.

3) 设 K 是使得取定基点 $p_0 \in M$ 固定不动的保构变换子群, $O(n)$ 是 TM_{p_0} 的保长变换群. 不难看到 K 中的每个元素都是由它在 TM_{p_0} 上所诱导的保长变换所唯一确定的. 由此可见,

$$
\begin{array}{ccc}
K & \longrightarrow & O(n) \\
\cup & & \cup \\
k & \longrightarrow & \mathrm{d}k|_{p_0}
\end{array}
$$

是一个同构, 而且 K 的 "像" 是 $O(n)$ 的一个闭子群. 因此, K 本身是一个紧致子群, 而且是一个李群.

4) 设 $\gamma : \mathbf{R} \to M$ 是 M 中的一条测地线 (其参数为弧长). 我们暂以 s_t 表示 M 对于 $\gamma(t)$ 点的中心对称. 设 $X(t), t \in [t_1, t_2]$ 是定义在 $\gamma([t_1, t_2])$ 上的任给平行向量场, 则

$$s_{t_1} X(t) = X'(2t_1 - t)$$

就是定义在 $\gamma([2t_1 - t_2, t_1])$ 上的平行向量场, 且

$$X'(t_1) = s_{t_1} X(t_1) = -X(t_1),$$

如下面图 6.6 所示.

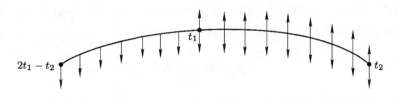

图 6.6

由此可见,

$$
\begin{aligned}
s_{t_1} X(t_2) &= X'(2t_1 - t_2) \\
&= /\!/_\gamma(t_1, 2t_1 - t_2)(-X(t_1)) \\
&= /\!/_\gamma(t_1, 2t_1 - t_2) \cdot /\!/_\gamma(t_2, t_1)(-X(t_2)) \\
&= -/\!/_\gamma(t_2, 2t_1 - t_2)X(t_2). \tag{39}
\end{aligned}
$$

换句话说, 在中心对称 s_{t_1} 之下互相对应的两个切向量 $X(t_2)$ 和 $X'(2t_1 - t_2)$, 其关系是沿着 $\gamma([t_2, 2t_1 - t_2])$ 平行移动之后再反向. 因此, 两个这样的中心对称的组合

$$\varphi_\gamma(t_1) = s_{\frac{t_1}{2}} \cdot s_0, \quad t_1 \in \mathbf{R} \tag{40}$$

就是满足下述两点的保长变换:

$$\begin{cases} \varphi_\gamma(t_1) \cdot \gamma(t_2) = \gamma(t_1 + t_2), \\ \mathrm{d}\varphi_\gamma(t_1)|_{TM_{\gamma(t_2)}} = /\!/_\gamma(t_2, t_1 + t_2), \end{cases} \quad t_1, t_2 \in \mathbf{R}. \tag{40'}$$

由 (40') 不难看出, $\varphi_\gamma(t_1) \cdot \varphi_\gamma(t_1')$ 和 $\varphi_\gamma(t_1 + t_1')$ 都是满足下述条件的保长变换:

$$\begin{cases} \varphi_\gamma(t_1) \cdot \varphi_\gamma(t_1')\gamma(t_2) = \gamma(t_1 + t_1' + t_2), \\ \mathrm{d}(\varphi_\gamma(t_1) \cdot \varphi_\gamma(t_1'))|_{TM_{\gamma(t_2)}} = /\!/_\gamma(t_2, t_1 + t_1' + t_2), \end{cases} \tag{40''}$$

$$\begin{cases} \varphi_\gamma(t_1 + t_1')\gamma(t_2) = \gamma(t_1 + t_1' + t_2), \\ \mathrm{d}\varphi_\gamma(t_1 + t_1')|_{TM_{\gamma(t_2)}} = /\!/_\gamma(t_2, t_1 + t_1' + t_2). \end{cases} \tag{40'''}$$

由此可见

$$\varphi_\gamma(t_1)\varphi_\gamma(t_1') = \varphi_\gamma(t_1 + t_1'). \tag{41}$$

换句话说,

$$\varphi_\gamma : \mathbf{R} \to G(M) \tag{41'}$$

就是一个 4) 中所求的单参数子群! □

推论　设 $g \in G(M)$ 是 $G(M)$ 中的一个任给元素. 若 $g(p_0) \neq p_0$, 令 $d = d(p_0, g(p_0))$, 则必定存在一条适当的测地线 γ, 使得

$$\varphi_\gamma(-d) \cdot g \in K.$$

证　显然有 M 的测地线 γ, 使得 $\gamma(0) = p_0, \gamma(d) = g(p_0)$. 于是有

$$\varphi_\gamma(-d)(g(p_0)) = \varphi_\gamma(-d)\gamma(d) = \gamma(-d + d) = p_0,$$

即 $\varphi_\gamma(-d)g \in K$. □

2. 对称空间与李群

从定理 3 及本章习题 11 可以看出, 对称空间和李群是密切相关的. 在本小节我们将进一步讨论它们之间的关系, 以得出更深入的结果. 首先我们给出:

定理 4 设 M 是一个对称空间, p_0 是其上任意取定的基点, s_0 是 M 对于基点 p_0 的中心对称, $G(M)$ 是 M 的保构变换群, K 是使得 p_0 固定不动的保构子群, 则有

1) $M \cong G(M)/K, K$ 是一个紧子李群.

2) $\sigma : G(M) \to G(M)$ 定义为

$$\sigma(g) = s_0 g s_0, \quad \forall g \in G(M),$$

则 σ 是 $G(M)$ 的一个对合自同构.

3) 令 $F(\sigma)$ 是 σ 的定点子集, 即

$$F(\sigma) = \{g \in G(M) | \sigma(g) = g\},$$

又以 $F^0(\sigma)$ 表示 $F(\sigma)$ 的单位连通区, 则 $F(\sigma)$ 和 $F^0(\sigma)$ 都是 $G(M)$ 的闭子群, 而且

$$F^0(\sigma) \subseteq K \subseteq F(\sigma).$$

4) 设 $\mathfrak{g}$ 和 $\mathfrak{k}$ 分别是 $G(M)$ 和 K 的李代数, 则

$$\mathfrak{g} = \mathfrak{k} \oplus \mathfrak{p}, \quad \mathfrak{k} = \ker(\mathrm{d}\sigma - \mathrm{id}), \quad \mathfrak{p} = \ker(\mathrm{d}\sigma + \mathrm{id}).$$

5) 对于任给 $X \in \mathfrak{p}, \gamma(t) = \mathrm{Exp}\, tX(p_0)$ 是 M 中一条过 p_0 的测地线, 而且 $\mathrm{Exp}\, tX = \varphi_\gamma(t)$ ($\varphi_\gamma(t)$ 为定理 3 中所述的 $G(M)$ 的单参数子群).

证 1) 从定理 3 及习题 11 知 $G(M)$ 是作用在 M 上的一个可递李变换群, K 是其中使得 p_0 点固定不动的定点子群. 在定理 3 的证明中业已说明 K 在 TM_{p_0} 上所诱导的作用是 $O(n)$ 的一个闭子群, 所以 K 是一个紧致李群, 而且有 $M \cong G(M)/K$. 再者, $\forall g \in G(M), \sigma(g) = s_0 g s_0$ 显然是 $G(M)$ 的一个对合自同构. 由此易见, 它的定点子集 $F(\sigma)$ 是一个闭子群, 因此它的单位连通区 $F^0(\sigma)$ 也是一个闭子群.

2) 设 $i : K \to O(n)$ 为 $i(k) = \mathrm{d}k|_{p_0}, k \in K$. 这是一个自然的同构映射, 且有

$$i(s_0) = -\mathrm{id} \in O(n).$$

因此, 对于任给 $k \in K$, 皆有

$$i(s_0 k s_0) = (-\mathrm{id})i(k)(-\mathrm{id}) = i(k),$$

亦即

$$s_0 k s_0 = k,$$

因此 $K \subseteq F(\sigma)$. 再者, 设 $\operatorname{Exp} tX$ 是 $G(M)$ 中一个满足

$$s_0(\operatorname{Exp} tX)s_0 = \operatorname{Exp} tX$$

的单参数子群, 亦即

$$(\operatorname{Exp} tX) \cdot s_0 \cdot \operatorname{Exp}(-tX) = s_0, \quad \forall t \in \mathbf{R},$$

从而有

$$\begin{aligned} s_0(\operatorname{Exp} tX \cdot p_0) &= \operatorname{Exp} tX \cdot s_0 \operatorname{Exp}(-tX)(\operatorname{Exp} tX \cdot p_0) \\ &= \operatorname{Exp} tX \cdot p_0, \quad \forall t \in \mathbf{R}. \end{aligned} \tag{42}$$

换句话说, $\{\operatorname{Exp} tX \cdot p_0; t \in \mathbf{R}\}$ 是一个包含 p_0 的 s_0 的定点子集, 但 p_0 点是 s_0 的一个孤立定点, 所以

$$\operatorname{Exp} tX \cdot p_0 = p_0, \quad \forall t \in \mathbf{R},$$

亦即 $\operatorname{Exp} tX \in K$. 这也就证明了 $F^0(\sigma) \subseteq K$.

　　3) 由假设及上面 1) 知 $\mathrm{d}\sigma : \mathfrak{g} \to \mathfrak{g}$ 是 $\mathfrak{g}$ 的一个对合自同构, 所以

$$\mathfrak{g} = \mathfrak{k} \oplus \mathfrak{p}, \quad \mathfrak{k} = \ker(\mathrm{d}\sigma - \mathrm{id}), \quad \mathfrak{p} = \ker(\mathrm{d}\sigma + \mathrm{id}),$$

其中 2) 的证明业已说明 $\mathfrak{k}$ 就是 K (亦即 $F^0(\sigma)$) 的李代数. 再者, 对于 $X \in \mathfrak{p}, \operatorname{Exp} tX$ 的特征性质就是

$$s_0(\operatorname{Exp} tX)s_0 = \operatorname{Exp}(-tX). \tag{43}$$

设 X_0 是 M 上的曲线 $\{\operatorname{Exp} tX(p_0); t \in \mathbf{R}\}$ 在 p_0 点的切向量, γ 是以 X_0 为起始速度向量的测地线, 则定理 3 中所作的

$$\varphi_\gamma(t) = s_{\frac{t}{2}} s_0$$

显然是 $G(M)$ 中满足 (20) 式的一个单参数子群. 因为

$$\begin{aligned} s_0 \varphi_\gamma(t) s_0 &= s_0(s_{\frac{t}{2}} s_0) s_0 = s_0 s_{\frac{t}{2}} \\ &= \varphi_\gamma(t)^{-1} = \varphi_\gamma(-t), \end{aligned} \tag{44}$$

因此, $\operatorname{Exp} tX = \varphi_\gamma(t), \gamma(t) = \operatorname{Exp} tX(p_0)$. □

　　定理 4 充分地说明了对称空间和李群、李代数之间的密切关联. 由此即可把对称空间的研讨归于对某一种特殊的李群与李代数的探讨.

定义 设 $\mathfrak{g}$ 是一个 (实) 李代数, σ 是它的一个对合自同构, $\mathfrak{g}$ 对 σ 有分解:

$$\begin{cases} \mathfrak{g} = \mathfrak{k} \oplus \mathfrak{p}, \\ \mathfrak{k} = \ker(\sigma - \mathrm{id}), \\ \mathfrak{p} = \ker(\sigma + \mathrm{id}). \end{cases} \tag{45}$$

再者, 如果映射 $\mathrm{ad}_{\mathfrak{p}} : \mathfrak{k} \to \mathfrak{gl}(\mathfrak{p})$,

$$\mathrm{ad}_{\mathfrak{p}}(X) \cdot Y = [X, Y], \quad X \in \mathfrak{k}, Y \in \mathfrak{p}$$

是一对一的, 而且 $\mathfrak{p}$ 上有一个 $\mathrm{ad}_{\mathfrak{p}}\mathfrak{k}$ 不变的内积 Q, 亦即对于任给 $X \in \mathfrak{k}, Y, Z \in \mathfrak{p}$, 有

$$Q([X, Y], Z) + Q(Y, [X, Z]) \equiv 0 \tag{46}$$

恒成立, 则称 $(\mathfrak{g}, \sigma, Q)$ 为一个**正交对合李代数**.

容易看出, 正交对合李代数 $(\mathfrak{g}, \sigma, Q)$ 有下述两个性质:

1) 设 $\mathfrak{g}$ 的中心为 $C(\mathfrak{g})$, 则

$$C(\mathfrak{g}) \bigcap \mathfrak{k} = \{0\}.$$

2) $\mathfrak{g}$ 的 Killing 型在 $\mathfrak{k}$ 上的限制是非退化的.

事实上, 若 $X \in C(\mathfrak{g}) \bigcap \mathfrak{k}$, 则对于任何 $Y \in \mathfrak{p}$, 有

$$\mathrm{ad}_{\mathfrak{p}}(X) \cdot Y = [X, Y] = 0,$$

即

$$\mathrm{ad}_{\mathfrak{p}} X = 0.$$

由假设 $X \to \mathrm{ad}_{\mathfrak{p}} X$ 是一对一的, 故知 $X = 0$.

其次, 由于 $\mathfrak{k}$ 是紧致 Lie 代数, 而 $(\mathrm{ad}, \mathfrak{g})$ 在 $\mathfrak{k}$ 上的限制是 $\mathfrak{k}$ 的一个线性表示, 因而有 $\mathfrak{k}$-不变内积. 于是 $\mathrm{ad} X$ 的矩阵在适当的基下是斜对称的, 因而

$$B(X, X) \leqslant 0, \quad \forall X \in k,$$

等号当且仅当 $\mathrm{ad} X = 0$, 即 $X \in C(\mathfrak{g})$ 成立, 因此 $X = 0$. 由此可知 $B|_{\mathfrak{k}}$ 是非退化的.

下面我们给出正交对合李代数的重要实例.

例 3 设 M 为对称空间, $p_0 \in M, G(M)$ 为 M 的保构变换群, K 为使 p_0 固定不动的保构子群, $\mathfrak{g}, \mathfrak{k}$ 分别为 $G(M), K$ 的李代数, $\sigma, \mathrm{d}\sigma$ 如定理 4 中所述, 则有 $\mathrm{d}\sigma$ 为 $\mathfrak{g}$ 的对合自同构, 且

$$\mathfrak{g} = \mathfrak{k} \oplus \mathfrak{p}, \quad \mathfrak{p} \cong TM_{p_0},$$

而且在 $\mathfrak{p} \cong TM_{p_0}$ 上的内积 Q 在 K 的作用下不变, 亦即对于任给 $Y, Z \in \mathfrak{p}, X \in \mathfrak{k}$, 皆有

$$Q(\operatorname{Ad}\operatorname{Exp} tX \cdot Y, \operatorname{Ad}\operatorname{Exp} tX \cdot Z) = Q(\operatorname{Exp} t \operatorname{ad} X \cdot Y, \operatorname{Exp} t \operatorname{ad} X \cdot Z)$$

$$\equiv Q(Y, Z), \quad \forall t \in \mathbf{R}. \tag{46'}$$

微分即得

$$Q([X, Y], Z) + Q(Y, [X, Z]) \equiv 0.$$

由此可见 $(\mathfrak{g}, \mathrm{d}\sigma, Q)$ 就是一个正交对合李代数.

例 4　设 $(\mathfrak{g}_i, \sigma_i, Q_i), i = 1, 2$ 是两个给定的正交对合李代数, 则 $(\mathfrak{g}_1 \oplus \mathfrak{g}_2, \sigma_1 \oplus \sigma_2, Q_1 \oplus Q_2)$ 也是一个正交对合李代数, 其中

$$\sigma_1 \oplus \sigma_2(X_1, X_2) = (\sigma(X_1), \sigma(X_2));$$

$$Q_1 \oplus Q_2((Y_1, Y_2), (Z_1, Z_2)) = Q_1(Y_1, Z_1) + Q_2(Y_2, Z_2)$$

分别是 $\mathfrak{g}_1 \oplus \mathfrak{g}_2$ 的对合自同构及 $\mathfrak{p}_1 \oplus \mathfrak{p}_2$ 上的直和内积. 显然, $Q_1 \oplus Q_2$ 是 $\operatorname{ad}_{\mathfrak{p}_1 \oplus \mathfrak{p}_2}(\mathfrak{k}_1 \oplus \mathfrak{k}_2)$-不变的.

例 5　当 $M = E^n$ 是 n 维欧氏空间时, $K = O(n)$. 此时有

$$\begin{cases} G(M) \cong O(n) \ltimes T^n, \\ \mathfrak{g} = \mathfrak{o}(n) \oplus \mathbf{R}^n = \mathfrak{k} \oplus \mathfrak{p}, \end{cases} \tag{47}$$

其中 T^n 是由所有 E^n 上的平移所组成的 $Q(M)$ 的子群, $\mathbf{R}^n$ 则是 $\mathfrak{g}$ 中的一个子李代数, 所以满足

$$[\mathfrak{p}, \mathfrak{p}] = 0.$$

为此, 往后我们把一个满足 $[\mathfrak{p}, \mathfrak{p}] = 0$ 的正交对合李代数称为**欧氏型**.

下面, 我们讨论正交对合李代数的结构. 为此, 我们先作一些分析.

分析

1) 设 $(\mathfrak{g}, \sigma, Q)$ 是一个给定的正交对合李代数 $\mathfrak{g} = \mathfrak{k} \oplus \mathfrak{p}, B$ 是 $\mathfrak{g}$ 上的 Killing 型, 则由括积关系

$$\begin{cases} [\mathfrak{k}, \mathfrak{k}] \subseteq \mathfrak{k}, \\ [\mathfrak{k}, \mathfrak{p}] \subseteq \mathfrak{p}, \\ [\mathfrak{p}, \mathfrak{p}] \subseteq \mathfrak{k} \end{cases} \tag{48}$$

显然有

$$B(\mathfrak{k}, \mathfrak{p}) \equiv 0.$$

再者, 由熟知的线性代数事实, 在 $\mathfrak{p}$ 中存在一组 Q-正交基 $\{X_i; 1 \leqslant i \leqslant \dim \mathfrak{p} = n\}$, 使得

$$B\left(\sum \xi_i X_i, \sum \xi_i X_i\right) = \sum_{i=1}^{n} \lambda_i \xi_i^2. \tag{49}$$

令

$$\begin{cases} \mathfrak{p}_0 = \{\sum \xi_i X_i; \lambda_i = 0\}, \\ \mathfrak{p}_+ = \{\sum \xi_i X_i; \lambda_i > 0\}, \\ \mathfrak{p}_- = \{\sum \xi_i X_i; \lambda_i < 0\}. \end{cases} \tag{50}$$

则有

$$\mathfrak{p} = \mathfrak{p}_0 \oplus \mathfrak{p}_+ \oplus \mathfrak{p}_-.$$

设 $X = \sum_{i=1}^{n} \xi_i X_i, Y = \sum_{i=1}^{n} \eta_i X_i$, 则有

$$\begin{aligned} B(X, Y) &= \frac{1}{2}\{B(X+Y, X+Y) - B(X, X) - B(Y, Y)\} \\ &= \sum_{i=1}^{n} \lambda_i \xi_i \eta_i. \end{aligned} \tag{51}$$

由此可见

$$\begin{cases} B(\mathfrak{p}_0, \mathfrak{p}_+) = 0, \\ B(\mathfrak{p}_0, \mathfrak{p}_-) = 0, \\ B(\mathfrak{p}_+, \mathfrak{p}_-) = 0, \\ B(\mathfrak{p}_0, \mathfrak{g}) = 0. \end{cases} \tag{52}$$

再由 B 在 $\mathfrak{k}$ 上限制是非退化的, 即有

$$\mathfrak{p}_0 = \{X \in \mathfrak{g}; B(X, \mathfrak{g}) = 0\}. \tag{53}$$

由 B 的不变性及 (48) 式易见 $\mathfrak{p}_0$ 是 $\mathfrak{g}$ 中的一个可换理想, 亦即有

$$[\mathfrak{g}, \mathfrak{p}_0] \subseteq \mathfrak{p}_0, \quad [\mathfrak{p}_0, \mathfrak{p}_0] = 0. \tag{54}$$

2) 由于 $[\mathfrak{p}_+, \mathfrak{p}_+], [\mathfrak{p}_-, \mathfrak{p}_-], [\mathfrak{p}_+, \mathfrak{p}_-] \subseteq [\mathfrak{p}, \mathfrak{p}] \subseteq \mathfrak{k}$, 而且 $\mathfrak{p}_+, \mathfrak{p}_-$ 都是 $\mathrm{ad}\,\mathfrak{k}$-不变的, 因此, 对于任给 $T \in \mathfrak{k}, X_\pm \in \mathfrak{p}_\pm$, 皆有

$$B(T, [X_+, X_-]) = B([T, X_+], X_-) = 0,$$

亦即

$$B(\mathfrak{k}, [\mathfrak{p}_+, \mathfrak{p}_-]) = 0.$$

注意到 $B|_{\mathfrak{k}}$ 是非退化的, 故有

$$[\mathfrak{p}_+, \mathfrak{p}_-] = 0.$$

令 $\mathfrak{k}_+ = [\mathfrak{p}_+, \mathfrak{p}_+], \mathfrak{k}_- = [\mathfrak{p}_-, \mathfrak{p}_-], \mathfrak{k}_0$ 为 $\mathfrak{k}_+ + \mathfrak{k}_-$ 在 $\mathfrak{k}$ 中的正交补. 我们将证明 $\mathfrak{k}_0, \mathfrak{k}_+$ 及 $\mathfrak{k}_-$ 都是 $\mathfrak{k}$ 中的理想, 而且 $\mathfrak{k} = \mathfrak{k}_0 \oplus \mathfrak{k}_+ \oplus \mathfrak{k}_-$. 其证明如下:

由 $[\mathfrak{k}, \mathfrak{p}_\pm] \subseteq \mathfrak{p}_\pm$ 和 Jacobi 等式, 即有

$$[\mathfrak{k}, \mathfrak{k}_\pm] = [\mathfrak{k}, [\mathfrak{p}_\pm, \mathfrak{p}_\pm]] \subseteq [[\mathfrak{k}, \mathfrak{p}_\pm], \mathfrak{p}_\pm]$$
$$\subseteq [\mathfrak{p}_\pm, \mathfrak{p}_\pm] = \mathfrak{k}_\pm, \tag{55}$$

所以 $\mathfrak{k}_+, \mathfrak{k}_-$ 都是 $\mathfrak{k}$ 中的理想. 因此, $\mathfrak{k}_0$ 也是 $\mathfrak{k}$ 中的理想.

再者, 对于任给 $X_\pm, Y_\pm \in \mathfrak{p}_\pm$, 皆有

$$B([X_+, Y_+], [X_-, Y_-]) = B(X_+, [Y_+, [X_-, Y_-]])$$
$$= 0, \tag{56}$$

所以

$$\mathfrak{k} = \mathfrak{k}_0 \oplus \mathfrak{k}_+ \oplus \mathfrak{k}_-. \tag{57}$$

3) 令

$$\mathfrak{g}_0 = \mathfrak{k}_0 \oplus \mathfrak{p}_0, \quad \mathfrak{g}_+ = \mathfrak{k}_+ \oplus \mathfrak{p}_+, \quad \mathfrak{g}_- = \mathfrak{k}_- \oplus \mathfrak{p}_-,$$

则 $\mathfrak{g}_0, \mathfrak{g}_+, \mathfrak{g}_-$ 都是 $\mathfrak{g}$ 的理想, 而且有

$$\mathfrak{g} = \mathfrak{g}_0 \oplus \mathfrak{g}_+ \oplus \mathfrak{g}_-. \tag{58}$$

我们只需要再验证下列括积关系:

$$\begin{cases} [\mathfrak{k}_0, \mathfrak{p}_\pm] = \{0\}, \\ [\mathfrak{k}_\pm, \mathfrak{p}_0] = \{0\}, \\ [\mathfrak{k}_\pm, \mathfrak{p}_\mp] = \{0\}. \end{cases} \tag{59}$$

其证明如下:

由 $[\mathfrak{k}_0, \mathfrak{p}_\pm] \subseteq \mathfrak{p}_\pm, B([\mathfrak{k}_0, \mathfrak{p}_\pm], \mathfrak{p}_\pm) = 0$, 有

$$[\mathfrak{k}_0, \mathfrak{p}_\pm] = 0.$$

其次, 有

$$[\mathfrak{k}_\pm, \mathfrak{p}_0] = [[\mathfrak{p}_\pm, \mathfrak{p}_\pm], \mathfrak{p}_0] \subseteq [\mathfrak{p}_\pm, [\mathfrak{p}_\pm, \mathfrak{p}_0]] = 0,$$
$$[\mathfrak{k}_\pm, \mathfrak{p}_\mp] = [[\mathfrak{p}_\pm, \mathfrak{p}_\pm], \mathfrak{p}_\mp] \subseteq [\mathfrak{p}_\pm, [\mathfrak{p}_\pm, \mathfrak{p}_\mp]] = 0.$$

总结以上三点分析, 即得下述正交对合李代数的结构定理.

定理 5 任何正交对合李代数 $(\mathfrak{g}, \sigma, Q)$ 都可以唯一地分解成下述直和:

$$(\mathfrak{g}, \sigma, Q) = (\mathfrak{g}_0, \sigma_0, Q_0) \oplus (\mathfrak{g}_+, \sigma_+, Q_+) \oplus (\mathfrak{g}_-, \sigma_-, Q_-), \tag{60}$$

其中

$$\mathfrak{g}_0 = \mathfrak{k}_0 \oplus \mathfrak{p}_0, \quad \mathfrak{g}_+ = \mathfrak{k}_+ \oplus \mathfrak{p}_+, \quad \mathfrak{g}_- = \mathfrak{k}_- \oplus \mathfrak{p}_-;$$
$$\sigma_0 = \sigma|_{\mathfrak{g}_0}, \quad \sigma_+ = \sigma|_{\mathfrak{g}_+}, \quad \sigma_- = \sigma|_{\mathfrak{g}_-};$$
$$Q_0 = Q|_{\mathfrak{p}_0}, \quad Q_+ = Q|_{\mathfrak{p}_+}, \quad Q_- = Q|_{\mathfrak{p}_-}.$$

而且 $B|_{\mathfrak{p}_+}, B|_{\mathfrak{p}_-}$ 分别是正定和负定的.

注 容易看出: $\mathfrak{g}_-$ 是紧半单的, $\mathfrak{g}_+$ 是非紧半单的, 而且 $\mathfrak{g}_+ = \mathfrak{k}_+ \oplus \mathfrak{p}_+$ 就是 $\mathfrak{g}_+$ 的 Cartan 分解. $(\mathfrak{g}_-, \sigma_-, Q_-)$ 与 $(\mathfrak{g}_+, \sigma_+, Q_+)$ 分别称为**紧型**与**非紧型**的正交对合李代数.

定理 5′ 设 $(\mathfrak{g}, \sigma, Q)$ 是一个非紧型的正交对合李代数, 亦即 $\mathfrak{g} = \mathfrak{g}_+$. 令

$$\mathfrak{g}^* = \mathfrak{k} + i\mathfrak{p}, \quad \sigma^* = \mathrm{id}_{\mathfrak{k}} \oplus (-\mathrm{id}_{i\mathfrak{p}}),$$
$$Q^*(iX, iY) = Q(X, Y).$$

则 $(\mathfrak{g}^*, \sigma^*, Q^*)$ 是一个紧型的正交对合李代数, 亦即 $\mathfrak{g}^* = \mathfrak{g}_-^*$. 反之亦然.

证 由括积关系

$$[\mathfrak{k}, \mathfrak{k}] \subseteq \mathfrak{k}, \quad [\mathfrak{k}, \mathfrak{p}] \subseteq \mathfrak{p}, \quad [\mathfrak{p}, \mathfrak{p}] \subseteq \mathfrak{k},$$

容易看出 $\mathfrak{g}^* = \mathfrak{k} + i\mathfrak{p}$ 也是一个半单李代数. σ^* 则是它的一个对合自同构, 且

$$\mathfrak{k} = \ker(\sigma^* - \mathrm{id}),$$
$$i\mathfrak{p} = \ker(\sigma^* + \mathrm{id}).$$

Q^* 为 $i\mathfrak{p}$ 上的 $\mathrm{ad}_{\mathfrak{p}}\mathfrak{k}$-不变的内积, 所以 $(\mathfrak{g}^*, \sigma^*, Q^*)$ 也是一个正交对合李代数.

再者, 由 $\mathfrak{g} \otimes \mathbf{C} = \mathfrak{g}^* \otimes \mathbf{C}$ 不难看出, 对于 $\mathfrak{p}$ 中任何元素 X, Y, 皆有

$$\begin{aligned} B_{\mathfrak{g}^*}(iX, iY) &= B_{\mathfrak{g}^* \otimes \mathbf{C}}(iX, iY) \\ &= B_{\mathfrak{g} \otimes \mathbf{C}}(iX, iY) \\ &= (-1) \cdot B_{\mathfrak{g} \otimes \mathbf{C}}(X, Y) \\ &= -B_{\mathfrak{g}}(X, Y). \end{aligned} \tag{61}$$

由此易见, 当 $\mathfrak{g} = \mathfrak{g}_\pm$ 时, 则有 $\mathfrak{g}^* = \mathfrak{g}_\mp^*$. $\qquad \square$

　　上面我们讨论了正交对合李代数的结构, 而且知道任给一个对称空间则有一个正交对合李代数与之对应. 反过来, 任给一个正交对合李代数是否有相应的对称空间呢? 回答是肯定的 (参看本章之习题 14), 在此我们不再叙述.

§4　齐性黎曼流形

1. 齐性黎曼流形

　　设 M 是一个黎曼流形, $I(M)$ 是 M 的保长变换群, 又设 $\varphi : \mathbf{R}^1 \to I(M)$ 是 $I(M)$ 的一个单参数子群, 则它的轨道构成 M 上的一个参数曲线族, 它们在每点的速度向量组成 M 上的一个向量场. 这种单参数保长变换群的速度向量场通常称为 M 上的一个 **Killing** 场. 设 Y, Z 是 M 上两个任给的向量场, X 是 M 上的一个 Killing 场. 我们采用符号 $\langle Y, Z \rangle$ 表示将 Y, Z 用 M 的黎曼结构逐点计算其内积所得的 M 上的函数, 亦即

$$\langle Y, Z \rangle = g(Y, Z).$$

用局部坐标系来表达, 即有: 若

$$Y = \sum \eta_i \frac{\partial}{\partial x_i}, \quad Z = \sum \zeta_j \frac{\partial}{\partial x_j},$$

则有

$$\langle Y, Z \rangle = \sum g_{ij} \eta_i \zeta_j.$$

用 $\varphi(t)^*$ 表示 $\varphi(t)$ 在 M 的切丛上所诱导的映射 $\varphi(t)^* : TM \to TM$, 则 $\varphi(t)$ 是保长变换的描述法也就是

$$\langle \varphi(t)^*(Y), \varphi(t)^*(Z) \rangle_{\varphi(t)(x)} = \langle Y, Z \rangle_x \tag{62}$$

对于任给 $Y, Z \in TM, x \in M, t \in \mathbf{R}$ 恒成立. 将上述等式对 t 求导, 即得

$$\langle [X, Y], Z \rangle + \langle Y, [X, Z] \rangle = X(\langle Y, Z \rangle). \tag{62'}$$

不难看出 (62′) 式对于任给向量场 Y, Z 普遍成立也就是 X 是一个 Killing 场的充要条件.

　　其实, (62′) 式是 (62) 式的 "微分"; (62) 式也就是 (62′) 式的 "积分".

　　将 (62′) 式和协变微分的熟知公式

$$\langle \nabla_X Y, Z \rangle + \langle Y, \nabla_X Z \rangle = X(\langle Y, Z \rangle) \tag{63}$$

相结合, 即可把上述条件作如下改述:

令

$$A_X(Y) = \nabla_X Y - [X, Y],$$

则 X 是一个 Killing 场的充要条件是

$$\langle A_X(Y), Z \rangle + \langle Y, A_X(Z) \rangle = 0 \tag{64}$$

对于 M 上的任给向量场 Y, Z 都普遍成立, 亦即 A_X 对于 $\langle *, * \rangle$ 来说是斜对称的.

定义 若一个黎曼流形 M 的保长变换群 $I(M)$ 在 M 上的作用是可递的, 则称 M 为一**齐性黎曼流形** (homogeneous riemannian manifold).

显然, 若 M 是对称空间, 则自然是齐性黎曼流形. 为研讨齐性黎曼流形, 我们先作一番分析.

分析

1) 在一个齐性黎曼流形 M 中, 任何两点 $\rho_1, \rho_2 \in M$ 都居于同等地位, 因此它是一种具有到处相同的局部结构的优良空间模式.

2) 在 M 中任取一个基点 p_0, 令 K 为 $I(M)$ 中所有使 p_0 点固定不动的元素组成的定点子群. $i : K \to O(TM_{p_0})$ 是 K 在 TM_{p_0} 上所诱导的保长变换表示, 则 i 显然是 K 与 $O(n)$ 中的一个闭子群的同构. 由此可见, K 是 $I(M)$ 的一个紧致子群. M 的可微结构和陪集空间 $I(M)/K$ 相同构.

3) 反之, 设 G 是一个李群, K 是其中一个给定的紧致子李群, $M = G/K$ 是由 G 中的所有 K-左陪集所成的可微流形. 设 O 是相应于左陪集 $e \cdot K$ 的基点. 令 $\mathfrak{g}, \mathfrak{k}$ 分别为 G 和 K 的李代数. 因为 K 是紧致的, 所以 $\mathfrak{g}$ 中必定存在一个和 $\mathfrak{k}$ 互补的 $\mathrm{Ad}\,K$-不变子空间, 亦即

$$\mathfrak{g} = \mathfrak{k} \oplus \mathfrak{p},$$

其中 $\mathfrak{p}$ 在 $\mathrm{Ad}\,K$ 的作用之下不变.

不难看到, 线性空间 TM_0 和 $\mathfrak{p}$ 自然同构. 再者, 若把 G 在 $M = G/K$ 上的左乘变换限制到 K, 亦即

$$
\begin{array}{ccc}
K \times M & \longrightarrow & M \\
\cup & & \cup \\
(k, x \cdot K) & \longrightarrow & kx \cdot K
\end{array}
$$

则 O 是上述 K 变换下的定点. 因此有一个 K 在 O 点的切空间 TM_0 上的诱导线性表示, 叫做 G/K 的**迷向表示** (isotropy representation).

在研讨齐性流的几何时, 一个常用的基本事实就是:

"K 在 TM_0 上的迷向表示和把 $\operatorname{Ad}K$ 在 $\mathfrak{g}$ 上的作用限制到 $\mathfrak{p}$ 所得的线性表示相等."

上述基本事实的原由就是, $kxk^{-1} \cdot K = kx \cdot K$ 对于任给的 $k \in K, x \in G$ 成立! 再者 G 在 M 上的左乘变换是有效的 (effective) 的充要条件就是上述 K 的迷向表示是忠实的表示 (faithful representation).

4) 设 Q 是在 $\mathfrak{p} \cong TM_0$ 上的一个给定的 K-不变内积. 我们可以再用左乘变换 $l_x^* : TM_0 \to TM_{x \cdot K}$ 把这个 Q 移植到 $x \cdot K$ 点的切空间上, 这里 $x \in G, xK \in M$. 再者, 设 $x_1, x_2 \in G$, 而 $x_1K = x_2K$, 则有 $x_2^{-1}x_1 \in K$. 由此可见, 用 $l_{x_1}^*$ 和 $l_{x_2}^*$ 在 $TM_{x_1K} = TM_{x_2K}$ 上所移植的内积是相同的! 因为 Q 是 K-不变的, 而且下述图解可换.

$$
\begin{array}{ccc}
TM_0 & & \\
& \searrow^{l_{x_1}^*} & \\
\downarrow^{l_{x_2^{-1}x_1}^*} & & TM_{x_iK} \qquad\qquad (x_1K = x_2K) \\
& \nearrow_{l_{x_2}^*} & \\
TM_0 & &
\end{array}
\tag{65}
$$

总结上面的四点分析, 得知一个齐性黎曼流形的结构, 从李群的观点来描述, 就是有一个李群 G 和它的一个紧致子群 K. $\operatorname{Ad}K$ 在 $\mathfrak{k}$ 在 $\mathfrak{g}$ 中的互补的 K-不变子空间 $\mathfrak{p}$ 上的作用是忠实的, 而且在 $\mathfrak{p}$ 上选定了一个 K-不变内积 Q, 换句话说, 一个齐性黎曼流形就是在一个左陪集空间 $G/K = M$ 上的每个点的切空间赋以一个左不变的内积; 它也就是在 TM_0 上的一个 K-不变内积的左乘逐点移植! 由此可见, 一个齐性黎曼流形 M 的结构, 其本质上由 (G, K) 和 $\mathfrak{p}$ 上的一个 K-不变内积 Q 所唯一确定. 因此, 很自然地会问: 如何由 (G, K) 和 Q 去确定上述齐性黎曼流形的其他基本结构, 如协变微分、曲率张量等等? 这也就是我们下面即将研讨的课题.

定理 6 设 $M = G/K$ 是一个齐性黎曼流形, X, Y, Z 是其上的三个任给的 Killing 场. 令

$$
U(X, Y) = \nabla_X Y - \frac{1}{2}[X, Y],
\tag{66}
$$

则有

$$
\begin{cases}
U(X, Y) = U(Y, X), \\
2\langle U(X, Y), Z \rangle = -\{ \langle [Z, X], Y \rangle + \langle X, [Z, Y] \rangle \}.
\end{cases}
\tag{67}
$$

证　由恒等式

$$
\nabla_X Y - \nabla_Y X - [X, Y] \equiv 0
$$

和 $U(X,Y)$ 的定义即得

$$U(X,Y) = U(Y,X).$$

再者, $A_X(Y) = \nabla_X Y - [X,Y]$. 因为 X 是一个 Killing 场, 所以 A_X 是斜对称的. 由此可得

$$U(X,Y) = A_X(Y) + \frac{1}{2}[X,Y],$$

因而有

$$\begin{aligned}
&\langle U(X,Y), Z\rangle + \langle Y, U(X,Z)\rangle \\
&= \frac{1}{2}\{\langle [X,Y], Z\rangle + \langle Y, [X,Z]\rangle\}.
\end{aligned} \tag{68}$$

将 X, Y, Z 轮换, 即得

$$\langle U(Y,Z), X\rangle + \langle Z, U(Y,X)\rangle = \frac{1}{2}\{\langle [Y,Z], X\rangle + \langle Z, [Y,X]\rangle\}. \tag{68$'$}$$

$$\langle U(Z,X), Y\rangle + \langle X, U(Z,Y)\rangle = \frac{1}{2}\{\langle [Z,X], Y\rangle + \langle X, [Z,Y]\rangle\}. \tag{68$''$}$$

用 U 的对称性, 即可由 $(68) + (68') - (68'')$ 算得

$$2\langle U(X,Y), Z\rangle = -\{\langle [Z,X], Y\rangle + \langle X, [Z,Y]\rangle\}. \qquad \square$$

注意 (66) 和 (67) 式提供了有效计算齐性黎曼流形的协变微分的简便途径. 但是, 在应用时读者千万要注意下述事实: 在一个齐性空间上的 Killing 场乃是由单参数子群的左乘变换得出来的, 所以在本质上是 "右不变向量场", 因此, 它们之间的括积和李代数 (亦即左不变向量场) 的括积恰好差一个符号!

推论 当 $M = G/K$ 是一个对称空间时,

$$\langle [Z,X], Y\rangle + \langle X, [Z,Y]\rangle \equiv 0,$$

即有

$$U(X,Y) = 0,$$

亦即

$$\nabla_X Y = \frac{1}{2}[X,Y],$$

其中 X, Y 是 M 上的任给 **Killing 场**.

下面我们研讨对称空间的曲率张量作为本小节的结束.

定理 7 设 $M = G/K$ 是一个对称空间, $O \in M$ 是基点 eK. 又 $\mathfrak{g} = \mathfrak{k} + \mathfrak{p}$, 则对于任给 $X, Y, Z \in \mathfrak{p}, M$ 的黎曼曲率张量 R 在基点的表达式如下:

$$R_0(X, Y)Z = -\frac{1}{4}[[X, Y], Z].$$

证 由黎曼曲率张量 R 的定义, 如果 X^*, Y^*, Z^* 分别是相应于 $\mathrm{Exp}\, tX$, $\mathrm{Exp}\, tY, \mathrm{Exp}\, tZ$ 的左乘变换作出的 Killing 场, 则有

$$
\begin{aligned}
R_0(X, Y)Z &= R(X^*, Y^*)Z^*|_0 \\
&= (\nabla_{X^*}\nabla_{Y^*}Z^* - \nabla_{Y^*}\nabla_{X^*}Z^* - \nabla_{[X^*, Y^*]}Z^*)|_0 \\
&= \left(\frac{1}{4}[X^*, [Y^*, Z^*]] - \frac{1}{4}[Y^*, [X^*, Z^*]] - \frac{1}{2}[[X^*, Y^*], Z^*]\right)\Big|_0.
\end{aligned}
$$

注意到 $[X^*, Y^*]_0 = -[X, Y]$, 所以

$$
\begin{aligned}
R_0(X, Y)Z &= \frac{1}{4}[X, [Y, Z]] - \frac{1}{4}[Y, [X, Z]] - \frac{1}{2}[[X, Y], Z] \\
&= -\frac{1}{4}\{[[Y, Z], X] + [[Z, X], Y] + [[X, Y], Z]\} - \frac{1}{4}[[X, Y], Z] \\
&= -\frac{1}{4}[[X, Y], Z]. \qquad \square
\end{aligned}
$$

推论 若 $M = G/K$ 是一个紧型对称空间, 则它的所有截曲率 (sectional curvature) 都非负. 反之, 若 $M = G/K$ 是一个非紧型对称空间, 则它的所有截曲率都非正.

证 设 X, Y 是 $\mathfrak{p}$ 中的两个线性无关的向量, S 是由 X, Y 所张成的 TM_0 中的二维切面, 则由截曲率的定义

$$K(S) = -\frac{\langle R_0(X, Y)X, Y\rangle}{|X \wedge Y|^2}.$$

若 M 是紧型者, 则 Q 与 B 异号, 亦即

$$-\langle R_0(X, Y)X, Y\rangle = \frac{1}{4}\langle[[X, Y], X], Y\rangle$$

和

$$-B([[X, Y], X], Y) = -B([X, Y], [X, Y])$$

同号, 因此

$$K(S) \geqslant 0.$$

反之, 当 M 是非紧型时, Q 和 B 同号, 亦即

$$-\langle R_0(X, Y)X, Y\rangle = \frac{1}{4}\langle[[X, Y], X], Y\rangle$$

和

$$B([[X,Y],X],Y) = B([X,Y],[X,Y])$$

同号, 所以

$$K(S) \leqslant 0.$$ □

2. 双点齐性空间

齐性黎曼流形是漫无边际的黎曼流形的浩瀚范畴之中很自然的一种优良实例. 正因为如此, 在黎曼几何的研讨中, 齐性黎曼流形的研究自然地应该居于重要地位. 其实, 齐性黎曼流形的范围也相当不小, 它包括古典空间、对称空间等在数学的各种领域中扮演重要角色的精到的实例. 本节将以在齐性黎曼流形中, 其特殊性仅次于古典空间者, 亦即双点齐性空间的分类作为结束, 并以此作为对于我国一位杰出数学家王宪钟先生的怀念.

定义 一个黎曼流形 M, 若对其中任给两对等距的点 p, q 和 $p', q', d(p,q) = d(p',q')$, 皆有一保长变换 $\sigma : M \to M$ 使得 $\sigma(p) = p', \sigma(q) = q'$, 则称 M 为**双点齐性空间**.

我们还是先作一些分析, 而后自然地导出我们的结论.

分析

1) 从古典几何、叠合公理的观点来看, 上述双点齐性空间也就是满足如下单个叠合公理的空间, 即两条测地线段叠合的充要条件是两者的长度相等. 所以它们是古典空间的自然推广.

2) 我们再从李变换群的观点来看上述双点齐性空间. 令 $G = I(M)$ 是黎曼流形 M 的保长变换群. 在 M 中取定一个固定基点 x_0, 令 $K = I(M, x_0)$ 是使 x_0 不动的保长变换子群, 则 M 是双点齐性空间的充要条件是 K 在 TM_{x_0} 上的迷向表示 (isotropy representation) 限制到 TM_{x_0} 的单位长向量集上的作用是可递的, 换句话说, 在 TM_{x_0} 中的单位球上的作用是可递的.

基于上述分析, 我们可以把双点齐性空间的分类问题分两步去完成. 第一步是找出所有的表示 $(K; \mathbf{R}^n)$, 其中 K 是一个李群, 它在 $\mathbf{R}^n$ 上的表示令 $S^{n-1}(1)$ 不变, 且在 $S^{n-1}(1)$ 上的作用是可递的; 第二步再考虑什么样的齐性流形 G/K, 以上述表示 $(K; \mathbf{R}^n)$ 为其迷向表示, 并给出分类.

对于满足上述条件的表示 $(K; \mathbf{R}^n)$, 因为 K 令 $S^{n-1}(1)$ 不动, K 自然是保长的, 所以它一定是正交群或酉群的子群. 又因为 K 在 $S^{n-1}(1)$ 上的作用是可递的, 因此这个表示必定是不可约的.

我们再介绍一个重要结论:

设 G 是一个紧致连通李群. 若 G 的表示在表示空间 V 的单位球面上的作用是可递的, 则一定有一个单正规子群 G_1, 它的诱导表示在单位球面上的作用也是可递的.

这个结论的证明要用到一些拓扑学的结论, 我们不再进行, 读者可参看文献 [8].

先假设 K 不是半单的, 因为 K 的表示不可约, 所以 K 只能具有 $K = U(1) \times K_1$ 的形式, 其中 K_1 是半单的, $U(1) \cong S^1$, 而且 K_1 在 $S^{n-1}(1)$ 上的作用也是可递的.

现设 K 是半单而非单的. 不妨设 $K = K_1 \times K_2$ (严格地讲, $K = K_1 \times K_2/N$, 其中 N 是 K 的有限正规子群. 但对于 $\tilde{K} = K_1 \times K_2$ 来说, $\tilde{K}$ 在 $S^{n-1}(1)$ 有一个自然的作用, 而且也是可递的, 因此可用 $\tilde{K}$ 代替 K). 因为 K 的表示 φ 是不可约的, 所以 $\varphi = \varphi_1 \otimes \varphi_2$, 其中 φ_1, φ_2 分别是 K_1 和 K_2 的表示, 且 φ_1 和 φ_2 也是不可约的. 设 φ_i $(i = 1, 2)$ 的表示空间维数为 n_i $(i = 1, 2)$, 则 $n = n_1 \cdot n_2$. 下面分几种情形讨论: 若 $\varphi(k) \subset \mathrm{SO}\,(n)$, 则

$$\varphi_1(K_1) \subset \mathrm{SO}\,(n_1), \quad \varphi_2(K_2) \subset \mathrm{SO}\,(n_2),$$

于是 $\varphi(K) \subset \mathrm{SO}\,(n_1) \times \mathrm{SO}\,(n_2)$. 如果 n_1 和 n_2 均大于 1, 则 n_1 和 n_2 也均小于 n. 由前面的结论可知, $\mathrm{SO}\,(n_1)$ 或 $\mathrm{SO}\,(n_2)$ 中的一个, 一定有单正规子群在 $S^{n-1}(1)$ 上作用是可递的. 但由于 $n_i < n$ $(i = 1, 2)$, 这显然是不可能的, 因此 n_1, n_2 之中必有一个为 1, 但这与 K 半单而非单的假设矛盾. 换句话说, 只能是 $K = \mathrm{SO}\,(n)$. 对于

$$\varphi(K) \subset \mathrm{SU}\,(n_1) \times \mathrm{SU}\,(n_2) \subset \mathrm{SU}\,(n_1 \cdot n_2),$$
$$\varphi(K) \subset \mathrm{Sp}\,(n_1) \times \mathrm{Sp}\,(n_2) \subset \mathrm{Sp}\,(n_1 \cdot n_2) \subset \mathrm{SO}\,(4n_1 \cdot n_2),$$

完全类似的论证可知, n_1 和 n_2 必有一个为 1. $\mathrm{SU}\,(1) \times \mathrm{SU}\,(n)$ 不是半单的, 归于第一种情形; 而 $\mathrm{Sp}\,(1) \times \mathrm{Sp}\,(n)$ 则是可能的, 它在 $S^{4n-1}(1)$ 上作用可递. 同样可以证明 $\mathrm{Sp}\,(n) \times \mathrm{SU}\,(n_2)$ 等也是不可能的. 这表明 K 是半单而非单者只有一种, 即:

$$\mathrm{Sp}\,(1) \times \mathrm{Sp}\,(n).$$

再回到第一种情形 $K = U(1) \times K_1$. 若 K_1 半单而非单, 由刚才的论述, 只能 $K_1 = \mathrm{Sp}\,(1) \times \mathrm{Sp}\,(n)$. 但是这时 $K = U(1) \times \mathrm{Sp}\,(1) \times \mathrm{Sp}\,(n)$, 可直接验证这也是不可能的, 因此 K_1 必定是单的. 这种情形下唯一的可能是 $K = U(1) \times \mathrm{SU}\,(n) \cong U(n)$, 它在 $S^{2n-1}(1)$ 上的作用是可递的.

这样, 我们就证明了: 如果 K 不是单群, 只能是 $K = U(n)$ 或 $K = \mathrm{Sp}(1) \times \mathrm{Sp}(n)$ 这两种情况, 它们分别可递地作用在 $S^{2n-1}(1)$ 及 $S^{4n-1}(1)$ 上. 剩下的问题是讨论 K 是单群的情形.

现在我们要寻找紧单李群的一类特殊的线性不可约表示, 它在表示空间的单位球面上的作用是可递的. 这样的要求对表示空间的维数 n 作了严格的限定: $n < \dim K < \dfrac{n(n+1)}{2}$ (见 [7]). 利用 Weyl 维数公式不难找出仅有的几种可能:

$K = \mathrm{SU}(n)(n \geqslant 2)$. 它的李代数 A_{n-1} 的 Dynkin 图为

$$\underset{\alpha_1}{\circ} \text{—} \underset{\alpha_2}{\circ} \text{—} \cdots \text{—} \underset{\alpha_i}{\circ} \text{—} \cdots \text{—} \underset{\alpha_{n-2}}{\circ} \text{—} \underset{\alpha_{n-1}}{\circ}$$

考虑 K 的自然表示 $\tilde{\mu}_n$ (见第四章 §5), 设 $\lambda_1, \cdots, \lambda_n$ 是它的权系, 则 $\tilde{\mu}_n$ 是以 λ_1 (或 λ_n) 为首权的基本表示 (也称为初等表示). 容易算出这个表示的维数为 n. 因此 $(\tilde{\mu}_n, \mathbf{C}^n \cong \mathbf{R}^{2n})$ 是符合所要求条件的. $\Lambda^2 \tilde{\mu}_n$ 是以 $\lambda_1 + \lambda_2$ 为首权的表示. 容易验证: $(\lambda_1 + \lambda_2, \alpha_i) = \delta_{2i}$, 所以它是 α_i 对应的基本表示. 设 $e_1, \cdots, e_n$ 是 $\mathbf{C}^n$ 的一组基底. 在 $\Lambda^2(\mathbf{C})$ 中取一个元素, 例如: $e_1 \wedge e_2$, 记为 x, 则容易看出, 令 x 不变的子群为

$$\mathrm{SU}(2) \times \mathrm{SU}(n-2),$$

而

$$\dim\left(\mathrm{SU}(n)/\mathrm{SU}(2) \times \mathrm{SU}(n-2)\right) = 4(n-1) - 3$$

(这时自然应要求 $n \geqslant 4$). 因为 $4(n-1) - 3 > 2n$, 所以 $\mathrm{SU}(n)$ 在相应维数的单位球面上的作用不可能是可递的. 再者, 其他的基本表示的维数均大于群的维数, 所以唯一的可能是 $(\tilde{\mu}_n, \mathbf{R}^{2n})$.

若 $K = \mathrm{SO}(n)$, 当 $n = 2k$ 时, 相应的 Dynkin 图为

$$\underset{\alpha_1}{\circ} \text{—} \underset{\alpha_2}{\circ} \text{—} \cdots \text{—} \circ \text{—} \underset{\alpha_{k-2}}{\circ} \overset{\displaystyle \circ\,\alpha_{k-1}}{\underset{\displaystyle \circ\,\alpha_k}{<}}$$

设 ρ_n 是 $\mathrm{SO}(n)$ 的自然表示, 其权为 $\lambda_1, \cdots, \lambda_k$ 和 $-\lambda_k, \cdots, -\lambda_1$. 它是相应于 α_1 的初等表示. 表示空间的维数为 n, 而 $\mathrm{SO}(n)$ 在 $S^{n-1}(1)$ 上的作用自然是可递的, 所以 $(\rho_n, \mathbf{R}^n)$ 满足要求. $\Lambda^2 \rho_n$ 就是伴随表示, 这时表示空间的维数与群的维数相同, 因此群的作用在单位球面上不可能可递. 其他的基本表示, 包括旋表示也均不合要求, 所以 $(\rho_n, \mathbf{R}^n)$ 是唯一符合要求的表示.

当 $n = 2k + 1$ 时, Dynkin 图为

$$\underset{\alpha_1}{\circ} \text{—} \underset{\alpha_2}{\circ} \text{—} \cdots \text{—} \circ \text{—} \cdots \text{—} \underset{\alpha_{k-1}}{\circ} \Rightarrow \underset{\alpha_k}{\circ}$$

类似于 $n = 2k$ 的情形, 自然表示 $(\rho_n, \mathbf{R}^n)$ 在 $S^{n-1}(1)$ 上作用可递. 而相应于 $\alpha_2, \cdots, \alpha_{k-1}$ 的基本表示都不合要求. 现在我们来考虑相应于 α_k 的基本表示, 这就是所谓旋表示. 它的表示空间的维数为 2^k. 我们用 $\operatorname{spin}(n)$ 来记这个表示. 可以验证 $(\operatorname{spin}(7), \mathbf{R}^8), (\operatorname{spin}(9), \mathbf{R}^{16})$ 分别在 S^7 和 S^{15} 上的作用是可递的, 而且

$$\operatorname{spin}(7)/G_2 = S^7, \quad \operatorname{spin}(9)/\operatorname{spin}(7) = S^{15}.$$

对于 $K = \operatorname{Sp}(n)$, Dynkin 图为

自然表示 $(\nu_{2n}, \mathbf{C}^{2n} \cong \mathbf{R}^{4n})$ 是相应于 α_1 的初等表示. 它在 $S^{4n-1}(1)$ 上的作用是可递的. 不难验证, 其他的表示均不合要求.

最后, 对于特殊群, 我们只是指出: G_2 有一个不可约的七维表示, 就是相应于图解中 α_1 的初等表示 ρ_1.

$(\rho_1, \mathbf{R}^7)$ 在 S^6 上的作用是可递的, 而且 $G_2/\operatorname{SU}(3) = S^6$, 则其余的特殊群都不存在这样的表示.

至此, 我们已找出全部的满足要求的表示 $(K, \mathbf{R}^n)$. 下面我们进行第二步, 确定所有的双点齐性空间 G/K.

我们首先指出: 由双点齐性的假定, 可以证明下列诸事实: n 维双点齐性空间 M 可表示为 G/K 的形式, 其中

(i) G 是一个连通单李群;

(ii) $\operatorname{rank} G = \operatorname{rank} K$;

(iii) K 是紧的, 它的连通分支在 $S^{n-1}(1)$ 上作用可递;

(iv) K 是 G 的最大闭子群;

(v) $\dim G - \dim K = n$.

关于上述五点的详细证明请参看 [11] 和 [12].

利用这些限制, 我们很容易由所有的 $(K, \mathbf{R}^n)$ 中定出所有的双点齐性空间来, 它们是: 欧氏空间 $\mathbf{R}^n$, n 维球面 $S^n = \operatorname{SO}(n+1)/\operatorname{SO}(n)$ $(n \neq 3)$, n 维实射影空间 $P^n = \operatorname{SO}(n+1)/O(n)$, n 维实双曲空间 $H^n = \operatorname{SO}_0(n,1)/\operatorname{SO}(n)$, 复射影空间 $\operatorname{SU}(n+1)/\operatorname{SU}(n) \times T$, Hermite 双曲空间 $\operatorname{SU}(n,1)/\operatorname{SU}(n) \times T$, 四元数射影空间 $\operatorname{Sp}(n+1)/\operatorname{Sp}(n) \times \operatorname{Sp}(1)$, 四元数双曲空间 $\operatorname{Sp}(n,1)/\operatorname{Sp}(n) \times \operatorname{Sp}(1)$, Caylay 射影平面 $F_4/\operatorname{spin}(9)$ 以及它所对应的非紧对称空间 $F_4(-20)/\operatorname{spin}(9)$.

应该说明的是, $G_2/\mathrm{SU}(3)$ 也符合要求, 但它同胚于 S^6, 已包括在上述范围内. 而对于 $(\mathrm{spin}(7), \mathbf{R}^8)$, 由于 $\dim \mathrm{spin}(7) = 21$, 又不存在 29 维的单李群, 因此没有相应的双点齐性空间. 还可以看出, 除 $\mathbf{R}^n$ 之外, 其他的都是秩 1 的黎曼对称空间 (读者可参看 [3]).

§5 实半单李代数的分类

在本章的一开始, 我们业已指出: 实半单李代数的分类可以归于紧半单李代数的对合自同构的分类. 现在我们来进一步分析这个问题.

我们首先描述复单李代数的实形式. 设 $\mathfrak{g}_C$ 是一个复单李代数, 则它的紧致实形式也一定是单的, 设 $\mathfrak{u}$ 是 $\mathfrak{g}_C$ 的一个固定的紧致实形式, θ 是它的一个对合自同构, 则

$$\mathfrak{u} = \mathfrak{k} \oplus \mathfrak{p},$$

其中

$$\mathfrak{k} = \{X \in \mathfrak{u}; \theta(X) = X\}, \quad \mathfrak{p} = \{X \in \mathfrak{u}; \theta(X) = -X\}.$$

令

$$\mathfrak{g}_\theta = \mathfrak{k} \oplus i\mathfrak{p} \quad (i = \sqrt{-1}),$$

则 $\mathfrak{g}_\theta$ 是一个实李代数, 且是 $\mathfrak{g}_C$ 的实形式, 而且上述分解式是它的 Cartan 分解.

另一方面, 由 Cartan 引理以及一个复半单李代数的所有紧致实形式在内自同构下共轭这个事实可知, 对 $\mathfrak{g}_C$ 的任何一个实形式 $\mathfrak{g}$, 一定存在 $\mathfrak{u}$ 的对合自同构 θ, 使得由 θ 决定的实形式 $\mathfrak{g}_\theta$ 在内自同构下与 $\mathfrak{g}$ 共轭.

命题 1 对于 $\mathfrak{u}$ 的两个对合自同构 θ 和 θ', $\mathfrak{g}_\theta$ 与 $\mathfrak{g}_{\theta'}$ 同构当且仅当存在 $\eta \in \mathrm{Aut}(\mathfrak{u})$, 使得 $\eta\theta\eta^{-1} = \theta'$.

证 令 $f: \mathfrak{g}_\theta \to \mathfrak{g}_{\theta'}$ 是一个同构, 且 $\mathfrak{g}_\theta = \mathfrak{k} \oplus i\mathfrak{p}$ 及 $\mathfrak{g}_{\theta'} = \mathfrak{k}' \oplus i\mathfrak{p}'$ 分别是 $\mathfrak{g}_\theta$ 和 $\mathfrak{g}_{\theta'}$ 的 Cartan 分解, 则

$$\mathfrak{g}_{\theta'} = f(\mathfrak{g}_\theta) = f(\mathfrak{k} \oplus f(i\mathfrak{p}))$$

也是 $\mathfrak{g}_{\theta'}$ 的一个 Cartan 分解. 由 Cartan 分解的共轭性可知, 存在 $\rho \in \mathrm{Int}(\mathfrak{g}_{\theta'})$, 使得

$$f(\mathfrak{k}) = \rho(\mathfrak{k}'), \quad f(i\mathfrak{p}) = \rho(i\mathfrak{p}').$$

对于任何 $X \in \mathfrak{k}, \theta'\rho^{-1}f(x) = \rho^{-1}f(x)$, 而对 $X \in i\mathfrak{p}, \theta'\rho^{-1}f(X) = -\rho^{-1}f(X)$, 所以无论 $X \in \mathfrak{k}$ 或 $X \in i\mathfrak{p}$, 总有 $f^{-1}\rho\theta'\rho^{-1}f(X) = \theta X$. 令 $f^{-1}\rho = \eta$, 则有 $\eta\theta'\eta^{-1} = \theta$. 另一方面, 由 $\eta(\mathfrak{k}') = \mathfrak{k}, \eta(i\mathfrak{p}') = \eta(i\mathfrak{p})$ 可知, $\eta\mathfrak{u} = \mathfrak{u}$. 这说明 $\eta \in \mathrm{Aut}(\mathfrak{u})$. 其逆是显然的. □

以上的分析说明, 复单李代数的实形式的分类自然地归于一个固定的紧致实形式的对合自同构在自同构下的共轭分类. 顺便指出, 因为 Int (u) 是 Aut (u) 的正规子群, 如果 θ_1, θ_2 均为对合自同构, 且 $\theta_1 \in$ Int (u) 以及 $\mathfrak{g}_{\theta_1} \cong \mathfrak{g}_{\theta_2}$, 则 θ_2 也是内自同构. 这个事实我们在以后要用到.

由于实半单李代数可唯一分解为单纯理想之和, 我们只需讨论实单李代数的分类. 设 $\mathfrak{g}$ 是一个实单李代数, $\mathfrak{g}_\mathbf{C}$ 是 $\mathfrak{g}$ 的复化, 由 $\mathfrak{g}$ 与 $\mathfrak{g}_\mathbf{C}$ 的 Killing 型的关系易知, $\mathfrak{g}_\mathbf{C}$ 是复半单李代数. $\mathfrak{g}_\mathbf{C}$ 自然有两种可能:

(1) $\mathfrak{g}_\mathbf{C}$ 是复单李代数. 这时 $\mathfrak{g}$ 是 $\mathfrak{g}_\mathbf{C}$ 的实形式, 由上面的讨论, 问题化为紧单李代数对合自同构的共轭分类问题.

(2) $\mathfrak{g}_\mathbf{C}$ 不是单李代数. 容易证明, 这时存在复单李代数 $\mathfrak{g}_1$, 使得 $(\mathfrak{g}_1)_\mathbf{R} \cong \mathfrak{g}$, 其中 $(\mathfrak{g}_1)_\mathbf{R}$ 表示视 $\mathfrak{g}_1$ 为实数域上的线性空间所构成的实李代数. 而且如果有两个复单李代数 $\mathfrak{g}_1$ 和 $\mathfrak{g}_2$, 使得 $(\mathfrak{g}_1)_\mathbf{R} \cong (\mathfrak{g}_2)_\mathbf{R} \cong \mathfrak{g}$, 则 $\mathfrak{g}_1 \cong \mathfrak{g}_2$. 反之亦然. 因此其复化为非单李代数的实单李代数的同构类与相应复单李代数同构类之间存在一一对应, 从而这一类的分类问题已获得解决.

至此, 我们已把分类问题归于紧单李代数的对合自同构, 即自同构群中二阶元素的共轭分类问题.

(A) 紧单李代数的自同构群

为了讨论紧单李代数自同构群中二阶元素的共轭分类, 首先弄清紧单李代数的自同构群的结构是十分必要的. 设 $\mathfrak{g}$ 是一个紧单李代数, Aut (g) 表示 $\mathfrak{g}$ 的自同构群, Int (g) 表示 $\mathfrak{g}$ 的内自同构群. Int (g) 自然是 Aut (g) 的正规子群. 在第四章 §1 中, 我们已经证明了: 对于紧单李代数 $\mathfrak{g}$, ad (g) = ∂(g) (第四章 §1 引理 1), 从而 Int (g) 与 Aut (g) 有相同的李代数, 而 Int (g) 是连通的, 这就证明了下列命题:

命题 2　对于紧单李代数 $\mathfrak{g}$ 来说, Int (g) 是 Aut (g) 的单位元连通分支 Aut ^{0}(g).

命题 3　Aut (g)/Int (g) $\cong$ Aut (D(g)), 其中 Aut (D(g)) 表示 $\mathfrak{g}$ 的素根系的 Dynkin 图 D(g) 的自同构群.

证　这个命题实际上是第四章分类定理的直接推论. 事实上, 由于 $\mathfrak{g}$ 的 Cartan 子代数在内自同构下共轭, 不妨只取令一个固定的 Cartan 子代数不变的自同构, 并可认为它令取定的素根系不变. 由分类定理的证明可知, 它诱导此素根系的 Dynkin 图的一个图自同构. 反过来, 每一个图自同构一定可以扩成为 $\mathfrak{g}$ 的一个自同构.　　　□

下面我们讨论 $\operatorname{Int}(\mathfrak{g})$ 与以 $\mathfrak{g}$ 为李代数的连通李群 G 之间的关系以及伴随作用轨道空间的某些性质.

设 $\mathfrak{g}$ 是实单紧李代数, G 是以 $\mathfrak{g}$ 为李代数的一个连通李群. G 自然是紧的. G 的伴随表示 $\operatorname{Ad}: G \to \operatorname{GL}(\mathfrak{g})$ 满足

$$\operatorname{Exp}\operatorname{Ad}(\sigma)X = \sigma\operatorname{Exp}X\sigma^{-1}, \quad \forall\sigma \in G, X \in \mathfrak{g}$$

及

$$\operatorname{Ad}(\operatorname{Exp}X) = \mathrm{e}^{\operatorname{ad}X}, \quad \forall X \in \mathfrak{g}.$$

由此容易推知下列命题成立:

命题 4 设 G 是以 $\mathfrak{g}$ 为李代数的连通李群, $Z(G)$ 表示 G 的中心, 则有
(1)Ad_G 是 G 到 $\operatorname{Int}(\mathfrak{g})$ 上的解析同态, 其核为 $Z(G)$.
(2) 映射 $gz \mapsto \operatorname{Ad}_G(g)$ 是 $G/Z(G)$ 到 $\operatorname{Int}(\mathfrak{g})$ 上的解析同构.

命题 5 设 G 是一个具有紧李代数 $\mathfrak{g}$ 的连通李群, 则映射 $\operatorname{Exp}: \mathfrak{g} \to G$ 是满射.

证 由于 $\operatorname{Ad}(G)$ 是紧的, 在 $\mathfrak{g}$ 上存在一个 $\operatorname{Ad}(G)$-不变内积. 这个内积自然可以诱导出 G 上一个不变黎曼度量. 关于这个度量, 过 e 点的测地线均为单参数子群, 从而均具有 "无限长". 这意味着 G 是完备的. 由完备性可知, G 中任意一点 g, 一定有长为 $d(e,g)$ 的测地线与 e 连接, 此测地线必为单参数子群, 从而 Exp 是满射. $\square$

由命题 4 和 5 不难看出, 映射 $\operatorname{Ad}\circ\operatorname{Exp}: X \mapsto \operatorname{Ad}(\operatorname{Exp}X) = \mathrm{e}^{\operatorname{ad}X}$ 是由 $\mathfrak{g}$ 到 $\operatorname{Int}(\mathfrak{g})$ 上的满射. 换句话说, $\operatorname{Int}(\mathfrak{g})$ 中的每个元素都可表示为 $\mathrm{e}^{\operatorname{ad}X}$ $(X \in \mathfrak{g})$ 的形式.

现在令 G 是一个单连通的紧单李群, 它的李代数 $\mathfrak{g}$ 是一个紧单实李代数. 取定 G 的一个极大子环群 T, 它的李代数记为 $\mathfrak{h}$, 并设 W 是 G 的 Weyl 群. 由第三章的极大子环群定理及其推论可知, 对 G 的伴随变换 $\widetilde{\operatorname{Ad}}$ 及伴随表示 Ad 来说, T 或 $\mathfrak{h}$ 与 G 的任一共轭类均相交; 而对伴随变换群及伴随表示的轨道空间 $G/\widetilde{\operatorname{Ad}}$ 及 $\mathfrak{g}/\operatorname{Ad}$ 来说, 由下图所决定的映射 $T/W \to G/\widetilde{\operatorname{Ad}}$ 及 $\mathfrak{h}/W \to \mathfrak{g}/\operatorname{Ad}$ 均为一一在上映射

$$
\begin{array}{ccc}
T \xrightarrow{\;\subset\;} G & \qquad & \mathfrak{h} \xrightarrow{\;\subset\;} \mathfrak{g} \\
\pi\downarrow \quad \pi\downarrow & & \pi\downarrow \quad \pi\downarrow \\
T/W \longrightarrow G/\widetilde{\operatorname{Ad}} & & \mathfrak{h}/W \longrightarrow \mathfrak{g}/\operatorname{Ad}
\end{array}
$$

由此可知, T/W 就是 G 的内自同构共轭类的基本区域. 又因为 Int $(\mathfrak{g}) \cong G/Z(G)$, 所以 $\mathfrak{g}$ 的对合内自同构的共轭分类便归于寻求 T/W 中二阶元共轭类 (可以相差 $Z(G)$ 中的元素), 在此基础上, 利用命题 3 可进一步讨论对合外自同构的共轭分类, 从而使问题得以解决. 这就是下面进行讨论的基本途径.

在第三章中, 我们已经引入了极大子环群 T 的 Weyl 房 C, 并证明了:

$$G/\text{Ad} \cong T/W \cong \bar{C}.$$

我们将要指出: $\bar{C}$ 可以视为 $\mathfrak{h}\left(\text{以 } \dfrac{-1}{2\pi^2}B \text{ 为内积 } (\,,\,) \text{ 的欧氏空间}\right)$ 中的多面体. 事实上, 由命题 5, Exp : $\mathfrak{h} \to T$ 是覆盖映射. 考虑复合映射 $\varphi = \pi \circ \text{Exp} : \mathfrak{h} \to T/W \cong \bar{C}$. 我们知道 T 的 Weyl 房 C 是 $T \backslash \bigcup\limits_{\alpha \in \Delta} F(\alpha)$ 的一个连通分支, 其中 Δ 是 G 的根系, $F(\alpha)$ 是关于 α 的反射对称的不动点集. 关于 α 的反射对称是 W 中的二阶元素, 它在 $\mathfrak{h}$ 上的作用以

$$P_\alpha = \{H \in \mathfrak{h}; (H, \alpha) = 0\}$$

为不动点集. 由此不难看出 $F(\alpha)(\alpha \in \Delta)$ 在 Exp 下的原像是所有超平面

$$P_{\alpha,k} = \{H \in \mathfrak{h}; (H, \alpha) = k\} \quad (k \in \mathbf{Z})$$

的并集 $\bigcup\limits_{k \in \mathbf{Z}} P_{\alpha,k}$, 从而 $\mathfrak{h} \backslash \sum\limits_{\substack{\alpha \in \Delta \\ k \in \mathbf{Z}}} P_{\alpha,k}$ 的连通分支在 φ 的作用下同胚地映成 T 的一个 Weyl 房 C. 这样的连通分支是由超平面界成的, 称为 Weyl 胞 (cell). 它的闭包是 $\mathfrak{h}$ 中的多面体, 称为 **Cartan 多面体**. 它同胚于 $\bar{C}$, 仍以 $\bar{C}$ 记之. 在 Δ 中取定一个次序, Δ^+ 是 Δ 在此次序下的正根系, 则容易证明:

$$C_0 = \{H \in \mathfrak{h}; 0 < (\alpha, H) < 1, \forall \alpha \in \Delta^+\}$$

是一个胞, 称之为**基本胞**. 设在此次序下的素根系为 $\Pi = \{\alpha_1, \cdots, \alpha_l\}$, 最高根为 $\beta = \sum\limits_{i=1}^{l} m_i \alpha_i$, 则 $m_i > 0 \ (i = 1, \cdots, l)$. 而且对任何正根 $\gamma = \sum\limits_{i=1}^{l} n_i \alpha_i$, 都有 $0 \leqslant n_i \leqslant m_i \ (i = 1, \cdots, l)$. 由此可以看出, 基本胞也可表示为

$$C_0 = \{H \in \mathfrak{h}; (\alpha_i, H) > 0 \ (i = 1, \cdots, l), (\beta, H) < 1\},$$

它是一个由 $(l+1)$ 个超平面 $P_{\alpha_1}, \cdots, P_{\alpha_l}$ 及 $P_{\beta,1}$ 所围成的开单形. 今后我们取定

$$\bar{C}_0 = \{H \in \mathfrak{h}; (\alpha_i, H) \geqslant 0 \ (i = 1, \cdots, l), (\beta, H) \leqslant 1\}$$

作为基本 Cartan 多面体. 在 $\mathfrak{h}$ 中, $\Pi = \{\alpha_1, \cdots, \alpha_l\}$ 是 $\mathfrak{h}$ 的一组基, 它的对偶基记为 $\{H_1, \cdots, H_l\}$, 即: $(H_i, \alpha_j) = \delta_{ij}$ $(1 \leqslant i, j \leqslant l)$. 容易验证 $\bar{C}_0$ 的顶点是 $O, \dfrac{H_1}{m_1}, \cdots, \dfrac{H_l}{m_l}$, 而且 $\bar{C}_0$ 中任何一点 H 可表示为

$$H = \sum_{i=1}^{l} t_i H_i,$$

其中 t_i 满足

$$0 \leqslant \sum_{i=1}^{l} t_i m_i \leqslant 1.$$

基于以上分析, 今后我们把 $\bar{C}_0$ 视为共轭类的基本区域.

虽然 Weyl 群 W 在所有 Weyl 房的集合中的作用是可递的, 但是在所有胞组成的集合中显然不是可递的, 因此还需考虑覆盖映射 $\mathrm{Exp} : \mathfrak{h} \to T$ 的作用. 由于 $\mathrm{Exp}^{-1}(e)$ 由 $\mathfrak{h}$ 中以 $H_1, \cdots, H_l$ 为基的所有整点组成, 因此平移 $T(H_i) : H \mapsto H + H_i$ $(i = 1, \cdots, l)$ 把 $\bigcup\limits_{\substack{\alpha \in \triangle \\ k \in \mathbb{Z}}} P_{\alpha,k}$ 映成其本身, 从而把每个胞映成另一个胞. 容易验证: 上述平移和 W 中的元素这两种保长变换的复合作用在所有胞组成的集合中的作用是可递的. 如果我们记由 $T(H_i)$ $(i = 1, \cdots, l)$ 生成的保长变换群为 Γ, 则 $\mathfrak{h}/W \cdot \Gamma \cong \bar{C}_0$. 因此, 在下面的讨论中, 我们将容许在 $\mathfrak{h}$ 上使用上述的平移变换.

在本小节的最后, 我们给出 Cartan 多面体的 Dynkin 图. Cartan 多面体 $\bar{C}_0$ 由超平面 $P_{\alpha_i} = \{H \in \mathfrak{h}; (\alpha_i, H) = 0\}$ 以及 $P_{\beta,1} = \{H \in \mathfrak{h}; (\beta, H) = 1\}$ 所围成. 在 $\Pi = \{\alpha_1, \cdots, \alpha_l\}$ 的 Dynkin 图中添入最低根 $-\beta$ 及相应连线, 用 α_i (标成白色) 表示 Cartan 多面体的位于 P_{α_i} 中的 "墙", 而代表 $-\beta$ 的点 (标成黑色) 则表示位于 $P_{\beta,1}$ 中的 "墙". 在代表 $-\beta$ 的点处标上系数 1, 而在 α_i 点处标以 $m_i \left(\text{即} : \beta = \sum m_i \alpha_i \text{ 中 } \alpha_i \text{ 的系数 } m_i \right)$. 所得的图称为多面体 $\bar{C}_0$ 的 Dynkin 图. 各类单连通紧致单李群的 Cartan 多面体的 Dynkin 图如下页图所示.

利用这些图, 我们可以讨论 G 的中心 $Z(G)$. 事实上, 设 x 是 $\bar{C}_0$ 的一个顶点, 记 $\hat{x}$ 是 x 对面的 "墙", 则 x 的中心化子 G_x 的 Dynkin 图恰好是从上述 Cartan 多面体的 Dynkin 图中去掉表示 $\hat{x}$ 的点及相应连线所得的图. 若此图与 Π 的 Dynkin 图相同, 说明 $G_x = G$, 从而 $x \in Z(G)$. 由于 $Z(G)$ 的元素所在共轭类只包含一个元素, 就是其本身, 这就证明了 $Z(G)$ 中的元素一一对应于 Cartan 多面体中具有上述性质的顶点 (或墙 $\hat{x}$). 由上面列出的图可以看出, 所有系数为 1 的点所表示的墙的对面顶点就是中心 $Z(G)$ 的全部元素.

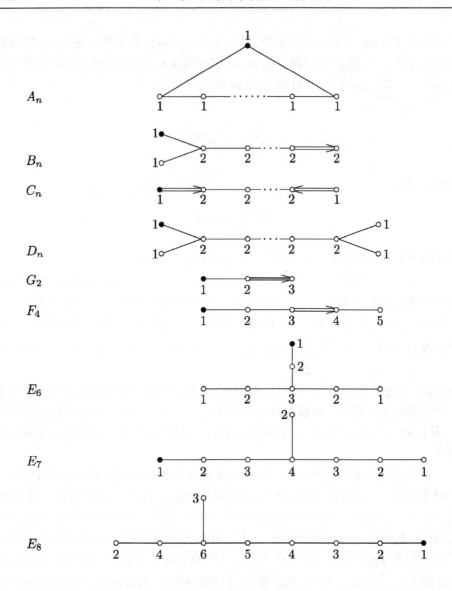

(B) 对合自同构的共轭分类及相应的实单李代数

由 (A) 的命题 4 和 5, 映射: $X(\in \mathfrak{g}) \mapsto e^{\mathrm{ad}\, X}(\in \mathrm{Int}\,(\mathfrak{g}))$ 是满射. 不仅如此, 由 (A) 中对轨道空间的分析可知, 对于 Cartan 多面体 $\bar{C}_0$, 当 H 取遍 $\bar{C}_0$ 时, $e^{\mathrm{ad}\, H}$ 取遍 $\mathrm{Int}\,(\mathfrak{g})$ 的所有共轭类. 因此我们只要在 $\bar{C}_0$ 中去寻找所有二阶元共轭类即可.

设 $H \in \bar{C}_0, \rho = e^{\mathrm{ad}\, H}$ 是二阶元, 则 $\rho^2 = e^{\mathrm{ad}\, 2H} = \mathrm{id}$. 也就是说, 对任意 $X \in \mathfrak{g}, e^{\mathrm{ad}\, 2H} X = X$, 这意味着对任意 $\alpha \in \Delta$, 都有 $(2H, \alpha) \in \mathbf{Z}$; 反过来, 若对任何 $\alpha \in \Delta$, 均有 $(2H, \alpha) \in \mathbf{Z}$, 则对任意 $X \in \mathfrak{g}$, 均有 $e^{\mathrm{ad}\, 2H} X = X$. 除去 $\rho \equiv \mathrm{id}$ 的

平凡情况, 我们便得出下列引理:

引理 1 对于 $H \in \bar{C}_0, \rho = e^{\operatorname{ad} H}$ 是对合自同构当且仅当对所有 $\alpha \in \Delta$, $(2H, \alpha) \in \mathbf{Z}$, 而且至少有一个 $\alpha \in \Delta$, 使得 $(H, \alpha) \notin \mathbf{Z}$.

现在我们利用引理 1 来求 $\bar{C}_0$ 中所有二阶元. 考虑到 $H \in \bar{C}_0$ 的条件, 二阶元就是下列不等式组

$$\begin{cases} (\alpha_i, H) \geqslant 0 \ (i = 1, \cdots, l), \\ (\beta, H) \leqslant 1, \\ (\alpha_i, 2H) \in \mathbf{Z} \ (i = 1, \cdots, l), \ \text{且至少有一个} \ j \ (1 \leqslant j \leqslant l)(\alpha_j, H) \notin \mathbf{Z} \end{cases}$$

的解. 设 $H = \sum\limits_{j=1}^{l} t_j H_j$,

$$0 \leqslant (\alpha_i, H) = \sum_j t_j (\alpha_i, H_j) = t_j \quad (j = 1, \cdots, l),$$

$$1 \geqslant (\beta, H) = \sum_{i,j} (m_i \alpha_i, t_j H_j) = \sum_{i=1}^{l} m_i t_i, (2H, \alpha_i) = 2t_i \in \mathbf{Z}.$$

因此 t_j 只能是满足 $\sum\limits_{i=1}^{l} m_i t_i \leqslant 1$ 的非负整数或半整数. 这只有以下三种可能:

(i) 存在某一个 $i \ (1 \leqslant i \leqslant l), m_i = 2, t_i = \dfrac{1}{2}$, 对于其余的 $j \ (\neq i)(1 \leqslant j \leqslant l), t_j = 0$. 这时 $H = \dfrac{H_i}{m_i} = \dfrac{H_i}{2}$. 换句话说, H 是相应于 $m_i = 2$ 的一个顶点.

(ii) 存在某一个 $i \ (1 \leqslant i \leqslant l), m_i = 1, t_i = \dfrac{1}{2}$, 而其余的 $j \ (\neq i), t_j = 0 \ (1 \leqslant j \leqslant l)$. 这时, $H = \dfrac{H_i}{2} \ (m_i = 1)$. 换句话说, H 是相应于 $m_i = 1$ 的一个顶点与原点连线的中点.

(iii) 存在某个 i 和 $j \ (1 \leqslant i, j \leqslant i), m_i = m_j = 1, t_i = t_j = \dfrac{1}{2}$, 而对其余的 $k \ (1 \leqslant k \leqslant l)$, 都有 $t_k = 0$. 这时 $H = \dfrac{1}{2}(H_i + H_j) \ (m_i = m_j = 1)$. 现在我们要证明 (iii) 实际上仍可归于 (ii) 的情形. 为简便起见, 不妨设 $H = \dfrac{1}{2}(H_1 + H_2)$. 施行平移变换 $T(-H_2): H \mapsto H - H_2$, 显然 $T(-H_2) \in \Gamma$. 令 $C_1 = T(-H_2) \cdot C_0$, 则 C_1 也是一个胞. 因为 $m_2 = 1$, H_2 是 C_0 的一个顶点, 从而原点也是 C_1 的一个顶点. 设 C_0 所在的 Weyl 房为 W_0, C_1 所在的 Weyl 房为 W_1, 于是在 Weyl 群中存在一个元素 w, 使得 $w \circ W_1 = W_0$. 不难看出, $w \cdot C_1 = C_0$. w 自然令原点不变,

$$w \cdot T(-H_2) \in W \cdot \Gamma, \quad w \cdot T(-H_2)C_0 = w \cdot C_1 = C_0.$$

而 $w \cdot T(-H_2)$ 是容许的变换, 它将 H_2 映为原点, 而 H_1 则映成某个顶点 $\dfrac{H_k}{m_k}$, 于是 $H = \dfrac{1}{2}(H_1 + H_2)$ 映成 $H' = \dfrac{1}{2} \cdot \dfrac{H_k}{m_k}$. H' 仍是二阶元, 所以只能 $m_k = 1$, $H' = \dfrac{H_k}{2}$. 由于 $e^{\operatorname{ad} H}$ 与 $e^{\operatorname{ad} H'}$ 属于 $\operatorname{Int}(\mathfrak{g})$ 的同一共轭类, 从而 (iii) 归于 (ii) 的情形 (参看图 6.7).

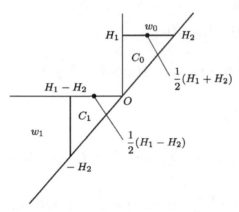

图 6.7

总结上面的分析, 我们得出

定理 8　设 $\mathfrak{g}$ 是一个紧单实李代数, 其余记号如前, 则 $\mathfrak{g}$ 的对合内自同构共轭类 (以 $\bar{C}_0$ 中元素为代表元) 只有以下两种类型:

(a) $H = \dfrac{1}{2}H_i$ $(m_i = 1)$, 这时 H 是顶点 H_i (其对面 "墙" 的系数为 1) 与原点连线的中点;

(b) $H = \dfrac{1}{2}H_i$ $(m_i = 2)$, 这时 H 是 C_0 的顶点 $\dfrac{1}{2}H_i$, 它对面 "墙" 的系数为 2.

下面我们来讨论一下这些对合自同构不动点组成的子代数 $\mathfrak{k}$, 简称为它的**特征子代数**. 容易看出, 对合内自同构 ρ 的特征子代数 $\mathfrak{k}(\rho)$ 就是 $\bar{C}_0$ 中相应元素 H 的中心化子 G_H 的李代数. 如果 H 是 C_0 的顶点 $\dfrac{1}{2}H_i$ $(m_i = 2)$, (A) 中已说明, 它的中心化子的李代数的 Dynkin 图就是由 Cartan 多面体的图中去掉表示 H 对面 "墙" 的点所得的 Dynkin 图. 这时 $\operatorname{rank}\mathfrak{k}(\rho) = \operatorname{rank}\mathfrak{g}$, 而且 $\mathfrak{k}$ 是一个紧半单李代数. 如果 H 是对面 "墙" 的系数为 1 的顶点 H_i 与原点连线的中点, 这时 $(\alpha_i, H) \notin \mathbf{Z}$, $(\beta, H) \notin \mathbf{Z}$, 而对其余的 H_j, 都有 $(H_j, H) = 0 \in \mathbf{Z}$, 所以 H 的中心化子 G_H 的 Dynkin 图是由 Cartan 多面体的图中去掉黑点及表示 H_i 对面 "墙" 的点 α_i 所得的 Dynkin 图. 换句话说, 由 Π 的 Dynkin 图中去掉 α_i 而得出. 另一方面, 仍有 $\operatorname{rank}\mathfrak{k}(\rho) = \operatorname{rank}\mathfrak{g}$, 所以 $\mathfrak{k}(\rho)$ 有一维中心, 而不是半单的.

现在我们来讨论 G_H^0 (G_H 的单位元连通分支) 的迷向表示. 由于 G_H^0 的李代数是 $\mathfrak{k}$, 于是 G/G_H^0 在基点的切空间与 $\mathfrak{p}$ 同构, 下面我们将认为 G_H^0 的迷向表示空间就是 $\mathfrak{p}$. 这是一个紧致李群的实表示. 为此, 我们先就不可约实表示作一些讨论.

设 V 是一个实向量空间, $\rho: G \to \mathrm{GL}(V)$ 是紧致连通李群 G 的一个不可约表示. $V \otimes \mathbf{C}$ 是 V 的复化. ρ 自然可扩成为到 $V \otimes \mathbf{C}$ 上的表示, 记为 $\rho \otimes \mathbf{C}: G \to \mathrm{GL}(V \otimes \mathbf{C})$. 一般说来, $\rho \otimes \mathbf{C}$ 不一定是不可约的, 它有以下两种可能:

(i) $\rho \otimes \mathbf{C}$ 不可约, 这时 ρ 称为**第一类型的**;

(ii) $\rho \otimes \mathbf{C}$ 可约, 这时 ρ 称为**第二类型的**.

现在讨论第二类型的不可约表示. 既然 $\rho \otimes \mathbf{C}$ 是可约的, 那么它有几个不可约分量, 它们之间有什么关系? 为了回答这些问题, 我们先介绍有关共轭的一些性质. 在复向量空间 $V \otimes \mathbf{C}$ 中存在关于 V 的共轭运算 $x \mapsto \bar{x}, V \otimes \mathbf{C} = V \oplus \bar{V}$ (作为实向量空间), 而且 $x \in V$ 当且仅当 $x = \bar{x}$. 设 γ 是 $V \otimes \mathbf{C}$ 的线性变换, 则可定义 $\bar{\gamma}$ 如下: $x \mapsto \overline{\gamma \bar{x}}$. 容易验证 $\bar{\gamma}$ 也是线性的. 线性变换 γ 令 V 不变的充要条件是 $\gamma = \bar{\gamma}$ (习题). 现在回过头来讨论 $\rho \otimes \mathbf{C}$. 既然 $\rho \otimes \mathbf{C}$ 是可约的, 设 V_1 是 $V \otimes \mathbf{C}$ 的一个不可约不变子空间. 不难看出 $\bar{V}_1 = \{\bar{x}; x \in V_1\}$ 也是不可约不变子空间. 现在我们证明 $V_1 \bigcap \bar{V}_1 = \{0\}$. 事实上, 因为 $V_1 \bigcap \bar{V}_1$ 也是 $V \otimes \mathbf{C}$ 的一个不变子空间, 由 V_1 的不可约性可知, 只能 $V_1 \bigcap \bar{V}_1 = \{0\}$, 令 $V' = V_1 \oplus \bar{V}_1$. 易知 V' 是 $V \otimes \mathbf{C}$ 的复子空间, 它有一个实不变子空间 $V_0 = \{x + \bar{x}; x \in V_1\}$ ($x + \bar{x}$ 显然是实向量, 而且

$$\rho(x + \bar{x}) = \rho(x) + \rho(\bar{x}) = \rho(x) + \overline{\rho(x)},$$

所以是 ρ-不变的). 由 ρ 的不可约性, 只能是 $V \otimes \mathbf{C} = V_0 \otimes \mathbf{C} = V'$. 即: $V \otimes \mathbf{C} = V_1 \otimes \bar{V}_1, V_1, \bar{V}_1$ 均是 $\rho \otimes \mathbf{C}$-不可约的. 另一方面, 如果 λ 是 $\rho \otimes \mathbf{C}|_{\bar{V}_1}$ 的一个权, 则 $-\lambda$ 则是 $\overline{\rho \otimes \mathbf{C}|_{V_1}} = \rho \otimes \mathbf{C}|_{V_1}$ 的一个权. 因此, 对于这两个复不可约表示来说, 只要知道其中一个的最高权, 则另一个的最高权也就确定了. 这就证明了下述引理:

引理 2 如果 ρ 是一个第二类型的实不可约表示, 则 $\rho \otimes \mathbf{C} = \sigma \oplus \bar{\sigma}$, 其中 σ 是一个复不可约表示, 从而 ρ 由它的类型及 $\rho \otimes \mathbf{C}$ 的一个最高权所完全决定.

作为一个练习, 我们建议读者自己去证明下述命题:

命题 6 两个实不可约表示 ρ_1 和 ρ_2 等价的充要条件是:

(i) 它们属于同一类型;

(ii) $\rho_i \otimes \mathbf{C}$ $(i = 1, 2)$ 是等价的.

推论　两个实不可约表示等价的充要条件是它们属于同一类型, 而且它们的复化有一个相同的最高权.

现在我们回过头来讨论 G_H^0 的迷向表示. 由于 G_H^0 与 G 有相同的秩, 我们可以取一个公共的极大子环群 T. 不难看出, G_H^0 的迷向表示 ρ 就是表示 $\mathrm{Ad}_G(G_H^0)$ 在不变子空间 $\mathfrak{p}$ 上的限制, 而且容易证明这个表示一定是不可约的 (习题). 由于 G_H^0 与 G 有公共极大子环群 T, 所以 ρ 的权一定是 G 的根. 设 Δ 是 G 的根系, 由于 $\mathrm{Ad}_G(G_H^0)\mathfrak{k} \subset \mathfrak{k}, \mathrm{Ad}_G(G_H^0)\mathfrak{p} \subset \mathfrak{p}$, 因此任何一个 $\alpha \in \Delta$, 或是 $\mathfrak{k}$ 的根, 或是迷向表示 ρ 的一个权, 而且 $\alpha \in \Delta$ 是 ρ 的权的充要条件是 $t(X_\alpha) = -X_\alpha$, 其中 $t = \mathrm{e}^{\mathrm{ad}\,H}$ 是相应的对合自同构, 而 X_α 是相应于 α 的权向量. 基于上面的分析, 我们便可具体决定每一类对合自同构所给出的实迷向表示.

如果 $H = \frac{1}{2}H_i, m_i = 2$, 这时 H 是 Cartan 多面体的一个顶点, 于是 G_H^0 的 Dynkin 图就是由 G 的扩充 Dynkin 图中去掉 α_i 所得的图, 因此 G_H^0 是半单的. 这时, 最高根 φ 是 G_H^0 的一个根 (因为 $-\varphi$ 出现在 G_H^0 的 Dynkin 图中), 从而不是迷向表示的权. 现在我们证明 $-\alpha_i$ 是迷向表示的一个最高权. 事实上, 对任何 α_j $(j \neq i)$, $-\alpha_i + \alpha_j$ 不是根, 而且 $-\alpha_i + (-\varphi) = -(\varphi + \alpha_i)$ 也不是 G 的根 (因为 φ 是最高权). 这意味着, $-\alpha_i + \alpha_j$ $(j \neq i)$ 及 $-\alpha_i + (-\varphi)$ 均不是迷向表示的权, 而 $-\alpha_i$ 本身是一个权, 所以 $-\alpha_i$ 一定是一个最高权. 另一方面, 利用 Weyl 维数公式对每类紧单李群直接计算可以验证, 以 $-\alpha_i$ 为最高权的不可约表示的维数恰为 $\dim \mathfrak{p}$ (请读者作为练习来完成). 这表明 G_H^0 的迷向表示是第一类型的, 以 $-\alpha_i$ 为其最高权.

如果 $H = \frac{1}{2}H_i$ $(m_i = 1)$, 这时 H 是相应顶点与原点连线的中点, 因此 G_H^0 的 Dynkin 图是由 G 的 Dynkin 图中去掉 α_i 所得的图. 由此可知, G_H^0 有一维中心. 类似于前的讨论可知, $-\alpha_i$ 是一个最高权; 另一方面, G 的最高根 φ 不是 G_H^0 的根, 从而一定是迷向表示的权, 显然它也是一个最高权. 由于有两个最高权, 所以迷向表示一定是第二类型的.

根据上述分析进行具体计算, 并把结果列成一个表 (表 6.1). 它实际上给出了所有类型的由对合内自同构所决定的实单李代数. 在表 6.1 中, $\omega_i(A_l)$ 表示 A_l 的基本表示 ω_i, 即: 最高权 ω_i 满足 $(\omega_i, \alpha_j) = \delta_{ij}$ $(1 \leqslant j \leqslant l)$ 的不可约表示. 其余类似.

(C) 对合外自同构的共轭分类及相应的实单李代数

为了讨论对合外自同构, 我们先要将第三章中的极大子环群定理作某种推广.

设 $\mathfrak{g}$ 是一个紧致半单李代数. 任取 $\rho_0 \in \mathrm{Aut}\,\mathfrak{g}$, 令 $\mathfrak{z}_{\rho_0}$ 是 ρ_0 在 $\mathrm{Aut}\,\mathfrak{g}$ 中的中心化子, 即 $\mathfrak{z}_{\rho_0} = \{\rho \in \mathrm{Aut}\,\mathfrak{g}; \rho\rho_0\rho^{-1} = \rho_0\}$. 它自然是 $\mathrm{Aut}\,\mathfrak{g}$ 的一个闭子群, 因此也是紧致的. 一般说来, 它不一定是连通的. 令 H 是 $\mathfrak{z}_{\rho_0}$ 内的最大可换子群, H

表 6.1

g (Cartan 记号)	Dynkin 图	$2H\ (\rho=\mathrm{e}^{\mathrm{ad}\,H})$	$\mathfrak{k}(\rho)$	迷向表示 ω
AⅢ $(A_l,\ l\geqslant 1)$		H_1	$\mathbf{R}\oplus A_{l-1}$	$\omega_{l-1}(A_{l-1})$
AⅢ		$H_i\left(2\leqslant i\leqslant\left[\dfrac{l-1}{2}\right]+1\right)$	$\mathbf{R}\oplus A_{i-1}\oplus A_{l-i}$	$\omega_1(A_{i-1})\otimes\omega_1(A_{l-i})$
BI $(B_l,\ l\geqslant 2)$		H_1	$\mathbf{R}\oplus B_{l-1}$	ω_1
CⅡ		H_2	$A_1\oplus A_1\oplus B_{l-2}$	$\omega_1(A_1)\otimes\omega_1(A_1)\otimes\omega_1(B_{l-2})$
		$H_i(3\leqslant i\leqslant l-1)$	$D_i\oplus B_{l-i}$	$\omega_1\otimes\omega_1$
		H_l	D_l	ω_1
CI $(C_l,\ l\geqslant 3)$		H_1	$\mathbf{R}\oplus A_{l-1}$	$2\omega_1$
CⅡ		$H_i\left(1\leqslant i\leqslant\left[\dfrac{l-1}{2}\right]+1\right)$	$C_i\oplus C_{l-i}$	$\omega_1\otimes\omega_1$
DI $(D_l,\ l\geqslant 4)$		H_1	$\mathbf{R}\oplus D_{l-1}$	ω_1
DⅡ		H_2	$A_1\oplus A_1\oplus D_{l-2}$	$\omega_1\otimes\omega_1\otimes\omega_1$
		$H_i\left(3\leqslant i\leqslant\left[\dfrac{l+1}{2}\right]\right)$	$D_i\oplus D_{l-i}$	$\omega_1\otimes\omega_1$
		H_l	$\mathbf{R}\oplus A_{l-1}$	ω_2
EⅡ (E_6)		H_2	$A_1\oplus A_5$	$\omega_1\otimes\omega_3$
EⅢ (E_6)		H_1	$\mathbf{R}\oplus D_5$	ω_6 (旋表示)

续表

g (Cartan 记号)	Dynkin 图	$2H(\rho = e^{\mathrm{ad}\,H})$	$\mathfrak{k}(\rho)$	迷向表示 ω
$E\,V\,(E_7)$		H_5	A_7	ω_4
$E\,VI$		H_2	$A_1 \oplus D_6$	$\omega_1 \otimes \omega_6$
$E\,VII$		H_1	$\mathbf{R} \oplus E_6$	$(\omega_6$ 无旋表示$)$ ω_1
$E\,VIII\,(E_8)$		H_3	D_3	ω_6 (旋表示)
$E\,IX$		H_1	$A_1 \oplus E_7$	$\omega_1 \otimes \omega_1$
$F\,I\,(F_4)$		H_4	$A_1 \oplus C_3$	$\omega_1 \otimes \omega_3$
$F\,II$		H_1	B_4	ω_4
$G\,(G_2)$		H_1	$A_1 \oplus A_1$	$\omega_1 \otimes 3\omega_1$

也是闭的, 所以也是紧的. 一般说来, 它也是非连通的. 令 H_e 是 H 的单位元连通分支, H_e 自然是一个子环群. 由于 $\mathrm{Aut}\,\mathfrak{g}/\mathrm{Int}\,\mathfrak{g}$ 是有限的, 所以 H 也只有有限个连通分支, 其中包含 ρ_0 的连通分支是 $\rho_0 H_e$, 记为 H_{ρ_0}, 称为包含 ρ_0 的**最大连通可换集**. 显然, 当 $\rho_0 \in \mathrm{Int}\,\mathfrak{g}$ 时, H_e 就是 $\mathrm{Int}\,\mathfrak{g}$ 的极大子环群, 而且 $H_{\rho_0} = H_e$. 由此可以看出最大连通可换集是极大子环群的一种推广.

作为极大子环群定理的推广, 我们有下列定理:

定理 9 设 $\mathfrak{g}$ 是一个紧半单李代数, ρ_0 是 $\mathfrak{g}$ 的一个自同构, 则对于 $\rho_0 \cdot \mathrm{Int}\,\mathfrak{g}$ 中的任何元素 ρ, 一定存在一个元素 $\gamma \in \mathrm{Int}\,\mathfrak{g}$, 使得 $\gamma\rho\gamma^{-1} \in H_{\rho_0}$.

这个定理的证明与极大子环群定理的证明是类似的, 这里不再进行.

现在我们进一步弄清 H_{ρ_0} 的结构. 令 $\mathfrak{g}_0 = \{X \in \mathfrak{g}; \rho_0(X) = X\}$, 它是 $\mathfrak{g}$ 的李子代数. 通过简单的计算可以证明: $\mathrm{ad}\,\mathfrak{g}_0$ 就是 $\mathfrak{z}_{\rho_0}$ 的李代数. 因为 H_e 是 $\mathfrak{z}_{\rho_0}$ 的极大子环群, 所以它的李代数就是 $\mathrm{ad}\,\mathfrak{g}_0$ 的一个 Cartan 子代数 $\mathrm{ad}\,\mathfrak{t}_0$, 其中 $\mathfrak{t}_0$ 是 $\mathfrak{g}_0$ 的一个 Cartan 子代数. 从而 $H_e = e^{\mathrm{ad}\,\mathfrak{t}_0} = \{e^{\mathrm{ad}\,H}; H \in \mathfrak{t}_0\}$, 并且 $H_{\rho_0} = \rho_0 \cdot e^{\mathrm{ad}\,\mathfrak{t}_0}$.

考虑正合序列 $1 \to \mathrm{Int}\,\mathfrak{g} \to \mathrm{Aut}\,\mathfrak{g} \to \mathrm{Aut}\,\mathfrak{g}/\mathrm{Int}\,\mathfrak{g} \to 1$. 由本节命题 3 可知, $\mathrm{Aut}\,\mathfrak{g}/\mathrm{Int}\,\mathfrak{g}$ 同构于 Dynkin 图 $\mathrm{D}(\mathfrak{g})$ 的自同构群. 通过直接计算可知, 只有当 $\mathfrak{g} = A_n, D_n$ 及 E_6 时, 这个群是非平凡的, 而且除 D_4 之外均与 $\mathbf{Z}_2$ 同构. 对任何 $\tilde\rho_0 \in \mathrm{Aut}\,\mathfrak{g}/\mathrm{Int}\,\mathfrak{g}$, 视其为 Dynkin 图的图自同构, 它给出素根系本身的一个等距变换. 由紧单李代数的分类定理的证明可知, 它可以扩成 $\mathfrak{g}$ 的一个自同构 ρ_0, 使得

(i) ρ_0 令 $\mathfrak{g}$ 的一个固定的 Cartan 子代数不变;

(ii) $\rho_0(\Pi) = \Pi$, 其中 Π 是 $\mathfrak{g}$ (或 $\mathfrak{g}\otimes\mathbf{C}$) 的相应素根系;

(iii) $\rho_0(X_{\pm\alpha_i}) = X_{\pm\rho_0(\alpha_i)}, \forall\alpha_i \in \Pi$, 其中 $X_{\alpha_i} \in \mathfrak{g}^{\alpha_i}$ 是 $\mathfrak{g}\otimes\mathbf{C}$ 的 Weyl 基中的元素.

这样的 ρ_0 叫做**正则自同构**. 如果正则自同构 ρ_0 是内自同构, 容易看出, ρ_0 只能是恒同映射, 因此若 $\rho_0 \neq \mathrm{id}$, ρ_0 一定是外自同构, 而且除了 $\mathfrak{g} = D_4$ 之外, ρ_0 一定是对合自同构.

由于 $\rho_0(\Pi) = \Pi$, 所以 ρ_0 令基本胞 $\bar{C}_0$ 不变, 从而 ρ_0 在 $\bar{C}_0$ 内部一定有一个不动点 X_0, X_0 自然在 $\mathfrak{g}_0$ 之中, 这就证明了 $\mathfrak{g}_0$ 包含有正则元. X_0 在 $\mathfrak{g}$ 内的中心化子就是 $\mathfrak{g}$ 的 Cartan 子代数 $\mathfrak{h}$, 而它在 $\mathfrak{g}_0$ 内的中心化子就是 $\mathfrak{g}_0$ 的 Cartan 子代数 $\mathfrak{h}_0$, 从而 $\mathfrak{h}_0 = \mathfrak{h}\bigcap\mathfrak{g}_0$. 这就是说, $\mathfrak{h}_0$ 是 ρ_0 在 $\mathfrak{h}$ 内的特征值为 1 的子空间, 于是 $\rho_0 \cdot \mathrm{Int}\,\mathfrak{g}$ 的任何元素一定内共轭于一个元素 $\rho = \rho_0 \cdot e^{\mathrm{ad}\,H}$, 其中 $H \in \mathfrak{h}_0 = \{X \in \mathfrak{h}; \rho_0(X) = X\}$. 这就证明了下面的定理:

定理 10 设 ρ_0 是令 $\mathfrak{g}$ 的一个固定的 Cartan 子代数 $\mathfrak{h}$ 不变的正则自同构, 令 ρ_0 是 ρ_0 在 $\mathfrak{h}$ 内相应于特值 1 的子空间, 则 $\rho_0 \cdot \mathrm{Int}\,\mathfrak{g}$ 中的任何元素一定内共

轭于 $\rho_0 \mathrm{e}^{\mathrm{ad}\,H}$, 其中 $H \in \mathfrak{h}_0$.

完全类似于 (A), (B) 的讨论, 对于紧李代数 $\mathfrak{g}_0$ (以后我们将证明 $\mathfrak{g}_0$ 是单的), $\mathfrak{h}_0$ 是 $\mathfrak{g}_0$ 的 Cartan 子代数. 令 $\alpha'_1, \cdots, \alpha'_n$ 是 $\mathfrak{g}_0$ 的素根系, $\varphi' = m'_1\alpha'_1 + \cdots + m'_n\alpha'_n$ 是它的最高根, 则对任何 $\mathrm{e}^{\mathrm{ad}\,H}$ ($H \in \mathfrak{h}_0$), 一定存在 $\gamma \in \mathrm{Int}\,\mathfrak{g}_0(\subset \mathrm{Ing}\,\mathfrak{g})$, 使得 $\gamma \mathrm{e}^{\mathrm{ad}\,H}\gamma^{-1} = \mathrm{e}^{\mathrm{ad}\,H'}$, 而 $H' \in \mathfrak{h}_0$ 满足 $(\alpha'_i, H) \geqslant 0$ $(1 \leqslant i \leqslant n)$ 及 $(\varphi', H) \leqslant 1$. 由于 $\gamma \in \mathrm{Int}\,\mathfrak{g}_0$, 所以 $\rho_0\gamma = \gamma\rho_0$ (因为 ρ_0 在 $\mathfrak{g}_0$ 上作用是恒等作用), 故可得知, 若 $\rho = \rho_0\mathrm{e}^{\mathrm{ad}\,H}$, 则 $\gamma\rho\gamma^{-1} = \rho_0 \cdot \mathrm{e}^{\mathrm{ad}\,H'}$. 这就得出下列引理:

引理 3　任何 $\rho \in \rho_0 \cdot \mathrm{Int}\,\mathfrak{g}$ 一定内共轭于 $\rho_0\mathrm{e}^{\mathrm{ad}\,H}$, 其中 $H \in \mathfrak{h}_0$ 合于: $(\alpha'_i, H) \geqslant 0$ $(i = 1, \cdots, n)$ 及 $(\varphi', H) \leqslant 1$, 其中 $\alpha'_1, \cdots, \alpha'_n$ 是 $\mathfrak{g}_0$ 关于 $\mathfrak{h}_0$ 的一组素根系, φ' 是相应的最高根.

我们的目的是对于对合外自同构建立类似于 (B) 中的定理 8 的分类定理. 为此我们首先必须弄清 $\mathfrak{g}_0$ 的素根系 $\{\alpha'_1, \cdots, \alpha'_n\}$ 与 $\mathfrak{g}$ 的素根系 $\{\alpha_1, \cdots, \alpha_l\}$ 之间的关系. 我们先介绍几个引理, 它们的证明都比较简单, 我们留给读者作为练习.

引理 4　设 $\mathfrak{g}_0$ 是紧李代数 $\mathfrak{g}$ 的子代数, $\mathfrak{h}$ 和 $\mathfrak{h}_0$ 分别是 $\mathfrak{g}$ 和 $\mathfrak{g}_0$ 的 Cartan 子代数, 且 $\mathfrak{h}_0 \subseteq \mathfrak{h}$, 则 $\mathfrak{g}_0$ 关于 $\mathfrak{h}_0$ 的根必定是 $\mathfrak{g}$ 关于 $\mathfrak{h}$ 的根在 $\mathfrak{h}_0$ 上的限制.

引理 5　设 $\mathfrak{h}$ 是紧李代数 $\mathfrak{g}$ 的 Cartan 子代数, 如果 $\alpha_1, \cdots, \alpha_l$ 是 $\mathfrak{h}$ 内 l 个线性无关的根, 而且 $\mathfrak{g}$ 关于 $\mathfrak{h}$ 的任何一个根均可表示为它们的非负 (或非正) 整线性组合, 则 $\{\alpha_1, \cdots, \alpha_l\}$ 是 $\mathfrak{g}$ 关于 $\mathfrak{h}$ 的一组素根系.

设 ρ_0 是紧单实李代数 $\mathfrak{g}$ 的正则对合自同构, $\mathfrak{h}_0 \subset \mathfrak{h}$ 如前, 由引理 4 可知, $\mathfrak{g}$ 的关于 ρ_0 不变的子代数 $\mathfrak{g}_0$ 关于 $\mathfrak{h}_0$ 的根是 $\mathfrak{g}$ 关于 $\mathfrak{h}$ 的根在 $\mathfrak{h}_0$ 上的限制. 设 α 是 $\mathfrak{g}$ 的根, 它在 $\mathfrak{h}_0$ 上的限制记为 α'. 设 $\mathfrak{g}$ 的素根系 Π 满足 $\rho_0(\Pi) = \Pi$. 容易证明: $\alpha' = \frac{1}{2}(\alpha + \rho_0(\alpha))$. 事实上,

$$\rho_0\left(\frac{1}{2}[\alpha + \rho_0(\alpha)]\right) = \frac{1}{2}[\rho_0(\alpha) + \alpha],$$

所以 $\frac{1}{2}[\alpha + \rho_0(\alpha)] \in \mathfrak{h}_0$. 对任何 $H \in \mathfrak{h}_0$,

$$(\alpha, H) = (\rho_0(\alpha), \rho_0(H)) = (\rho_0(\alpha), H),$$

所以 $\alpha' = [\rho_0(\alpha)]'$. 这就证明了 $\alpha' = \frac{1}{2}[\alpha + \rho_0(\alpha)]$. 如果 $a_i, a_j \in \Pi$, 且 $\alpha'_i = \alpha'_j$, 则

$$\alpha_i + \rho_0(\alpha_i) = \alpha_i + \rho_0(\alpha_j), \rho_0(\alpha_i), \rho_0(\alpha_j) \in \Pi.$$

于是或者 $\alpha_i = \alpha_j$ 或者 $\alpha_i = \rho_0(\alpha_j)$. 设 $\Pi = \{\alpha_1, \cdots, \alpha_l\}$, 令 $\Pi' = \{\alpha_1', \cdots, \alpha_{l'}'\}$ 是 $\alpha_1', \cdots, \alpha_l'$ 中两两不相同向量的集合. 我们要证明的是: Π' 是 $\mathfrak{g}_0$ 的素根系.

事实上, $\rho_0(X_{\pm\alpha_i}) = X_{\pm\rho_0(\alpha_i)}$ $(i = 1, \cdots, l)$, 因此 $X_{\alpha_i} + X_{\rho_0(\alpha_i)} \in \mathfrak{g}_0^C$. 如果 $H \in \mathfrak{h}_0$, 都有

$$(\alpha_i, H) = (\rho_0(\alpha_i), \rho_0(H)) = (\rho_0(\alpha_i), H),$$

即 $\alpha_i' = \rho_0(\alpha_i)'$. 于是对任何 $H_0 \in \mathfrak{h}_0$, 都有

$$[H_0, X_{\alpha_i} + X_{\rho_0(\alpha_i)}] = \alpha_i'(H_0)(X_{\alpha_i} + X_{\rho_0(\alpha_i)}).$$

所以 α_i' 确是 $\mathfrak{g}_0$ 的一个根.

现在证明 $\alpha_1', \alpha_2', \cdots, \alpha_{l'}'$ 是线性无关的. 设有

$$n_1'\alpha_1' + \cdots + n_{l'}'\alpha_{l'}' = 0,$$

则有

$$n_1'(\alpha_1 + \rho_0(\alpha_1)) + \cdots + n_{l'}'(\alpha_{l'} + \rho_0(\alpha_{l'})) = 0.$$

当 $\rho_0(\alpha_i) = \alpha_i$ 时, 令 $n_i = 2n_i'$; 当 $\rho_0(\alpha_i) = \alpha_j$ $(j \neq i)$ 时, 令 $n_i = n_j = n_j'$. 由于 $\rho_0(\Pi) = \Pi$, 上式可改写为: $n_1\alpha_1 + \cdots + n_l\alpha_l = 0$. 因为 $\alpha_1, \cdots, \alpha_l$ 线性无关, 只能是 $n_1 = \cdots = n_l = 0$, 从而 $n_1' = \cdots = n_{l'}' = 0$. 这就证明了 $\{\alpha_1', \cdots, \alpha_{l'}'\}$ 是线性无关的. 由引理 4, $\mathfrak{g}_0$ 的任一个根一定是 $\alpha_1', \cdots, \alpha_{l'}'$ 的非负 (或非正) 整线性组合. 再由引理 5 可知, Π' 是 $\mathfrak{g}_0$ 的素根系 (又由于 $\mathfrak{t}_0$ 含有 $\mathfrak{g}$ 的正则元, 任何 α 在 $\mathfrak{h}_0$ 上的限制一定不为零, 因此 $\dim \mathfrak{h}_0 = l'$. 这就同时证明了 $\mathfrak{g}_0$ 是半单的).

今后, 我们称正则对合自同构 ρ_0 的不动点子代数 $\mathfrak{g}_0$ 为**正则特征子代数**.

下面, 我们具体给出 A_l, D_l 和 E_6 的正则特征子代数.

A_l

$$\rho_0(\alpha_i) = \alpha_{l+1-i}, \quad i = 1, \cdots, \left[\frac{l+1}{2}\right].$$

若 $l = 2k, \mathfrak{g}_0 = B_k$,

若 $l = 2k+1, \mathfrak{g}_0 = C_{k+1}$,

其中 $\alpha_{k+1}' = \alpha_{k+1}$.

D_l

$$\rho_0(\alpha_{l-1}) = \alpha_l, \quad \rho_0(\alpha_i) = \alpha_i \ (1 \leqslant i \leqslant l-2).$$

$$\mathfrak{g}_0 = B_{l-1}, \quad$$

其中 $\alpha_i' = \alpha_i (1 \leqslant i \leqslant l-2)$.

E_6

$$\rho_0(\alpha_1) = \alpha_6, \quad \rho_0(\alpha_2) = \alpha_5, \quad \rho_0(\alpha_3) = \alpha_3, \quad \rho_0(\alpha_4) = \alpha_4.$$

$$\mathfrak{g}_0 = F_4, \quad$$

其中 $\alpha_3' = \alpha_3, \alpha_4' = \alpha_4$.

有了上述准备, 我们可以建立对合外自同构的分类定理了.

定理 11　如果 ρ 是一个对合外自同构, 则 ρ 或者共轭于正则对合自同构 ρ_0; 或者共轭于 $\rho' = \rho_0 \cdot e^{\mathrm{ad}\,H}$ $(H \in \mathfrak{h}_0)$, 其中 H 合于下列条件: 在 $\{\alpha_1', \cdots, \alpha_{l'}'\}$ 中只有一个素根, 记为 α_1', 使得

$$(\alpha_1', H) = \frac{1}{2}, \quad (\alpha_k', H) = 0 \ (k > 1),$$

而且在最高根 $\lambda = m_1'\alpha_1' + \cdots + m_{l'}'\alpha_{l'}'$ 的系数中的 m_1' 或是 1 或是 2, $\alpha_1' = \alpha_1 = \rho_0(\alpha_1)$ (若 $\alpha_1 \neq \rho_0(\alpha_1)$, 则 ρ' 共轭于 ρ_0).

证　由引理 3, ρ 一定共轭于 $\rho_0 \cdot e^{\mathrm{ad}\,H'}$, 其中 H' 满足

$$(\alpha_i', H') \geqslant 0 \quad (i = 1, \cdots, l'), (\lambda', H') \leqslant 1.$$

因为 ρ_0 与 $e^{\mathrm{ad}\,H'}$ 可交换, $1 = (\rho_0 \cdot e^{\mathrm{ad}\,H'})^2 = \rho_0^2 \cdot e^{\mathrm{ad}\,2H}$, 而 ρ_0 是正则对合自同构, 自然 $\rho_0^2 = 1$, 所以 $e^{\mathrm{ad}\,H}$ 也是对合的. 由 (B) 中的分类定理可知, 一定存在一个 $\gamma \in \mathrm{Int}\,\mathfrak{g}_0, \gamma e^{\mathrm{ad}\,H'}\gamma^{-1} = e^{\mathrm{ad}\,H}$, 其中 H 满足定理中除了 $\alpha_1' = \alpha_1 = \rho_0(\alpha_1)$ 之外的一切条件. 因为 $\gamma \in \mathrm{Int}\,\mathfrak{g}_0$, 所以 γ 与 ρ_0 可交换, 因此

$$\gamma \rho_0 e^{\mathrm{ad}\,H'}\gamma^{-1} = \rho_0 \cdot e^{\mathrm{ad}\,H}.$$

最后我们证明: 若 $\alpha_1 \neq \rho_0(\alpha_1)$, 则 $\rho_0 \cdot e^{\operatorname{ad} H'}$ 共轭于 ρ_0. 事实上, 由 $\rho'' = \rho_0 \cdot e^{\operatorname{ad} H'}$ 中 H' 的性质可知,

$$\rho''(X_{\alpha_1}) = -X_{\rho_0(\alpha_1)}, \quad \rho''(X_{\rho_0(\alpha_1)}) = -X_{\alpha_1};$$
$$\rho''(X_{\alpha_i}) = X_{\rho''(\alpha_i)} \quad (a_i \neq a_1 \text{ 且 } \alpha_i \neq \rho_0(\alpha_1)).$$

取 γ 是满足

$$\gamma(a_i) = a_i, \quad \gamma(X_{\pm\alpha_1}) = -X_{\pm\alpha_1}, \quad \gamma(X_{\pm\alpha_i}) = X_{\pm a_i} \quad (i > 1)$$

的一个自同构, 易知 $\gamma \in \operatorname{Int} \mathfrak{g}$, 且易验证 $\gamma\rho''\gamma^{-1} = \rho_0$. $\qquad\qquad\square$

这个分类定理及 (B) 中的分类定理合在一起, 就给出了对合自同构的完全分类.

最后我们讨论对合外自同构的特征子代数 $\mathfrak{k}$ 及其迷向表示的最高权. 先讨论正则对合自同构 ρ_0 的情形. ρ_0 的中心化子 $G_{\rho_0} = \{\rho \in \operatorname{Aut} \mathfrak{g}; \rho\rho_0 = \rho_0\rho\}$ 以正则特征子代数 $\mathfrak{g}_0$ 为其李代数. G_{ρ_0} 的迷向表示就是 $\operatorname{Ad}(G_{\rho_0}^0)$ 在 $\mathfrak{g}/\mathfrak{g}_0 \cong \mathfrak{p}$ 上的限制 ($G_{\rho_0}^0$ 是 G_{ρ_0} 的单位元连通分支). 类似于 (B) 中的情形, 这个表示的权一定是 $\mathfrak{g}$ 的根在 $\mathfrak{h}_0$ 上的限制. 于是 $\mathfrak{g}$ 的根系 Δ 可分为两部分: $\Delta = \Delta_1 \bigcup \Delta_2, \Delta_1$ 在 $\mathfrak{h}_0$ 上的限制是 $\mathfrak{g}_0$ 的根, 记为 Δ_1', Δ_2 中的根在 $\mathfrak{h}_0$ 上的限制是上述表示的权, 记为 Δ_2'. 前已说明, 这个表示是不可约的, 为决定它的最高权, 我们先来考察一下 $\mathfrak{g}$ 的最高权 φ 在 $\mathfrak{h}_0$ 上的限制 φ'. 若 $\varphi' \in \Delta_2'$, 则它就是表示的最高权; 若 $\varphi \in \Delta_1'$, 则它是 $\mathfrak{g}_0$ 的最高根. 由于这两个根系的次序是相容的, 因此, 为找最高权 φ_0', 只要在 Δ_2 中找出最高的根 φ_0 即可. 由根系的结构可知, Δ 的任一正根 α, 一定可以由最高根 φ 逐次减去某些素根 α_i 而得出, 使得每次减去一个素根之后所得的仍是一个根. 另一方面, 若 $\alpha_i' = \alpha_i$, 则 $\alpha_i \in \Delta_1$, 如果 $\varphi - \alpha_i$ 是 Δ 的一个根, 则 $\varphi' - \alpha_i' \in \Delta_1'$ (注意: 为使 $\varphi - \alpha_i \in \Delta$, 必须有 $(\varphi, \alpha_i) \neq 0$). 由此可知, 为得到一个属于 Δ_2' 的根, 必须减去一个满足 $\alpha_i' \neq \alpha_i$ 的根才行. 因此, 如果 $\varphi_0 = \varphi - \alpha_{i_1} - \alpha_{i_2} - \cdots - \alpha_{i_k}$ 是 Δ_2 中的最高根, 则必须有

$$(\varphi, \alpha_{i_1}) \neq 0, \quad (\alpha_{i_1}, \alpha_{i_2}) \neq 0, \cdots, (\alpha_{i_{k-1}}, \alpha_{i_k}) = 0,$$

而且 $\alpha_{i_j}' = \alpha_{i_j}(j = 1, \cdots, k-1), \alpha_{i_k}' = \alpha_{i_k}$. 这样的根链 $\{\alpha_{i_1}, \cdots, \alpha_{i_k}\}$ 由 $\mathfrak{g}$ 的扩充 Dynkin 图 (即: 在 $\mathfrak{g}$ 的 Dynkin 图添上最低根所得的图) 中很容易找出. 事实上, 由于这个图解由 $\alpha_1, \cdots, \alpha_l$ 及 $-\varphi$ 所连成, 我们很容易找到一个连通根链 $\{\alpha_{i_1}, \cdots, \alpha_{i_k}\}, \alpha_{i_1}$ 与 $-\varphi$ 相连, 而 α_{i_k} 是第一个满足 $\alpha_i' \neq \alpha_i$ 的素根. 下面我们对 A_l, D_l 及 E_6 具体求出 φ_0:

A_l 最高根 $\varphi = \alpha_1 + \cdots + \alpha_l$.

当 $l = 2k$ 时, $\varphi' = 2(\alpha'_1 + \cdots + \alpha'_k)$. 易知 $\varphi' \in \Delta'_2$, 所以它就是 φ'_0.

当 $l = 2k + 1$ 时, $\varphi' = 2\alpha'_1 + \cdots + 2\alpha'_k + \alpha'_{k+1}$, 容易算出 $\varphi' \in \Delta'_1$. 由扩充图解

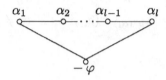

$$\rho_0 = \varphi - \alpha_l = \alpha_1 + \cdots + \alpha_{l-1},$$

所以

$$\varphi'_0 = \alpha'_1 + 2\alpha'_2 + \cdots + 2\alpha'_k + \alpha'_{k+1}.$$

D_l　　最高根　$\varphi = \alpha_1 + 2\alpha_2 + \cdots + 2\alpha_{l-2} + \alpha_{l-1} + \alpha_l$.

$$\varphi' = \alpha'_1 + 2\alpha'_2 + \cdots + 2\alpha'_{l-2} + 2\alpha'_{l-1},$$

因此 $\varphi' \in \Delta'_1$. D_l 的扩充图解为

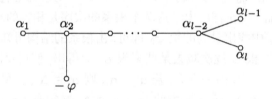

所以

$$\varphi_0 = \varphi - \alpha_2 - \alpha_3 - \cdots - \alpha_{l-2} - \alpha_{l-1} = \alpha_1 + \alpha_2 + \cdots + \alpha_{l-2} + \alpha_l,$$

从而

$$\varphi'_0 = \alpha'_1 + \cdots + \alpha'_{l-2} + \alpha'_{l-1}.$$

E_6　　最高根　$\varphi = \alpha_1 + \alpha_6 + 2(\alpha_2 + \alpha_5) + 3\alpha_3 + 2\alpha_4$.

$$\varphi' = 2\alpha'_1 + 4\alpha'_2 + 3\alpha'_3 + 2\alpha'_4,$$

显然 $\varphi' \in \Delta_1'$. 其扩充图解为

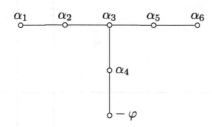

所以

$$\varphi_0 = \varphi - \alpha_4 - \alpha_3 - \alpha_2 = \alpha_1 + \alpha_6 + \alpha_2 + 2\alpha_5 + 2\alpha_3 + \alpha_4,$$

因此

$$\varphi_0' = 2\alpha_1' + 3\alpha_2' + 2\alpha_3' + \alpha_4'.$$

让我们来讨论一下一般对合外自同构 ρ 的特征子代数 $\mathfrak{k}$. 由分类定理, 我们可设 $\rho = \rho_0 \cdot e^{\mathrm{ad}\,H}$, ρ_0 为正则对合自同构, $H \in \mathfrak{t}_0$, 且满足

$$(\alpha_1', H) = \frac{1}{2}, \quad (\alpha_i', H) = 0 \ (i > 1), \quad \alpha_1' = \alpha_1 = \rho_0(\alpha_1).$$

我们将证明: $\{\alpha_2', \cdots, \alpha_{l'}', -\varphi_0\}$ 构成 $\mathfrak{k}$ 的素根系, 而且迷向表示的最高权是 $-\alpha_1'$. 首先, 由于 φ_0 中包含有 α_1, 因此, $\{\alpha_2', \cdots, \alpha_{l'}', -\varphi_0\}$ 显然是线性无关的. 由引理 5, 我们只要证明 $\mathfrak{k}$ 的任何一个根均可表示为

$$\pm(s_1(-\varphi_0) + s_2\alpha_2' + \cdots + s_{l'}\alpha_{l'}')$$

的形式 (其中 $s_i \geqslant 0$) 即可.

设 α' 是 $\mathfrak{k}$ 的一个根, 不妨设

$$\alpha' = \pm(n_1\alpha_1' + \cdots + n_{l'}\alpha_{l'}'), \quad n_1 = 0, 1 \ 或 \ 2, n_i \geqslant 0.$$

若 $n_1 = 0$, 则 α' 已是 $\alpha_2', \cdots, \alpha_l'$ 的组合; 若 $n_1 = 1$, 再分两种情形讨论: 如果 $\rho_0(\alpha) \neq \alpha$, 则 $\alpha' \in \Delta_2'$; 若 $\rho_0(\alpha) = \alpha$, 由于 $(\alpha', H) = (\alpha_1', H) = \frac{1}{2}$, 故 $\rho(X_\alpha) = -\rho_0(X_\alpha)$, 但是 $\rho(\alpha) = \rho_0(\alpha) = \alpha$, 因此 $X_\alpha \in \mathfrak{k}, \rho(X_\alpha) = X_\alpha$, 从而有 $\rho_0(X_\alpha) = -X_\alpha$, 这表明 $X_\alpha \notin \mathfrak{k}$, 即: $\alpha \in \Delta_2, \alpha' \in \Delta_2'$. 因此无论如何总有 $\alpha' \in \Delta_2'$. 设 $\varphi_0' = r_1\alpha_1' + \cdots + r_{l'}\alpha_{l'}'$, 则 α' 可表示为

$$\alpha' = \pm(\varphi_0 - t_1\alpha_1' - \cdots - t_{l'}\alpha_{l'}'), \quad 0 \leqslant t_i \leqslant r_i.$$

由前面的计算可知, 总有 $r_1 = 1$, 所以 $t_1 = 1$ 或 0. 若 $t_1 = 0$,

$$\alpha' = \pm(\varphi_0 - t_2\alpha_2' - \cdots - t_{l'}\alpha_{l'}');$$

表 6.2

$\mathfrak{g}$	$\rho = \rho_0 \cdot \mathrm{e}^{\mathrm{ad}\frac{H_4}{2}}$	图解 (包括 $-\varphi'_0$)	$\mathfrak{k}(\rho)$	迷向表示 ω
AI (A_{2k})	ρ_0		B_k	$2\omega_1$
AII (A_{2k-1})	ρ_0		C_k	ω_2
AI (A_{2k-1})	$\rho\mathrm{e}^{\mathrm{ad}\frac{H_k}{2}}$		D_k	$2\omega_1$
DI (D_l)	ρ_0		B_{l-1}	ω_1
DI (D_l)	$\rho_0\mathrm{e}^{\mathrm{ad}\frac{H_i}{2}}$ $\left(1\le i\le\left[\frac{l}{2}\right]\right)$		$B_i \times B_{l-i-1}$	$\omega_1\otimes\omega_1$
EI (E_6)	ρ_0		F_4	ω_1 (26 维表示)
EIV (E_6)	$\rho_0\mathrm{e}^{\mathrm{ad}\frac{H_4}{2}}$		C_4	ω_1

若 $t_1 = 1$, 则

$$\alpha' = \pm((r_2 - t_2)\alpha_2' + \cdots + (r_{l'} - t_{l'})\alpha_{l'}').$$

最后, 若 $n_1 = 2$, 最高根 $\varphi' = m_1'\alpha_1' + \cdots + m_{l'}'\alpha_{l'}'$ 中 $m_1' = 2, \alpha'$ 可表示为

$$\alpha' = \pm(\varphi' - u_1\alpha_1' - \cdots - u_{l'}\alpha_{l'}'),$$

由于 $n_1 = m_1' = 2$, 所以 $n_1 = 0$. 另一方面, 直接计算可知, $2\varphi_0' > \varphi'$, 所以 α' 可表示为

$$\begin{aligned}
\alpha' &= \pm(2\varphi_0' - v_2\alpha_2' - \cdots - v_{l'}\alpha_{l'}') \\
&= \mp(v_2\alpha_2' + \cdots + v_{l'}\alpha_{l'}' + 2(-\varphi_0')).
\end{aligned}$$

这就证明了 $\{\alpha_2', \cdots, \alpha_{l'}', -\varphi_0'\}$ 是一组素根系.

为证明迷向表示的最高权是 $-\alpha_1'$, 只要证明 $-\alpha_1' + \alpha_i'$ 及 $-\alpha_1' + (-\varphi_0')$ 均不是权即可. 由于所有的权均是 $\mathfrak{g}$ 的根在 $\mathfrak{h}_0$ 上的限制, 因此它必有 $\pm(t_1\alpha_1' + \cdots + t_{l'}\alpha_{l'}')$ 的形式 $(t_i \geqslant 0)$. 由 $\alpha_1', \cdots, \alpha_{l'}'$ 的线性无关性马上可知, $-\alpha_1' + \alpha_i'$ 均不是权 $(i \geqslant 2)$. 又由于 $(\alpha_1 + \varphi_0)' = \alpha_1' + \varphi_0' \neq \alpha_1 + \varphi_0$, 如果 $\alpha_1 + \varphi_0$ 是根的话, 则它一定在 Δ_2 中, 即 $\alpha_1' + \varphi_0' \in \Delta_2'$, 这与 φ_0' 最高这个事实相矛盾. 因此它不可能是权.

我们在表 6.2 中给出对合外自同构的分类及相应的实单李代数. 与 (B) 类似, $H_1, \cdots, H_{l'}$ 是 $\alpha_1', \cdots, \alpha_{l'}'$ 的对偶基.

习　题

1. 设 $\mathfrak{u}_1, \mathfrak{u}_2$ 是复半单李代数 $\mathfrak{g}_{\mathbf{C}}$ 中的两个紧致实半单李代数, 且 $\mathfrak{u}_i \otimes \mathbf{C} = \mathfrak{g}_{\mathbf{C}}$ $(i = 1, 2)$, 试证必定存在一个 $\mathfrak{g}_{\mathbf{C}}$ 的复自同构 φ, 使得 $\varphi(\mathfrak{u}_1) = \mathfrak{u}_2$.

2. 设 $\mathfrak{g}_{\mathbf{C}}$ 是一个复半单李代数, 试证 $\mathfrak{g}_{\mathbf{C}}$ 也是一个实半单李代数 (亦即只保留它的实线性结构时也是半单的). 求这个实半单李代数的 Cartan 分解.

3. 设 $\mathfrak{g}$ 是一个实半单李代数, $B(X, Y)$ 是它的 Killing 型. 试求二次型 $B(X, X)$ 的一对极大正定子空间 $\mathfrak{g}_+$ 和极大负定子空间 $\mathfrak{g}_-$, 满足 $B(\mathfrak{g}_+, \mathfrak{g}_-) = 0$, 亦即: $B|_{\mathfrak{g}_+}$ 正定, $B|_{\mathfrak{g}_-}$ 负定, 且 $\mathfrak{g} = \mathfrak{g}_+ \oplus \mathfrak{g}_-$.

4. 设 $\mathfrak{g}$ 是一个实半单李代数, $\mathfrak{g} = \mathfrak{k} \oplus i\mathfrak{p}$ 是 $\mathfrak{g}$ 的一个 Cartan 分解, 试证 $\mathfrak{k}$ 是 $\mathfrak{g}$ 的一个极大紧子代数.

5. 设 $\mathfrak{g} = \mathfrak{k}_1 \oplus \mathfrak{p}_1 = \mathfrak{k}_2 \oplus \mathfrak{p}_2$ 是实半单李代数的两个 Cartan 分解, 试证必定存在 $\mathfrak{g}$ 的一个自同构 φ, 使得

$$\begin{cases} \varphi(\mathfrak{k}_1) = \mathfrak{k}_2, \\ \varphi(\mathfrak{p}_1) = \mathfrak{p}_2. \end{cases}$$

6. 试证对于两个平行平面 π_1, π_2 的反射对称的组合是一个平移, 且平移的距离是 π_1, π_2 之间距离的两倍.

7. 试证对于两个相交于直线 l 的平面 π_1, π_2 的反射对称的组合是一个以 l 为轴的旋转, 且其转角为 π_1, π_2 之角的二面角的两倍.

8. 试证由反射对称的适当组合可以得出中心对称.

9. 试证所有对于过 p 点的平面的反射对称构成 G_p (与 $O(3)$ 同构) 的一组生成系.

10. 设 $\sigma \in O(n)$ 是一个对合正交矩阵, 亦即 $\sigma^2 = \mathrm{id}$, 则 σ 是一个反射对称的充要条件是 -1 是 σ 的特征多项式的一个单根.

11. 试由本章的定理 3 及其推论说明对称空间 M 的保长变换群 $G(M)$ 具有自然的李群结构.

12. 试证任给正交对合李代数 $(\mathfrak{g}, \sigma, Q)$ 都可以分解成下述直和:

$$(\mathfrak{g}, \sigma, Q) = \bigoplus_{i=1}^{n} (\mathfrak{g}_i, \sigma_i, Q_i), \quad \mathfrak{g}_i = \mathfrak{k}_i \oplus \mathfrak{p}_i,$$

其中每个 $\mathfrak{p}_i$ 都是 $\mathrm{ad}\,\mathfrak{k}_i$-不可约的.

13. 试证一个正交对合李代数 $(\mathfrak{g}, \sigma, Q)$ 是半单的充要条件就是 $[\mathfrak{p}, \mathfrak{p}] = \mathfrak{k}$.

14. 试证对于任何一个半单正交对合李代数 $(\mathfrak{g}, \sigma, Q)$, 都存在一个对称空间 $M = G(M)/K$, 使得 $\mathfrak{g}, \mathfrak{k}$ 恰好就是 $G(M)$ 和 K 的李代数, 且 $(\mathfrak{p}, Q) \cong TM_{p_0}$ (保长同构).

15. 一个连通半单李群 G 的两个实不可约表示 ρ_1 和 ρ_2 等价的充要条件是

(1) 它们属同一类型;

(2) $\rho_i \otimes \mathbf{C}$ $(i = 1, 2)$ 等价.

16. 设 $\mathfrak{g}_0$ 是紧李代数 $\mathfrak{g}$ 的子代数, $\mathfrak{h}$ 和 $\mathfrak{h}_0$ 分别是 $\mathfrak{g}$ 和 $\mathfrak{g}_0$ 的 Cartan 子代数, 且 $\mathfrak{h}_0 \subseteq \mathfrak{h}$. 则 $\mathfrak{g}_0$ 关于 $\mathfrak{h}_0$ 的根必定是 $\mathfrak{g}$ 关于 $\mathfrak{h}$ 的根在 $\mathfrak{h}_0$ 上的限制.

17. 设 $\mathfrak{h}$ 是紧李代数 $\mathfrak{g}$ 的 Cartan 子代数, 如果 $\alpha_1, \alpha_2, \cdots, \alpha_l$ 是 $\mathfrak{h}$ 中的 l 个线性无关的根, 而且 $\mathfrak{g}$ 的任何一个根均可表示为它们的非负 (或非正) 整线性组合, 则 $\{\alpha_1, \cdots, \alpha_l\}$ 是 $\mathfrak{g}$ 的一组素根系.

附录一　紧致群的不变积分存在定理

在第一章 §1 之末, 我们将一个紧致群 G 上的连续函数求平均值运算 I: $C(G) \to \mathbf{C}$ (或 $\mathbf{R}$) 的存在性和唯一性叙述为第一章的定理 1 而未加论证, 其用意在于不要让技术性的论证过早地干扰了紧致群表示论的主要想法 —— 平均法 —— 的自然发展. 当然, 这个定理就是平均法对于紧致群普遍适用的理论依据, 绝对有加以证明的必要. 这也就是我们在这个附录所要讨论的课题.

让我们先来分析一下定义在 G 上的一个连续函数 $f(x) \in C(G)$ 和它的平均值 $I(f)$ 之间所应有的关系.

分析

(a) 平均值运算 $I: C(G) \to \mathbf{C}$ (或 $\mathbf{R}$) 的基本性质是:

1) 线性:

$$I(\lambda f + \mu h) = \lambda I(f) + \mu I(h), \qquad \forall \lambda, \mu \in \mathbf{C}, \quad f, h \in C(G).$$

2) 不变性: $I(f_a) = I(f)$, 其中 $f_a(x) = f(x \cdot a)$.

3) $I(c) = c$, 其中 c 是一个任给的常值函数.

4) 若 $f(x) \geqslant 0$ $(x \in G)$, 则 $I(f) \geqslant 0$, 而且仅当 $f(x) \equiv 0$ 时, $I(f) = 0$ (这时 f 自然是实值函数).

5) 连续性: 当 $f_n(x)$ 在 G 上一致收敛于 $f(x)$ 时, 则有 $I(f_n) \to I(f)$.

(b) 设 $A = \{a_i; 1 \leqslant i \leqslant m, a_i \in G\}$, 令

$$M(A, f)(x) = \frac{1}{m} \sum_{i=1}^{m} f(x a_i),$$

则容易由 1) 和 2) 得知

$$I(M(A, f)) = \frac{1}{m} \sum_{i=1}^{m} I(f_{a_i}) = I(f).$$

(c) 在 G 是有限群或 $G = S^1$ 的情形, $I(f)$ 的定义是已知的, 亦即

$$I(f) = \frac{1}{|G|} \sum_{g \in G} f(g) \text{ 和 } I(f) = \frac{1}{2\pi} \int_0^{2\pi} f(\mathrm{e}^{\mathrm{i}\theta}) \mathrm{d}\theta.$$

但是, 我们也可以用 (b) 中所引入的 $M(A, f)$ 来加以统一. 当 G 是 m 阶有限群时, 即 $|G| = m$, 则显然有

$$M(G, f)(x) = \frac{1}{m} \sum_{a_i \in G} f(x a_i) = \frac{1}{m} \sum_{g \in G} f(g) = I(f)$$

对任何 $x \in G$ 成立. 当 G 是 S^1 时, 取 $A_m = \{\mathrm{e}^{\mathrm{i}\frac{2k\pi}{m}}; 0 \leqslant k < m\}$, 则不难看出, 当 $m \to \infty$ 时, $M(A_m, f)$ 一致收敛于常值函数

$$I(f) = \frac{1}{2\pi} \int_0^{2\pi} f(\mathrm{e}^{\mathrm{i}\theta}) \mathrm{d}\theta.$$

(d) 上面三点分析, 提供了一个证明定理 1 的自然途径, 那就是对于一个给定的 $f \in C(G)$, 设法证明满足下述性质的一系列有限集 $\{A_m\}$ 总是存在的, 即

$$M(A_m, f) \text{ 一致收敛于一个常值函数.} \tag{$*$}$$

换句话说, 若以 $S(h)$ 表示一个函数 $h \in C(G)$ 的振幅, 即

$$S(h) = \max_{x \in G}\{h(x)\} - \min_{x \in G}\{h(x)\},$$

则性质 $(*)$ 也就是

$$S(M(A_m, f)) \to 0 \ (m \to \infty).$$

(e) 对于一个拓扑群 G 上的函数, 古典分析中的一致连续性有一个自然的推广.

定义   一个定义于 G 上的函数 $f(x)$ 称为在 G 上**一致连续**, 若对任给 $\varepsilon > 0$, 存在单位元 e 在 G 中的一个邻域 U, 使得

$$xy^{-1} \in U \Longrightarrow |f(x) - f(y)| < \varepsilon.$$

在 G 是紧致群的情形, 也不难用古典分析中同样的证法证明 G 上的任何连续函数都是一致连续的 (先对 $G = S^1$ 的情形采用古典证法, 就容易看出它也是普遍适用的).

再者, 对于 $C(G)$ 中的一个给定的函数子集 Δ, 我们也可以把古典分析中的一致连续性推广如下:

定义 G 上函数子集 Δ 被称为是**一致连续的**, 若对于任给 $\varepsilon > 0$, 总是存在单位元 e 的在 G 中的一个邻域 U, 使得 $xy^{-1} \in U$ 时,

$$|f(x) - f(y)| < \varepsilon$$

对任何 $f \in \Delta$ 皆成立.

同样地, 也可以用古典分析中的类似证法证明, 在一个紧致群 G 上的一个一致有界、一致连续的函数序列中, 一定可以取出一个一致收敛的子序列. 当然, 其极限函数也是连续的.

第一章定理 1 的证明 设 $f \in C(G), A = \{g_1, g_2, \cdots, g_m\}$ 是 G 的一个有限个元素的集合. 为下面使用方便, 我们允许 A 中含有重合的元素, 换言之, A 是一个含有重数的子集. 令

$$M(A, f)(g) = \sum_{i=1}^{m} \frac{1}{m} f(gg_i) \ (g \in G), \tag{1}$$

显然, $M(A, f) \in C(G)$, 且有下列简单性质:

$$\max_{g \in G}\{M(A, f)(g)\} \leqslant \max_{g \in G}\{f(g)\}. \tag{2}$$

$$\min_{g \in G}\{M(A, f)(g)\} \geqslant \min_{g \in G}\{f(g)\}. \tag{3}$$

$$S(M(A, f)) \leqslant S(f). \tag{4}$$

若 $A = \{g_1, \cdots, g_m\}, B = \{q_1, \cdots, q_n\}$ 分别是 G 的两个有限子集, 则

$$M(AB, f) = M(A, M(B, f)), \tag{5}$$

其中 AB 是由所有 $a_i b_j \ (1 \leqslant i \leqslant m, 1 \leqslant j \leqslant n)$ 组成的集合.

现在我们来证明下述重要的事实: 若 f 是 G 上一个不等于常值的连续函数, 则 G 中一定有一个有限子集 A, 使得

$$S(M(A, f)) < S(f). \tag{6}$$

事实上, 设 $k = \min_{g \in G}\{f(g)\}, l = \max_{g \in G}\{f(g)\}$, 则 $k < l$. 于是存在开集 $U \subset G$,

当 $x \in U$ 时 $f(x) \leqslant h < l$. 形如 Ug^{-1} 的所有开集形成对 G 的覆盖. 由紧致性, 一定有 G 的有限子集 $A = \{g_1, \cdots, g_m\}$, 使得 Ug_i^{-1} $(i = 1, \cdots, m)$ 形成对 G 的覆盖. 对这个 A, 可以证明

$$\max_{g \in G}\{(M(A, f))(g)\} \leqslant \frac{1}{m}((m-1)l + h) < l. \tag{7}$$

这是因为, 一方面对每个 $g \in G$, 都有 $f(gg_i) \leqslant l$ $(i = 1, \cdots, m)$; 另一方面, 对给定的 g, 总有一个 j $(1 \leqslant j \leqslant m)$ 存在, 使得 $g \in Ug_j^{-1}$, 即 $gg_j \in U$, 所以 $f(gg_j) \leqslant h$, 因此一定有 (7) 式成立. 又由于 $\min_{g \in G} f(g) \geqslant k$, 由 (3) 式可知, (6) 式一定成立.

令

$$\Delta = \{M(A, f); A \text{ 为 } G \text{ 的可含有重数的有限子集}\}.$$

由 (2), (3) 两式可知, Δ 是一致有界的. 容易证明, Δ 也是一致连续的. 这是因为 f 本身一致连续, 所以对任给 $\varepsilon > 0$, 都有单位元邻域 V, 使得当 $xy^{-1} \in V$ 时,

$$|f(x) - f(y)| < \varepsilon,$$

而 $(xg_i)(yg_i)^{-1} = xy^{-1} \in V$, 所以

$$|f(xg_i) - f(yg_i)| < \varepsilon \ (i = 1, \cdots, m),$$

从而

$$|M(A, f)(x) - M(A, f)(y)| < \varepsilon.$$

这个事实对 G 的任何有限子集均成立, 因此 Δ 是一致连续的.

由于 $0 \leqslant S(M(A, f)) \leqslant S(f)$, 所以 $\{S(M(A, f)); M(A, f) \in \Delta\}$ 一定有下确界 s. 有 Δ 中可以取出一个函数列 $f_1, \cdots, f_n, \cdots$, 使得 $\lim_{n \to \infty} S(f_n) = s$. 由 Δ 的一致有界性和一致连续性, 我们从中又可选取一个一致收敛的子序列 $h_1, \cdots, h_n, \cdots$. 令 $h = \lim_{n \to \infty} h_n$, 它自然是 G 上的连续函数, 且有 $S(h) = s$. 现在我们证明 h 是一个常值函数 (或者说 $s = 0$). 若 h 不是常值函数, 则 $s > 0$. 于是对于 h, 存在 G 的有限子集 A, 使得

$$0 \leqslant S(M(A, h)) = s' < s.$$

取 $\varepsilon = \frac{1}{2}(s - s')$. 由于序列 $\{h_n\}$ 一致收敛, 所以存在自然数 n, 使得

$$|h(g) - h_n(g)| < \varepsilon \ (g \in G),$$

从而

$$|h(gg_i) - h_n(gg_i)| < \varepsilon \ (i = 1, 2, \cdots, m).$$

由此得知,

$$|M(A, h)(g) - M(A, h_n)(g)| < \varepsilon.$$

通过简单的不等式计算可知,

$$S(M(A, h_n)) \leqslant s' + 2\varepsilon < s.$$

而 h_n 是对某个有限子集 B 而言的 $M(B, f)$, 由 (6) 式,

$$M(A, h_n) = M(A, M(B, f)) = M(AB, f).$$

所以 $M(A, h_n) \in \Delta$, 这与 $s = \inf\limits_{M(A,f)\in\Delta} S(M(A, f))$ 相矛盾. 因此只能 $h \equiv$ 常数.
我们把这个常数记为 p. 数 p 自然满足下列条件: 对任给 $\varepsilon > 0$, 存在自然数 N,
使得 $|h_N(g) - p| < \varepsilon, h_N \in \Delta$. 换句话说, 存在 G 的有限子集 A, 使得

$$|M(A, f)(g) - p| < \varepsilon, \ \forall g \in G.$$

我们把满足上述条件的数 p 叫做 f 的**右平均值**.

右平均值的存在启发我们类似地去考虑**左平均值**. 令

$$M'(B, f)(g) = \sum_{j=1}^{l} \frac{1}{l} f(g_j g), \ f \in C(G), g \in G, \tag{8}$$

其中 $B = \{g_1, \cdots, g_l\}$. 于是仿前可定义左平均值, 并可类似证明左平均值的存
在. 现在我们要指出, 对每个 $f \in C(G)$, 左、右平均值都是唯一的, 且这两个数
相等, 称为 f 的**平均值**, 记为 $I(f)$.

为证明上述事实, 我们首先指出一个涉及左、右平均值函数 $M(A, f), M'(B, f)$
的关系式:

$$M(A, M'(B, f)) = M'(B, M(A, f)). \tag{9}$$

这很容易直接验证, 请读者自行证明.

设 p 是 f 的一个右平均值, q 是一个左平均值, 分别有 G 的有限子集 $A = \{g_1, \cdots, g_m\}$ 和 $B = \{q_1, \cdots, q_n\}$, 使得

$$|M(A, f)(g) - p| < \varepsilon, \tag{10}$$

$$|M'(B, f)(g) - q| < \varepsilon. \tag{11}$$

在 (10) 式中, 以 $q_j g$ 代替 g, j 从 1 加到 n, 再除以 n, 便得出

$$|M'(B, M(A, f))(g) - p| < \varepsilon. \tag{12}$$

从 (11) 式出发, 类似可得出

$$|M(A, M'(B, f))(g) - q| < \varepsilon. \tag{13}$$

由 (9), (12) 和 (13) 三个式子马上推出

$$|p - q| < 2\varepsilon.$$

由 ε 的任意性, 只能是 $p = q$. 这就证明了平均值的唯一性.

至此, 我们已建立起对应 $I : C(G) \to \mathbf{R}$, 余下的任务只是验证 $I(f)$ 确是不变积分, 且是唯一的不变积分. 这完全是标准的细节证明, 我们留给读者作为练习.

最后我们指出, 上述证明对 G 上的复值函数也是成立的, 这只要分别对实部和虚部进行即可. 这就完成了定理的证明.　　　　　　　　　　　　□

附录二　流形上的 Frobenius 定理

这个附录主要讨论微分流形上向量场与子空间之间的关系, 这些讨论对于了解流形本身的构造也是十分重要的.

设 M 是一个 n 维 C^∞-流形. $p \in M$, 取围绕 p 的一个局部坐标系 (U, φ), 其上局部坐标取为 $\{x_1, \cdots, x_n\}$. 设 X 是 M 上一个向量场, 则在 U 上, X 可有局部坐标表示

$$X|_U = \sum_{i=1}^{n} \xi_i(q) \left(\frac{\partial}{\partial x_i} \right),$$

其中 $\xi_i \in C^\infty(U)$. 记 $\xi_i(p) = \xi_i \ (i = 1, \cdots, n)$. 同时, 为简便, 我们可设 $x_i(p) = 0 \ (i = 1, \cdots, n)$.

现设 X 在 p 点非零, 我们希望在 p 点附近找到一组新的坐标 $\{y_1, \cdots, y_n\}$, 使得 $X = \dfrac{\partial}{\partial y_1}$. 从几何上看, 可解释为: 一个向量场 X 在一点 p 处非零, 则在这个点附近可适当选取局部坐标, 使 X "平直" 化. 或者说, 在这个点附近, 使得 X 的积分曲线是 "坐标" 曲线: $x_2 = $ 常数, $\cdots$, $x_n = $ 常数. 这件事是一定可以做到的, 它基于常微分方程组的理论.

定理 1　若 $(\xi_1, \cdots, \xi_n) \neq (0, \cdots, 0)$, 则在 p 点附近有一个新的局部坐标 $\{y_1, \cdots, y_n\}$, 使得 $X = \dfrac{\partial}{\partial y_1}$.

证　我们不妨设 $\xi_1 \neq 0$, 在局部坐标 (U, φ) 下,

$$X_q x_i = \xi_i(x_1(q), \cdots, x_n(q)) \ (q \in U).$$

考查下列常微分方程组

$$\frac{\mathrm{d}x_i}{\mathrm{d}t} = \xi_i(x_1, \cdots, x_n) \ (1 \leqslant i \leqslant n). \tag{1}$$

由于 ξ_i 是 C^∞ 的, 由常微分方程组解的存在性定理可知, 在原点的充分小的邻域内, 存在 C^∞-函数 $\varphi_i(y_1, \cdots, y_n)$, 使得 $x_i(t) = \varphi_i(t, y_2, \cdots, y_n)$ 是方程组 (1) 的满足下列初始条件

$$\begin{cases} \varphi_1(0, y_2, \cdots, y_n) = 0, \\ \varphi_i(0, y_2, \cdots, y_n) = y_i \ (1 < i \leqslant n). \end{cases}$$

的解.

不难验证: Jacobi 行列式 $\left| \dfrac{\partial(\varphi_1, \cdots, \varphi_n)}{\partial(y_1, \cdots, y_n)} \right|$ 在 $y_1 = y_2 = \cdots = y_n = 0$ 处不等于零. 事实上,

$$\left(\frac{\partial \varphi_1}{\partial y_1} \right)_0 = \xi_1(x_1(p), \cdots, x_n(p)) = \xi_1(p) = \xi_1 \neq 0,$$

而

$$\left(\frac{\partial \varphi_i}{\partial y_j} \right)_0 = \left(\frac{\partial \varphi_i|_{y_1=0}}{\partial y_j} \right)_0 = \left(\frac{\partial y_i}{\partial y_j} \right)_0 = \delta_{ij} \ (1 < j \leqslant n, 1 \leqslant i \leqslant n),$$

所以

$$\left| \frac{\partial(\varphi_1, \cdots, \varphi_n)}{\partial(y_1, \cdots, y_n)} \right| = \left| \begin{array}{c|c} \xi_1 & 0 \\ \hline * & I \end{array} \right| = \xi_1 \neq 0.$$

现在作一个变量替换:

$$x_i = \varphi_i(y_1, \cdots, y_n) \ (1 \leqslant i \leqslant n).$$

由于上述行列式在原点非零, 因此在原点附近上述替换是一个非异变换. 于是存在 p 的邻域 $V \subset U$, 在 V 上 $\{y_1, \cdots, y_n\}$ 是新的局部坐标, 使得

$$x_i(q) = \varphi_i(y_1(q), \cdots, y_n(q)) \ (q \in V).$$

若 $q \in V$, 则

$$X_q x_i = \xi_i(x_1(q), \cdots, x_n(q)) = \frac{\partial \varphi_i}{\partial y_1}(y_1(q), \cdots, y_n(q)).$$

这表明 $X|_V = \dfrac{\partial}{\partial y_1}$. 　　　　　　　　　　　　　　□

一个自然的问题是上述定理如何推广到高维情况, 即: 多个向量场的情况. 这首先应对这些向量场作某些限制.

设 $X_1, \cdots, X_k$ 是 M 的一组向量场, 若对每个 $p \in M, (X_1)_p, \cdots, (X_k)_p$ 都是切空间 $T_p(M)$ 中一组线性无关的向量, 则称 $X_1, \cdots, X_k$ 是**线性无关的** (当然, 我们也可在一点附近来定义线性无关性).

若对每个 $p \in M$, 我们都给定一个 k 维子空间 $\Delta_p \subset T_p(M)$, 且设在每个 $p \in M$ 的一个邻域 U 内, 有 k 个线性无关的向量场 $X_1, \cdots, X_k$, 使得 $(X_1)_q, \cdots, (X_k)_q$ 张成 Δ_q $(q \in U)$, 我们称 $\Delta : p \mapsto \Delta_p$ 是 M 上的一个 k **维分布**, 而 $X_1, \cdots, X_k$ 则叫做 Δ 的**局部基**. 分布在某种意义下可以理解为向量场的高维推广, 因此, 我们也应将积分曲线概念推广到高维情况.

设 Δ 是一个 M 上的 k 维分布. 若 N 是 M 的一个 k 维 (不自相交的) 浸入子流形, 满足 $T_q(N) = \Delta_q$ $(q \in N)$, 则称 N 是 Δ 的一个**积分子流形**.

作为定理 1 的推广, 我们自然要问: 对 M 上一个给定的分布 Δ, 过每个点 $p \in M$, 是否一定有 Δ 的积分子流形存在? 答案一般是否定的, 需要附加一定的条件.

我们先来看看, 若 Δ 有积分子流形存在, 那么, Δ 应满足什么条件. 若过每个点 $p \in M$, 有 Δ 的积分子流形 N 存在, 则在 p 的一个 (在 M 中) 邻域 V 上存在一个坐标系 $\{x_1, \cdots, x_n\}$, 使得 $x_i(p) = 0$ $(i = 1, \cdots, n)$, 而且 $N = \{q \in V; x_i(q) = 0, i = k+1, \cdots, n\}$ 及 $x_1, \cdots, x_k$ 在 U 上的限制形成 N 在 p 点附近的局部坐标. 由于 $T_q(N) = \Delta_q$ $(q \in N)$, 于是 $\left(\dfrac{\partial}{\partial x_1}\right)_q, \cdots, \left(\dfrac{\partial}{\partial x_k}\right)_q$ 形成 Δ_q 的一组基 $(q \in N)$.

这个事实启发我们给出下列定义:

定义 设 Δ 是 M 上一个 k 维分布, 若对每个 $p \in M$, 都有一个局部坐标卡 (V, φ), 它的局部坐标为 $\{x_1, \cdots, x_n\}$, 使得 $\dfrac{\partial}{\partial x_1}, \cdots, \dfrac{\partial}{\partial x_k}$ 是 Δ 在 V 上的一个局部基, 则我们称 Δ 是**完全可积**的.

显然, 对一个完全可积的分布 Δ, 过每个点 $p \in M$, 一定有 Δ 的积分子流形存在. 事实上, 若 $\dfrac{\partial}{\partial x_1}, \cdots, \dfrac{\partial}{\partial x_n}$ 是 U 上的局部基, 对 $q \in U$, 若 $x_i(q) = a_i$ $(i = 1, \cdots, n)$, 则

$$N = \{q' \in U; x_i(q') = a_i \ (i = k+1, \cdots, n)\}$$

是 Δ 的一个积分子流形.

现在我们对 Δ 给出一个新的条件. 我们将证明它与完全可积性是等价的. 但这个条件形式上较弱, 且不依赖于坐标的选取.

定义　我们称一个分布 Δ 是**对合的** (involutive), 如果在 M 上每个点的一个邻域内存在一个局部基 $X_1, \cdots, X_k$, 使得

$$[X_i, X_j] = \sum_{l=1}^{k} c_{ij}^l X_l \quad (1 \leqslant i, j \leqslant k), \tag{2}$$

其中 c_{ij}^l 是此邻域上的 C^∞-函数.

显然, 完全可积的分布一定是对合的. 我们将证明其逆也对. 基于此, 我们也称 (2) 为 **Frobenius 完全可积条件**.

定理 2 (Frobenius)　流形 M 上的一个分布 Δ 是完全可积的当且仅当它是对合的.

分析　若 Δ 是一维分布, Δ_q $(q \in M)$ 是 $T_q(M)$ 的一维子空间, 它的局部基就是一个在每个点的值属于 Δ 的非零向量场 X, 由 $[X, X] = 0$ 可知, 它一定是对合的. 另一方面, 由定理 1 可知, 它是完全可积的, 因此定理显然成立.

当 Δ 的维数 $k > 1$ 时, 作为第一步, 可先取 p 的邻域 V 上一个局部坐标 $\{y_1, \cdots, y_n\}$ 及 Δ 的一个局部基 $X_1, \cdots, X_k$, 使得 $X_1 = \dfrac{\partial}{\partial y_1}$. 然后, 我们从每个 X_i $(i > 1)$ 中减去它在 $\dfrac{\partial}{\partial y_1}$ 方向上的分量, 即: 令

$$Y_i = X_i - (X_i y_1) X_1 \ (i = 2, \cdots, k),$$

于是 $Y_2, \cdots, Y_k$ 是 $\dfrac{\partial}{\partial y_2}, \cdots, \dfrac{\partial}{\partial y_n}$ 的线性组合而不涉及 $\dfrac{\partial}{\partial y_1}$, 从而不难证明: $Y_2, \cdots, Y_k$ 不仅构成 V 上的一个对合分布, 而且也构成 V 的子流形: $y_1 = $ 常数上的一个对合分布. 现在令 N_0 是由 $y_1 = 0$ 所决定的 V 的子流形, 它是 $(n-1)$ 维的, $Y_2, \cdots, Y_k$ 张成其上一个 $(k-1)$ 维分布. 使用归纳法, 可以假定, 定理在这种情况下成立. 于是 N_0 上可取局部坐标 $x_2, \cdots, x_n$, 使得在 N_0 上 $Y_2, \cdots, Y_k$ 是 $\dfrac{\partial}{\partial x_2}, \cdots, \dfrac{\partial}{\partial x_k}$ 的线性组合. 这也就是说, 在 N_0 上, $Y_i x_l = 0$ $(i = 2, \cdots, k; \ l = k+1, \cdots, n)$ (从而在 N_0 上, $x_{k+1} = $ 常数, $\cdots, x_n = $ 常数决定了一个 $k-1$ 维积分子流形). 现在我们令 $x_1 = y_1$, 于是 $x_1, \cdots, x_n$ 是在 p (在 M 中) 的某个邻域 $W \subset V$ 上的局部坐标. 如果我们能证明 $Y_i x_l = 0$ $(i = 2, \cdots, k; l = k+1, \cdots, n)$ 在整个 W 上仍成立, 那么, 在 W 上 $Y_2, \cdots, Y_k$ 也是 $\dfrac{\partial}{\partial x_2}, \cdots, \dfrac{\partial}{\partial x_k}$ 的线性组合, 而 $y_1 = x_1$, 于是 $\dfrac{\partial}{\partial x_1}, \cdots, \dfrac{\partial}{\partial x_k}$ 就是 Δ 的一个局部基, 从而完成了证明.

从几何上看, 对于 $q \in W$, 设 q 在 $\{x_1, \cdots, x_n\}$ 下的坐标为 $a_1, \cdots, a_n$. 在 $x_1 = a_1$ 决定的子流形 N 上, 过 q 点的关于 $Y_2, \cdots, Y_k$ 的 $k-1$ 维积分子流形

就是: $x_{k+1} = a_{k+1}, \cdots, x_n = a_n$; 如何由它扩成 Δ 的积分子流形呢? 上述分析告诉我们, 对 W 的每个 $x_1 =$ 常数的子流形来说, $x_{k+1} = a_{k+1}, \cdots, x_n = a_n$ 都是关于 $Y_2, \cdots, Y_k$ 的 $(k-1)$ 维积分子流形, 把这些 $(k-1)$ 维子流形并在一起就 "编" 成一个 k 维子流形, 它恰是 Δ 的过 q 的积分子流形. 而 "$Y_i x_l = 0$ ($i = 2, \cdots, k, l = k+1, \cdots, n$) 在 W 上处处成立" 这个解析条件则是 "编织" 的理论依据. 在下面的证明中将看到它的证明乃是基于常微分方程组解的唯一性定理.

证 必要性显然, 只需证充分性. 我们对分布的维数 k 进行归纳. 当 $k = 1$ 时, 由定理 1 及 $[X, X] = 0$ 可知, 本定理成立. 设对 $(k-1)(> 0)$ 维的分布定理已成立, Δ 是一个 k 维对合分布. 对任何 $p \in M$, 由定理 1, 我们可找到一个局部坐标卡 $(V, \psi), p \in V, \psi(p) = 0$. 在 V 上的局部坐标是 $\{y_1, \cdots, y_n\}$, 以及 Δ 的一个局部基 $X_1, \cdots, X_k$, 使得 $X_1 = \dfrac{\partial}{\partial y_1}$. 在 V 上定义 Δ 的一个新的局部基 $Y_1, \cdots, Y_k$ 如下:

$$\begin{cases} Y_1 = X_1, \\ Y_i = X_i - (X_i y_1) X_1 \ (i = 2, \cdots, k). \end{cases} \tag{3}$$

显然, $Y_1, \cdots, Y_k$ 仍满足 Frobenius 条件. 设

$$[Y_i, Y_j] = \sum_{l=1}^{k} d_{ij}^l Y_l.$$

由定义容易看出: $Y_2, \cdots, Y_k$ 是 $\dfrac{\partial}{\partial y_2}, \cdots, \dfrac{\partial}{\partial y_n}$ 的线性组合, 而与 $\dfrac{\partial}{\partial y_1}$ 无关. 因此它们都是 V 的子流形: $y_1 =$ 常数的切向量场. 从而得知, $[Y_i, Y_j]$ $(2 \leqslant i, j \leqslant k)$ 也是这个子流形的切向量场, 因此 $d_{ij}^1 = 0$ $(2 \leqslant i, j \leqslant k)$. 这意味着: 由 $Y_2, \cdots, Y_k$ 所决定的 V 上的分布在 V 上及 V 的每个由 $y_1 =$ 常数所确定的子流形上均是对合的. 令 N_0 是 V 的由 $y_1 = 0$ 所决定的子流形. 函数 $y_2, \cdots, y_n$ 在 N_0 上的限制给出它的一个坐标系. $\dim N_0 = n - 1$. 由归纳假设, p 在 N_0 中的适当邻域上有一组新的坐标 $x_2, \cdots, x_n$, 使得 $\dfrac{\partial}{\partial x_2}, \cdots, \dfrac{\partial}{\partial x_k}$ 在每个点上是 $Y_2, \cdots, Y_k$ 张成的子空间的一组基. 设 $y_i = f_i(x_2, \cdots, x_n)$ $(i = 2, \cdots, n)$, 我们还可设 $f_i(0, \cdots, 0) = 0$. 令

$$\begin{cases} y_1 = x_1, \\ y_i = f_i(x_2, \cdots, x_n) \ (i = 2, \cdots, n). \end{cases} \tag{4}$$

容易验证这个变换的 Jacobi 矩阵在原点处非异, 因此它是一个坐标变换. 设它定义在 p (在 M 中) 的邻域 $U \subset V$ 上, 用 φ 表示新的坐标映射. 自然 $\varphi(p) = 0$. 对局部坐标 $x_1, \cdots, x_n$ 来说, 有下述基本事实:

(a) $Y_1 = \dfrac{\partial}{\partial x_1}$.

(b) $N_0 \bigcap U = \{q \in U; x_1(q) = 0\}$, 所以在 $N_0 \bigcap U$ 上, $x_2, \cdots, x_n$ 是局部坐标系.

(c) 在 $N_0 \bigcap U$ 上, $Y_2, \cdots, Y_k$ 是 $\dfrac{\partial}{\partial x_2}, \cdots, \dfrac{\partial}{\partial x_k}$ 的线性组合, 即:当 $x_1 = 0$ 时 $Y_i x_l = 0$ $(i = 2, \cdots, k; l = k+1, \cdots, n)$.

现在我们证明 (c) 在 U 上 (即: 对 X_1 不加限制) 也对. 我们考虑 $Y_1(Y_j x_l)$ $(j = 2, \cdots, k; l = k+1, \cdots, n)$.

$$Y_1(Y_j x_l) = Y_j(Y_1 x_l) + [Y_1, Y_j] x_l,$$

但是 $Y_1 x_l = \dfrac{\partial x_l}{\partial x_1} = 0, [Y_1, Y_j] = \sum\limits_{s=1}^{k} d_{1j}^s Y_s$, 因此

$$Y_1(Y_j x_l) = \sum_{s=1}^{k} d_{1j}^s (Y_s x_l) \quad (j = 2, \cdots, k). \tag{5}$$

把 $Y_j x_l$ 及 d_{1j}^s 看成是 $x_1, \cdots, x_n$ 的函数, 那么, $Y_2 x_l, \cdots, Y_k x_l$ 对 $l > k$ 及固定的 $x_2, \cdots, x_n$ 是齐次常微分方程组

$$\frac{\mathrm{d}Z_j}{\mathrm{d}x_1} = \sum_{s=1}^{k} d_{1j}^s Z_s \quad (j = 2, \cdots, k) \tag{6}$$

的满足初始条件 $Z_j|_{x_1=0} = 0$ 的解. 由于 (6) 是齐次的, 而 $Z_j \equiv 0$ 自然也是满足上述初始条件的解, 则由常微分方程组解的唯一性定理, 一定有

$$Y_j x_l \equiv 0 \quad (j = 2, \cdots, k; l = k+1, \cdots, n).$$

这表明在 U 上, $Y_2, \cdots, Y_k$ 是 $\dfrac{\partial}{\partial x_2}, \cdots, \dfrac{\partial}{\partial x_k}$ 的线性组合, 而 $Y_1 = \dfrac{\partial}{\partial x_1}$, 所以 $\dfrac{\partial}{\partial x_1}, \cdots, \dfrac{\partial}{\partial x_k}$ 是 Δ 的局部基, 因此 Δ 是完全可积的. □

推论 设 (U, φ) 是 $p \in M$ 的一个局部坐标邻域, 局部坐标系为 $x_1, \cdots, x_n$. 对于对合分布 $\Delta, x_{k+1} = $ 常数, $\cdots, x_n = $ 常数在 U 上决定 Δ 的一个积分子流形. 则 Δ 的任何连通积分子流形 $V \subset U$, 都存在一组常数 $a_{k+1}, \cdots, a_n$, 使得

$$V \subset \{q \in U; x_{k+1}(q) = a_{k+1}, \cdots, x_n(q) = a_n\}.$$

证 由假设 $\Delta|_U = \mathrm{span}\left\{\left(\dfrac{\partial}{\partial x_1}\right), \cdots, \left(\dfrac{\partial}{\partial x_k}\right)\right\}$. 因为 V 是 Δ 的积分子流形, 对任何 $q \in V$,

$$T_q(V) = \Delta_q = \mathrm{span}\left\{\left(\dfrac{\partial}{\partial x_1}\right)_q, \cdots, \left(\dfrac{\partial}{\partial x_k}\right)_q\right\}.$$

任取 $X_q \in T_q(V)$, 则有 $X_q = \sum_{i=1}^{k} \alpha_i \left(\dfrac{\partial}{\partial x_i} \right)_q$, 于是

$$X_q x_l = \sum_{i=1}^{k} \partial_i \left(\dfrac{\partial}{\partial x_i} \right)_q x_l = \sum_{i=1}^{k} \alpha_i \left(\dfrac{\partial x_l}{\partial x_i} \right)_q = 0 \ (l = k+1, \cdots, n).$$

因为 x_l 定义在整个 V 上且 V 连通, 所以上述等式意味着在 V 上 x_l 是常数 $(l = k+1, \cdots, n)$. □

这个推论实际上是积分子流形的局部唯一性定理.

以上讨论的都是局部性质, 现在我们转到整体性质上来.

定义　一个对合分布的**极大积分子流形**是这样一个连通的积分子流形, 它包含了每一个与它有公共点的连通积分子流形.

定理 3　设 Δ 是 M 的一个 k 维对合分布, 则对于 M 中的每个点, 一定有 Δ 的唯一的极大积分子流形通过它.

证　由定理 2, M 存在一个开覆盖 $M = \bigcup_{\alpha} U_{\alpha}$, 使得在 U_{α} 中, Δ 的积分子流形均由 $x_{k+1}^{\alpha} = $ 常数, $\cdots$, $x_n^{\alpha} = $ 常数 ($\{x_1^{\alpha} \cdots x_n^{\alpha}\}$ 是 U_{α} 上的局部坐标) 所决定. 设 N 是 M 的一个积分子流形, 对任何 $p \in N$, 一定有坐标邻域 V 存在, 使得 $V \subset U_{\alpha}$, 对某个 α 成立. 于是 V 包含于 U_{α} 的一个由 $x_{k+1}^{\alpha} = $ 常数, $\cdots$, $x_n^{\alpha} = $ 常数所决定的子集之中. 令 q 是 N 中另一点, 若 C 是 N 中连接 p, q 的曲线, 则 C 可以被有限个 V 那样的邻域所覆盖. 于是, p, q 两点可以用有限个曲线段 C_i (满足 $C_i(1) = C_{i+1}(0)$) 所连接, 使得每个 $C_i : [0,1] \to N$ 是 Δ 的一条积分曲线, 即: C_i 上每一点 q' 的切线均在 Δ_q 之中.

现在我们来构造极大积分子流形. 任取 $p \in M$, K 是 M 中如下的 q 点的集合: 存在有限个曲线段 $C_i : [0,1] \to M$,

$$C_1(0) = p, \quad C_m(0) = q, \quad C_{i+1}(0) = C_i(1) \ \ (i = 1, \cdots, m-1),$$

而且每个 C_i $(i = 1, \cdots, m)$ 都是 Δ 的一维解. 在 K 上如下定义微分结构: 设 $q \in K$, 则有 α, 使得 $q \in U_{\alpha}$. 集合

$$\{r \in U_{\alpha}; x_{k+1}^{\alpha}(r) = x_{k+1}^{\alpha}(q), \cdots, x_n^{\alpha}(r) = x_n^{\alpha}(q)\} \subset K.$$

我们以此集合为 q 的坐标邻域, 其上的坐标为 $x_1^{\alpha}, \cdots, x_k^{\alpha}$. 读者可自己去验证, 这的确是一个微分结构, 使 K 成为一个微分流形. 由 K 的定义可知, 过 p 的 Δ 的任何连通积分子流形一定包含在 K 之中. □

注　极大积分子流形一般说来是一个浸入子流形. 换句话说, 它不一定是 M 的闭子流形. 一个简单的例子是取 M 为二维环面

$$T^1 \times T^1 \cong \mathbf{R}^1 \times \mathbf{R}^1 / \mathbf{Z} \times \mathbf{Z},$$

向量场 X 取为常值非零向量场, 其方向在 $\mathbf{R}^1 \times \mathbf{R}^1$ 的标准坐标系下与坐标轴夹角的正切为无理数, 则它的极大积分子流形 (即: 极大积分曲线) 在 M 中是处处稠密的.

附录三　连通群与覆盖群

一个拓扑群 G, 若其拓扑结构是连通的, 则称为**连通群**. 关于连通群有几个简单、基本而又常用的性质, 特列述如下:

定理 1　设 G 是一个连通群, U 是其单位元 e 的一个任给的邻域, 则 U 业已构成 G 的一个群的生成系.

证　令 $V = U \bigcap U^{-1}$, 则 V 是一个含于 U 的较小邻域, 而且 $V^{-1} = V$. 符号 V^k 表示 k 个 V 相乘而得的子集. 令

$$H = \bigcup_{k \in \mathbf{Z}} V^k,$$

则容易验证 H 业已构成 G 中的一个开子群. 不仅如此, 可以证明 H 也是闭子群. 事实上, 若 $a \in \overline{H}$, 于是 aV^{-1} 是 a 的邻域, 所以 aV^{-1} 与 H 相交, 即: 存在元素 $b \in H$, 使得 $b \in aV^{-1}$. 因为 $b \in H$, 所以存在 m, 使 $b \in V^m$, 因此 $b = b_1 b_2 \cdots b_m, b_i \in V \ (i = 1, \cdots, m)$. 另外也有 $b = ab_{m+1}^{-1}$, 其中 $b_{m+1} \in V$ (因为 $b \in aV^{-1}$), 从而

$$a = b_1 b_2 \cdots b_m b_{m+1},$$

即 $a \in V^{m+1} \subset H$. 这表明 H 也是闭子群. 因为 G 是连通的, 任何既开且闭的非空子集只有 G 本身, 所以 $H = G$. □

定理 2　设 G 为一个连通群, N 是 G 中的一个离散正规子群 (亦即限于 N 所得的诱导拓扑是离散的), 则 N 必定是完全位于 G 的中心 $Z(G)$ 之内.

证　由假设,存在 G 的足够小的单位元邻域 U,使得 $N \bigcap U = \{e\}$. 因此对于任给 $g_0 \in N, N \bigcap g_0 \cdot U = \{g_0\}$. 再由拓扑群乘法的连续性,把它应用到 $e g_0 e^{-1} = g_0$,即得 G 中另一个足够小的单位元邻域 V,使得 $V g_0 U^{-1} \subset g_0 V$.

设 x 是 V 中的任一元素,因为 N 是正规的,故有

$$\left. \begin{array}{l} x g_0 x^{-1} \in x N x^{-1} = N \\ x g_0 x^{-1} \in V g_0 V^{-1} \subset g_0 U \end{array} \right\} \quad x g_0 x^{-1} = g_0.$$

换句话说,N 中任何元素 g_0 都和邻域 V 中的任给元素 x 可交换. 但是由 G 的连通性已知 V 业已构成 G 的一组生成系,所以 g_0 和 G 的任何元素都可交换,亦即 $g_0 \in Z(G)$,从而 $N \subset Z(G)$. 　　　　　　　　　　□

定义　设 G_1, G_2 是两个连通群,$f : G_1 \to G_2$ 是一个连续同态. 若在 G_2 中存在一个单位元 e_2 的邻域 U_2,使得 $f^{-1}(U_2)$ 的每个连通分支都是 G_1 中的开集,而且在 f 下与 U_2 同胚,则称 G_1 为 G_2 的一个**覆盖群**,$f : G_1 \to G_2$ 为一个**覆盖同态**.

例　(a) $f : \mathbf{R}^1 \to S^1, f(t) = e^{\alpha \pi i t}, t \in \mathbf{R}^1$,因此 $\mathbf{R}^1$ 是 S^1 的覆盖群.

(b) $\mathrm{Ad} : S^3 \to \mathrm{SO}(3)$,对 $\mathrm{SO}(3)$ 适当的单位元邻域 $V, \mathrm{Ad}^{-1}(V)$ 有两个连通分支,也就是说它是一个 "两层" 的覆盖. 而例 (a) 则是 "无限多层" 的覆盖.

由这个定义和连通群的性质可以有以下几点分析:

1) 由定义,不难看出 $\ker f = f^{-1}(e_2)$ 是 G 中的一个离散正规子群,所以 $\ker f \subset Z(G_1)$. 反之,设 N 是 G_1 的一个离散正规子群,当然有 $N \subset Z(G_1)$. 不难验证,商同态 $G_1 \to G_1/N$ 是一个覆盖同态.

2) 因为李代数是李群的局部结构不变量,所以当 $f : G_1 \to G_2$ 是李群的覆盖同态时,$\mathrm{d}f : \mathfrak{g}_1 \to \mathfrak{g}_2$ 当然是李代数的一个同构. 反之,我们将在下面证明,当 G_1 与 G_2 的李代数 $\mathfrak{g}_1$ 和 $\mathfrak{g}_2$ 同构时,则必定存在一个李群 $\widetilde{G}$ 和 $f_i : \widetilde{G} \to G_i \ (i = 1, 2)$ 这样两个覆盖同态. 这就说明了群的覆盖同态在李群论中所扮演的角色.

3) 从纯粹拓扑空间的观点,一个覆盖映射是一个映射 $f : X_1 \to X_2$,其中 X_1, X_2 都是连通的,而且对于 X_2 中的任给一点 x_2,都存在着一个邻域 U_{x_2},使得 $f^{-1}(U_{x_2})$ 的每一个连通分支都是 X_1 的开集,而且在 f 之下与 U_{x_2} 同胚. 由此可见,前面对于覆盖同态的定义,就其拓扑结构来说是一个覆盖映射,而就其群的结构而言,则是一个同态映射.

现在让我们列述一些关于覆盖映射的一般性质 (因为本附录的主要课题是讨论李群之间的覆盖同态,所以我们只需要利用可微流形之间的可微覆盖映射. 因此,虽然下面列举的事实,其实都可以在更加普遍的情形之下成立,但是我们却只在可微覆盖映射的情形叙述它们).

(a) 设 $f : M_1 \to M_2$ 是一个可微覆盖, $\varphi : [0, a] \to M_2$ 是一条 M_2 中的连续参数曲线, p 是 $f^{-1}(\varphi(0))$ 中任意选定的一点, 则存在一个唯一的连续映射 $\tilde{\varphi} : [0, a] \to M_1$, 使得

$$\tilde{\varphi}(0) = p, \quad f \circ \tilde{\varphi} = \varphi,$$

亦即下述图解可交换. $\tilde{\varphi}$ 叫做 φ 的一条**覆盖曲线**.

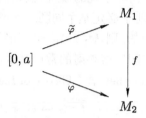

(b) 设 $\varphi_i : [0, a] \to M_2$ $(i = 0, 1)$, 而且 $\varphi_0(0) = \varphi_1(0), \varphi_0(a) = \varphi_1(a)$. 若存在一个映射 $\Phi : [0, a] \times [0, 1] \to M_2$, 使得

$$\begin{aligned} \Phi(0, t) &\equiv \varphi_0(0) = \varphi_1(0), \\ \Phi(a, t) &= \varphi_0(a) = \varphi_1(a), \end{aligned} \quad 0 \leqslant t \leqslant 1,$$

而且有

$$\Phi(u, 0) = \varphi_0(u), \quad \Phi(u, 1) = \varphi_1(u) \ (0 \leqslant u \leqslant a),$$

则称 φ_0, φ_1 是 M_2 中互相**同伦**的两条曲线, 记以 $\varphi_0 \sim \varphi_1$.

若 $\varphi_0 \sim \varphi_1$, 而且 $\tilde{\varphi}_0, \tilde{\varphi}_1$ 分别是 φ_0 和 φ_1 的覆盖曲线, $\tilde{\varphi}_0(0) = \tilde{\varphi}_1(0)$, 则 $\tilde{\varphi}_0 \sim \tilde{\varphi}_1$. 当然也有 $\tilde{\varphi}_0(a) = \tilde{\varphi}_1(a)$.

(c) 设 $f : M_1 \to M_2$ 和 $h : M_2 \to M_3$ 都是可微覆盖, 则 $h \circ f : M_1 \to M_3$ 也是一个可微覆盖 (注意, 在一般拓扑空间的情形中, 覆盖映射的组合不一定还是一个覆盖映射. 上述事实的证明依赖于微分流形的优良局部结构).

(d) 对于任给连通微分流形 M, 总是存在着一个 (极大的) 覆盖 $\tilde{f} : \widetilde{M} \to M$, 它的特征性质是 M 的任何其他的覆盖 $f_1 : M_1 \to M$ 都是它的 "子覆盖", 亦即存在一个覆盖 $h_1 : \widetilde{M} \to M_1$, 使得 $\tilde{f} = f_1 \circ h_1$. 这样的 $\tilde{f} : \widetilde{M} \to M$ 叫做 M 的**通用覆盖** (universal covering).

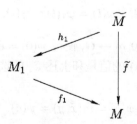

(e) 若 M 中的任给的两条具有公共的始点和终点的曲线

$$\varphi_i : [0, a] \to M \ (i = 1, 2), \quad \varphi_1(0) = \varphi_2(0), \ \varphi_1(a) = \varphi_2(a)$$

总是同伦的, 则称 M 为单连通的. 设 $\widetilde{f} : \widetilde{M} \to M$ 是一个可微覆盖, 则它是一个通用覆盖的充要条件就是: $\widetilde{M}$ 是单连通的. 再者, 一个连通流形 M 是单连通的充要条件是其上不可能有任何非平凡的覆盖. 换句话说, 若 $f : M_1 \to M$ 是 M 上的一个任给的覆盖映射, 则 f 必定是个同胚.

(f) 设 M_1, M_2 是单连通的, 则 $M_1 \times M_2$ 也一定是单连通的.

以上是几点关于流形之间覆盖映射的常用基本事实, 其证明或更详细的讨论请参看有关专著, 例如 Chevalley 著《Theory of Lie Groups I》有关章节.

定理 3　设 G 是一个连通李群, $\widetilde{f} : \widetilde{G} \to G$ 是流形 G 的通用覆盖映射, 则 $\widetilde{G}$ 上存在一个唯一的李群结构, 使得 $\widetilde{f}$ 是一个李同态.

证　由假设, $\widetilde{G}$ 是一个单连通的微分流形, 所以 $\widetilde{G} \times \widetilde{G}$ 也是一个单连通的微分流形. 本定理的证明要点就是要在 $\widetilde{G}$ 上建立一种乘法 $\widetilde{m} : \widetilde{G} \times \widetilde{G} \to \widetilde{G}$, 使得它满足群的公理, 而且使得下述图解可交换:

$$
\begin{array}{ccc}
\widetilde{G} \times \widetilde{G} & \xrightarrow{\ \widetilde{m}\ } & \widetilde{G} \\
{\scriptstyle \widetilde{f} \times \widetilde{f}} \downarrow & & \downarrow {\scriptstyle \widetilde{f}} \\
G \times G & \xrightarrow{\ m\ } & G
\end{array}
$$

其中 $m : G \times G \to G$ 是 G 上的乘法.

首先, 我们将取定 $\widetilde{f}^{-1}(e)$ 中的一点 $\widetilde{e}$, 把它作为基点. 设 $\widetilde{x}, \widetilde{y}$ 是 $\widetilde{G}$ 中任给两点 (可以是相重的), 在 $\widetilde{G}$ 中任取

$$\widetilde{\varphi}_i : [0, a] \to \widetilde{G} \ (i = 1, 2),$$

$\widetilde{\varphi}_i$ 可微且

$$\widetilde{\varphi}_i(0) = \widetilde{e}, \quad \widetilde{\varphi}_1(a) = \widetilde{x}, \quad \widetilde{\varphi}_2(a) = \widetilde{y}.$$

令 $\varphi_i = \widetilde{f} \circ \widetilde{\varphi}_i \ (i = 1, 2)$. 然后再定义映射

$$\psi : [0, a] \to G, \quad \psi(t) = \varphi_1(t) \circ \varphi_2(t), \quad 0 \leqslant t \leqslant a.$$

由 a) 可知, 存在唯一的 $\widetilde{\psi} : [0, a] \to \widetilde{G}$, 使得 $\widetilde{\psi}(0) = \widetilde{e}$, 而且 $\psi = \widetilde{f} \circ \widetilde{\psi}$. 不难用 $\widetilde{G}$ 的单连通性和 b) 来验证 $\widetilde{\psi}(a)$ 的值是和上述 $\widetilde{\varphi}_i$ 的选取无关的. 因此我们就可以定义

$$\widetilde{x} \cdot \widetilde{y} = \widetilde{m}(\widetilde{x}, \widetilde{y}) = \widetilde{\psi}(a). \tag{1}$$

验证由 (1) 定义的 $\widetilde{G}$ 上的乘法满足所应有的种种性质和条件是相当直截了当的，请读者自行证明. □

注 设 G_1, G_2 是两个连通李群，$f: G_1 \to G_2$ 是一个李同态. 若 $df: \mathfrak{g}_1 \to \mathfrak{g}_2$ 是一个同构，则 f 是一个覆盖同态. 因为，可以在 $\mathfrak{g}_1$ 中取一个足够小的原点邻域 u_1，令 $u_2 = df(u_1)$，使得 $\mathrm{Exp}\,(u_i)$ 分别是 G_i 的单位元邻域，而且 $\mathrm{Exp}|_{u_i}$ 是可微同胚 $(i = 1, 2)$. 由此容易看出，f 是一个可微覆盖同态.

定理 4 (Weyl) 设 $\mathfrak{g}$ 是一个紧半单李代数，$G = \mathrm{Int}\,(\mathfrak{g})$，则 G 的通用覆盖群 $\widetilde{G}$ 也是一个紧致李群 (由此容易看出，任何一个连通李群 G_1，若其李代数 $\mathfrak{g}_1$ 是紧致半单的，亦即其 Cartan-Killing 型是负定的，则 G_1 本身就必定是紧致的).

证 由第四章 §1 的讨论，$G = \mathrm{Int}\,(\mathfrak{g})$ 是一个紧致连通李群，又由定理 3，存在一个 G 的通用覆盖李群 $\widetilde{G} \xrightarrow{\widetilde{f}} G$. 由于 $\widetilde{f}$ 是一个满同态，容易看出，$\widetilde{f}$ 其实就是 $\widetilde{G}$ 的伴随表示 $\mathrm{Ad}: \widetilde{G} \to G \subset \mathrm{GL}\,(\mathfrak{g})$. 所以 $\ker \widetilde{f} = \ker(\mathrm{Ad}) = Z(\widetilde{G})$，即 $\widetilde{G}$ 的中心. 因此，本定理证明的关键就是要证明上述 $Z(\widetilde{G})$ 必然是一个有限群.

设 T 是 G 中一个取定的极大子环群. 以 $\pi_1(G)$ 和 $\pi_1(T)$ 分别表示 G 和 T 的基本群. 它们分别是 G 和 T 中以 e 点为始、终点的曲线的同伦等价类所构成的群. 由于 G 的紧致性，不难证明 G 中的任一同伦等价类之中，都会有一个长度为极小的曲线，这种极短者当然是 G 中的测地线. 再者，由极大子环群定理，G 中的任一过 e 点的测地线都可以用适当的伴随变换把它搬到 T 中去. 换句话说，$\pi_1(G)$ 中的每一个同伦等价类中都含有完全包含于 T 中的曲线. 由此不难验证下述几点：

1) $\widetilde{T} = \widetilde{f}^{-1}(T)$ 是连通的，$\pi_1(T) \to \pi_1(G)$ 是个满同态.

2) 下述图解可交换：

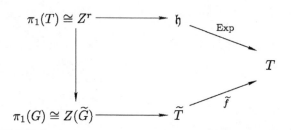

现在，让我们来证明 $Z(\widetilde{G})$ 必定是有限的，亦即 $\widetilde{G}$ 必定是紧致的.

因为 $Z(\widetilde{G})$ 是 $\widetilde{G}$ 上的伴随变换，是平凡的，所以 $\widetilde{G}$ 上的伴随变换群本质上是 $G \times \widetilde{G} \to \widetilde{G}, G = \widetilde{G}/Z(\widetilde{G})$. 采取这种看法，即有下述 G-等变的可换图解：

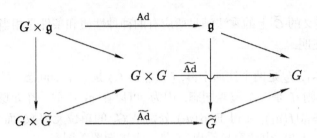

把上述图解限制到 T 的不动点子集上去, 即有下述 W-等变可换图解:

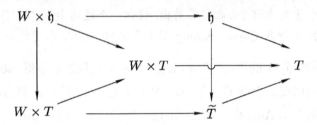

再者, 因为 $\mathfrak{g}$ 是半单的, 所以 $(W, \mathfrak{h})$ 不可能有任何固定不动的方向.

现在证明 $Z(\widetilde{G})$ 必定是有限的, 假若不然, 则

$$Z(\widetilde{G}) \cong Z^{r_0} \times (\text{有限群}), \quad r_0 > 0.$$

于是

$$\widetilde{T} \cong \mathbf{R}^{r_0} \times T^{(r-r_0)}.$$

因为 W 在 $\widetilde{T}$ 上的作用显然是使得 $Z(\widetilde{G})$ 中的每个点都是固定不动的, 所以, 上述 $\mathbf{R}^{r_0} \times \{e\} \subset \widetilde{T}$ 也是在 W 的作用之下逐点固定不动的, 这和 $\mathfrak{g}$ 的半单性相矛盾. 因此, $Z(\widetilde{G})$ 必定是有限的, 这也就证明了 $\widetilde{G}$ 必定是紧致的. □

附录四　反射变换群的几何

最简单的群莫过于只有两个元素的群, 通常以符号 $\mathbf{Z}_2$ 记之; 而最简单的变换群则莫过于反射变换群, 即下述可微变换群 $(\mathbf{Z}_2, M)$. 它作用在流形 M 上, 其不动点子集 F 是一个低一维的子流形, 它把 M 分割成两个不相交的连通区域. 这个变换群只含有一个非平凡的变换 $r : M \to M$, 它使得 F 上的每个点固定不动, 而把 $M \backslash F$ 的两个连通区域上的点配对互相交换. 这种可微变换叫做**反射对称**.

定义　设 M 是一个微分流形, (G, M) 是一个作用在 M 上的有限可微变换群. 若 G 有一组完全由反射对称所构成的生成系, 则称为**由反射生成的变换群** (group generated by reflections), 简称为**反射变换群**.

反射变换群是变换群中特别简单的一种, 但却在许多基本的地方自然地扮演着重要的角色. 例如: 李群论中的 Weyl 变换群 (W, T) 和 $(W, \mathfrak{h})$ 以及晶体学中的晶体群等. 本附录将扼要地讨论关于反射变换群的几个常用的基本概念和定理.

符号

(a) (G, M) 是一个给定的反射变换群.

(b) Δ 是 G 中所有反射对称组成的集合.

(c) 对于 $r \in \Delta$, $F(r)$ 是 r 的不动点子集, $S_r^{\pm}$ 是 $F(r)$ 的两侧, 亦即 $M \backslash F(r) = S_r^+ \bigcup S_r^-$ (正负侧的选定是任意的).

(d) $C_0 = \bigcap\limits_{r \in \Delta} S_r^+$ 叫做在上述给定的正负侧选法之下的基本 Weyl 房 (fundamental Weyl chamber)(它显然是随着上面正负侧选法的变更而变更的).

从几何的观点看, 每个 $F(r)$ $(r \in \Delta)$ 把全空间 M "切" 成两部分 S_r^+ 和 S_r^-, 若把所有的 $F(r)$ $(r \in \Delta)$ 都切除, 即得一个开集

$$M \backslash \bigcup_{r \in \Delta} F(r),$$

它是一块块连通开集的并集, 它的每一块 (亦即每一个连通区域) C 就叫做 (G, M) 的一个 Weyl 房. 它的闭包 $\overline{C}$ 则叫做一个闭 **Weyl 房**. 对于任给 $g \in G, r \in \Delta$, 显然有

$$F(grg^{-1}) = g \cdot F(r),$$

亦即 $grg^{-1} \in \Delta$, 而它的不动点子集就是 $g \cdot F(r)$. 因此, $\bigcup_{r \in \Delta} F(r)$ 和 $M \backslash \bigcup_{r \in \Delta} F(r)$ 都是 G-不变的. 所以 G 也是所有的 Weyl 房组成的集合上的一个变换群. 下面让我们来叙述反射变换群的两个基本定理.

定理 1 (1) G 在 Weyl 房所组成的集合上的作用是单可递的, 亦即

$$M \backslash \bigcup_{r \in \Delta} F(r) = \bigcup_{g \in G} g \cdot C_0,$$

而且

$$g_1 C_0 = g_2 G_0 \Longleftrightarrow g_1 = g_2,$$

其中 C_0 为基本 Weyl 房.

(2) $\overline{C_0}$ 构成 (G, M) 的一个基本域 (fundamental domain), 亦即对于每一个点 $x \in M$, 其轨道 $G(x)$ 和 $\overline{C_0}$ 恒交于一个点, 所以 $\overline{C_0} \cong M/G$.

注 上述基本 Weyl 房 C_0 是依赖于在每一对 $S_r^{\perp}$ 中正侧的选取的. 其实, 我们可以在 (G, M) 的所有 Weyl 房之中, 任选其一记为 C_0, 然后反过来, 在每一对 $S_r^{\pm}$ 之中选定那个包含 C_0 者为正侧, 这也就是说, C_0 的选定和逐对的正侧的选定之间的关系就是 $C_0 = \bigcap_{r \in \Delta} S_r^+$.

定义 对于一个选定的基本 Weyl 房 C_0, 令 π 为 Δ 中的下述子集:

$$r_i \in \pi \Longleftrightarrow \dim(F(r_i) \bigcap \overline{C_0}) = \dim M - 1$$

(直观的说法是 $F(r_i) \bigcap \overline{C_0}$ 是 $\overline{C_0}$ 的一面 "墙").

不难看出, π 也就是满足等式

$$\bigcap_{r_i \in \pi} S_{r_i}^+ = \bigcap_{r \in \Delta} S_r^+ = C_0$$

的 Δ 中的极小子集.

定理 2　(1) 上述子集 $\pi = \{r_1, \cdots, r_k\}$ 业已构成 G 的一组生成系 (以后称为相应于 C_0 的素生成系).

(2) 对 G 中一个任给的元素 g, 设 $g = r_{i_1} \cdot r_{i_2} \cdots r_{i_{l(g)}}$ 是一个把 g 表示成 π 中元素乘积的各种表示法中的最短者 (这种表示法不一定是唯一的, $l(g)$ 随 g 而定, 叫做 g 的**长度**), 则子集

$$\{F(r_{i_1}), r_{i_1}F(r_{i_2}), r_{i_1}r_{i_2}F(r_{i_3}), \cdots, r_{i_1} \cdots r_{i_{l(g)-1}}F(r_{i_{l(g)}})\}$$

也就是 $\{F(r); r \in \Delta\}$ 之中使得 C_0 和 gC_0 分居于其两侧的那些 $F(r)$ 所组成的子集.

分析

1) 设 C 和 C' 是两个 Weyl 房, 若 $\dim(\overline{C} \bigcap \overline{C'}) = \dim M - 1$, 则称两者为**隔墙而居**的. $\overline{C} \bigcap \overline{C'}$ 叫做 C 和 C' 之间的隔墙. 它是某一个 $F(r)$ 的一部分 (这个 r 当然是唯一存在的). 不难看出, $C' = r \cdot C$. 换句话说, 当 C 和 C' 是隔墙而居的两个 Weyl 房时, $r \cdot C = C', r \cdot C' = C$.

反之, 当 $\overline{C}$ 的一片 "墙" 属于 $F(r)$ 时, 亦即: $\dim \overline{C} \bigcap F(r) = \dim M - 1$ 时, C 和 $r \cdot C$ 是隔 $F(r)$ 而居的.

2) 由素生成系 $\pi = \{r_1, \cdots, r_k\}$ 的定义,

$$\{\overline{C}_0 \bigcap F(r_j); j = 1, 2, \cdots, k\}$$

也就是 $\overline{C}_0$ 的各面 "墙" 所组成的集合. 再者, 设 $g = r_{i_1}r_{i_2} \cdots r_{i_l}$, 则不难看出, 下列这一串 Weyl 房

$$C_0, r_{i_1}C_0, r_{i_1}r_{i_2}C_0, \cdots, r_{i_1}r_{i_2} \cdots r_{i_j}C_0, \cdots, gC_0$$

是逐节隔墙而居的一串 Weyl 房, 其中 $r_{i_1} \cdots r_{i_j}C_0$ 和 $r_{i_1} \cdots r_{i_{j+1}}C_0$ $(1 \leqslant j < l)$ 之间的隔墙就是

$$F(r_{i_1} \cdots r_{i_j}r_{i_{j+1}}r_{i_j} \cdots r_{i_1}) = r_{i_1} \cdots r_{i_j}F(r_{i_{j+1}}).$$

例如: C_0 和 $r_{i_1}C_0$ 之间的隔墙是 $F(r_{i_1})$, 而 $r_{i_1}C_0$ 和 $r_{i_1}r_{i_2}C_0$ 之间的隔墙则是

$$r_{i_1}F(r_{i_2}) = F(r_{i_1}r_{i_2}r_{i_1})$$

(因为 $r_{i_1}r_{i_2}r_{i_1}(r_{i_1}C_0) = r_{i_1}r_{i_2}C_0$); 而 $r_{i_1}r_{i_2}C_0$ 和 $r_{i_1}r_{i_2}r_{i_3}C_0$ 之间的隔墙就是

$$r_{i_1}r_{i_2}F(r_{i_3}) = F(r_{i_1}r_{i_2}r_{i_3}r_{i_2}r_{i_1})$$

(因为 $r_{i_1}r_{i_2}r_{i_3}r_{i_2}r_{i_1}(r_{i_1}r_{i_2}C_0) = r_{i_1}r_{i_2}r_{i_3}C_0$); 依此类推.

下面是上述几何关系的一个示意图.

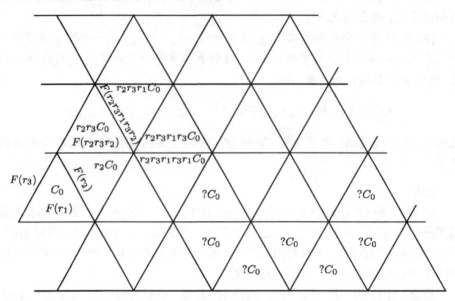

请读者试写出图中所问七个 Weyl 房应如何写成 $r_{i_1} \cdots r_{i_j} C_0$ 这样的形式. 现在让我们利用上述两点来着手证明定理 1 和 2.

引理 1　G 在 Weyl 房组成的集合上的作用是可递的.

证　用 Ω 表示所有 Weyl 房所组成的集合, 令 $\Omega_0 = \{g \cdot C_0; g \in G\}$. 我们要证明 $\Omega = \Omega_0$. 显然, 当 C' 和 Ω_0 中的一个 C 是隔墙而居时, 则 C' 也必属于 Ω_0. 因此, 我们所要证明的也就是下述事实; 即: 对于 Ω 中任给的一个 Weyl 房 C, 都必定存在一种 "穿墙而过" 的连续通路由 C_0 走到 C. 换句话说, 就是存在一个以 C_0 为起始间而以 C 为终点间的逐节隔墙而居的一串 Weyl 房. 因为上面所述的事实, 通路只允许 "穿墙而过", 从另一方面来说, 也就是得避免经过那些 "墙缝" 上的 "点", 亦即

$$\bigcup_{r \neq r' \in \Delta} (F(r) \bigcap F(r')).$$

所以我们真正所要说明的就是

$$M \backslash \bigcup_{r \neq r' \in \Delta} (F(r) \bigcap F(r'))$$

依然是一个连通的空间. 为什么当我们把所有的 $F(r) \bigcap F(r')$ 这种子空间全部切除之后, 依然保有连通性呢? 这就是因为

$$\dim (F(r) \bigcap F(r')) \leqslant \dim M - 2. \qquad \square$$

注 维数的几何特征是: 一个能够局部分割 n 维空间的子空间, 其维数至少是 $(n-1)$.

引理 2 π 业已构成 G 的一组生成系.

证 设 r 是 Δ 中的任一元素, 当然会有一个 Weyl 房 C, 使得 $\dim \overline{C} \bigcap F(r) = \dim M - 1$. 由上面引理 1 的证明, C_0 可以和 C 用一串逐节隔墙而居的 Weyl 房相连, 亦即存在适当的 $r_{i_1}, r_{i_2}, \cdots, r_{i_l} \in \pi$, 使得 $C = r_{i_1} r_{i_2} \cdots r_{i_l} C_0$, 或者说, $C_0 = r_{i_l} r_{i_{l-1}} \cdots r_{i_1} C$. 因此, $r_{i_l} r_{i_{l-1}} \cdots r_{i_1} F(r) \bigcap \overline{C}_0$ 是 $\overline{C}_0$ 的一面墙. 也就是说, $r_{i_l} r_{i_{l-1}} \cdots r_{i_2} r_{i_1} r r_{i_1} \cdots r_{i_l} \in \pi$. 这表明 Δ 包含于由 π 生成的子群. 但是 Δ 是 G 的生成系, 所以 π 业已组成 G 的生成系. □

引理 3 设 $g = r_{i_1} \cdots r_{i_l}$ $(l = l(g))$ 是把元素 g 表示为 π 中元素乘积的一种最短表示法, 则

$$\{F(r_{i_1}), r_{i_1} F(r_{i_2}), \cdots, r_{i_1} \cdots r_{i_{l-1}} F(r_{i_l})\}$$

就是 $\{F(r); r \in \Delta\}$ 之中使得 C_0 和 $g \cdot C_0$ 分居于其两侧的那些 $F(r)$ 所组成的子集.

证 由分析 2) 可以看出, g 的上述表示法与联结 C_0 和 gC_0 之间的 (逐节隔墙而居的) Weyl 房串是一一相对应的. 因此,

$$C_0, r_{i_1} C_0, r_{i_1} r_{i_2} C_0, \cdots, r_{i_1} r_{i_2} \cdots r_{i_j} C_0, \cdots, gC_0$$

就是这种联结 C_0 和 gC_0 之间的 Weyl 房串之中的一个最短者.

设 $\mathscr{F}(g) = \{F(r); C_0$ 和 gC_0 分居 $F(r)$ 的两侧$\}$. 由 $\mathscr{F}(g)$ 的定义, 任何联结 C_0 和 gC_0 的 Weyl 房串当然都得穿过 $\mathscr{F}(g)$ 中的每一个 $F(r)$, 亦即引理 3 中所列的那 l 个不动点超曲面之中必定包含 $\mathscr{F}(g)$ 中的每一个 $F(r)$. 因此, 我们还需要说明的, 就是上述最短 Weyl 房串对于 $\mathscr{F}(g)$ 中的每一个 $F(r)$ 而言, 只穿过一次.

假若不然, 设上述 Weyl 房串穿过某一个 $F(r) \in \mathscr{F}(g)$ 的次数大于 1 (一定是奇数次), 则该 Weyl 房串所定的 "途径" 和 $F(r)$ 之间的几何关系可以用下页示意图表达.

不难由示意图看出, 我们可以把其中一段改走虚线所示和 $F(r)$ 的这一段成反射对称的那一段 Weyl 房串, 则所得新的 Weyl 房串中所含的 Weyl 房个数比原来的个数至少减二, 这是与最短性相矛盾的. 这也就证明了 $\mathscr{F}(g)$ 中的每个 $F(r)$ 只被最短 Weyl 房串穿过一次, 亦即

$$\mathscr{F}(g) = \{F(r_{i_1}), r_{i_1} F(r_{i_2}), \cdots, r_{i_1} \cdots r_{i_{j-1}} F(r_{i_j}), \cdots, r_{i_1} \cdots r_{i_{l-1}} F(r_{i_l})\}. \quad □$$

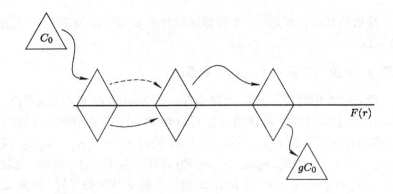

由上面这样三个有力的引理再来推导定理 1 和定理 2 是相当直截了当的,
在此从略.

参考文献

[1] ADAMS, J. F. *Lectures on Lie Groups*. Benjamin, New York, 1969.

[2] CHEVALLEY, C. *Theory of Lie Groups, Vol* I. Princeton Univ. Press, Princeton, New Jersey, 1946.

[3] HELGASON, S. *Differential Geometry, Lie Groups, and Symmetric Spaces*. Academic Press, New York, San Francisco, London, 1978.

[4] HOPF, H. and RINOW, W. *Über den Begriff der Vollständigen differential-geometrischen Fläche. Comment. Math. Helv.* 3 (1931) 209–225.

∗ [5] HUMPHREYS, J. E. *Introduction to Lie Algebras and Representation Theory*. Springer-Verlag, Berlin, 1972.

∗ [6] JACOBSON, N. *Lie Algebras*. Wiley (Interscience), New York, 1962.

[7] KOBAYASHI, S. *Transformation Groups in Differential Geometry*. Springer-Verlag, Berlin, Heidelberg, New York, 1972.

[8] MONTGOMERY, D. and SAMELSON, H. *Transformation Groups of Spheres. Ann. of. Math* 44 (1943) 454–470.

[9] MYERS, S. B. and STEENROD, N. *The group of isometrics of a Riernannian manifold. Ann. of Math.* 40 (1939), 400–416.

[10] SERRE, J. P. *Lie Algebras and Lie Groups*. Benjamin, New York, 1965.

[11] TITS, J. *Sur certains classes d'espaces homogènes degroups de Lie. Acad.*

∗ 有中译本, 下同

　　　　　Roy. Belg. Cl. Sci. Mem. Coll. 29 (1955), no. 3.

[12]　WANG, H. C. *Two-point homogeneous spaces. Ann. of Math.* 55 (1952),
　　　　177–191.

* [13]　ПОНТРЯГИН, Л. С. Неирернвные группы. Гостехиздат, М., 1954.

汉英名词索引

H

核	kernel　32
弧长元素	arc length element　168
环群	torus group　39

J

积分子流形	integral submanifold　225
基本 Weyl 房	fundamental Weyl chamber　56　237
基本域	fundamental domain　55　238
极大积分子流形	maximal integral submanifold　31　229
极大子环群	maximal torus subgroup　39
极大子环群定理	maximal torus subgroup theorem　40
几何素根系	geometric simple root system　92
尖积	angle bracket product　76
交换李代数	Abelian Lie algebra　65
紧型正交对合李代数	orthogonal symmetric Lie algebra of the compact type　185
紧致李代数	compact Lie algebra　65
紧致群	compact group　2
距离	distance　170

K

可解李代数	colvable lie algebra　114
可解性的 Cartan 检验	Cartan's criterion of solvability　121
可约表示	reducible representation　4
可约几何素根系	reducible geometric simple root system　92
括积	bracket product　22

L

黎曼空间	Riemannian space　38
李代数	Lie algebra　23
李代数的伴随表示	adjoint representation of a Lie algebra　117
李代数的同构	isomorphism of Lie algebras　26
李代数的同态	homomorphism of Lie algebras　29
李群	Lie group　19
李群的李代数	Lie algebra of a Lie group　21
李群的同构	isomorphism of Lie groups　25

现代数学基础图书清单

序号	书号	书名	作者
1	9787040217179	代数和编码（第三版）	万哲先 编著
2	9787040221749	应用偏微分方程讲义	姜礼尚、孔德兴、陈志浩
3	9787040235975	实分析（第二版）	程民德、邓东皋、龙瑞麟 编著
4	9787040226171	高等概率论及其应用	胡迪鹤 著
5	9787040243079	线性代数与矩阵论（第二版）	许以超 编著
6	9787040244656	矩阵论	詹兴致
7	9787040244618	可靠性统计	茆诗松、汤银才、王玲玲 编著
8	9787040247503	泛函分析第二教程（第二版）	夏道行 等编著
9	9787040253177	无限维空间上的测度和积分 —— 抽象调和分析（第二版）	夏道行 著
10	9787040257724	奇异摄动问题中的渐近理论	倪明康、林武忠
11	9787040272611	整体微分几何初步（第三版）	沈一兵 编著
12	9787040263602	数论 I —— Fermat 的梦想和类域论	[日]加藤和也、黑川信重、斋藤毅 著
13	9787040263619	数论 II —— 岩泽理论和自守形式	[日]黑川信重、栗原将人、斋藤毅 著
14	9787040380408	微分方程与数学物理问题（中文校订版）	[瑞典]纳伊尔·伊布拉基莫夫 著
15	9787040274868	有限群表示论（第二版）	曹锡华、时俭益
16	9787040274318	实变函数论与泛函分析（上册,第二版修订本）	夏道行 等编著
17	9787040272482	实变函数论与泛函分析（下册,第二版修订本）	夏道行 等编著
18	9787040287073	现代极限理论及其在随机结构中的应用	苏淳、冯群强、刘杰 著
19	9787040304480	偏微分方程	孔德兴
20	9787040310696	几何与拓扑的概念导引	古志鸣 编著
21	9787040316117	控制论中的矩阵计算	徐树方 著
22	9787040316988	多项式代数	王东明 等编著
23	9787040319668	矩阵计算六讲	徐树方、钱江 著
24	9787040319583	变分学讲义	张恭庆 编著
25	9787040322811	现代极小曲面讲义	[巴西]F. Xavier、潮小李 编著
26	9787040327113	群表示论	丘维声 编著
27	9787040346756	可靠性数学引论（修订版）	曹晋华、程侃 著
28	9787040343113	复变函数专题选讲	余家荣、路见可 主编
29	9787040357387	次正常算子解析理论	夏道行
30	9787040348347	数论 —— 从同余的观点出发	蔡天新

序号	书号	书名	作者
31	9787040362688	多复变函数论	萧荫堂、陈志华、钟家庆
32	9787040361681	工程数学的新方法	蒋耀林
33	9787040345254	现代芬斯勒几何初步	沈一兵、沈忠民
34	9787040364729	数论基础	潘承洞 著
35	9787040369502	Toeplitz 系统预处理方法	金小庆 著
36	9787040370379	索伯列夫空间	王明新
37	9787040372526	伽罗瓦理论 —— 天才的激情	章璞 著
38	9787040372663	李代数（第二版）	万哲先 编著
39	9787040386516	实分析中的反例	汪林
40	9787040388909	泛函分析中的反例	汪林
41	9787040373783	拓扑线性空间与算子谱理论	刘培德
42	9787040318456	旋量代数与李群、李代数	戴建生 著
43	9787040332605	格论导引	方捷
44	9787040395037	李群讲义	项武义、侯自新、孟道骥
45	9787040395020	古典几何学	项武义、王申怀、潘养廉
46	9787040404586	黎曼几何初步	伍鸿熙、沈纯理、虞言林
47	9787040410570	高等线性代数学	黎景辉、白正简、周国晖
48	9787040413052	实分析与泛函分析（续论）（上册）	匡继昌
49	9787040412857	实分析与泛函分析（续论）（下册）	匡继昌
50	9787040412239	微分动力系统	文兰
51	9787040413502	阶的估计基础	潘承洞、于秀源
52	9787040415131	非线性泛函分析（第三版）	郭大钧
53	9787040414080	代数学（上）（第二版）	莫宗坚、蓝以中、赵春来
54	9787040414202	代数学（下）（修订版）	莫宗坚、蓝以中、赵春来
55	9787040418736	代数编码与密码	许以超、马松雅 编著
56	9787040439137	数学分析中的问题和反例	汪林
57	9787040440485	椭圆型偏微分方程	刘宪高
58	9787040464832	代数数论	黎景辉
59	9787040456134	调和分析	林钦诚
60	9787040468625	紧黎曼曲面引论	伍鸿熙、吕以辇、陈志华
61	9787040476743	拟线性椭圆型方程的现代变分方法	沈尧天、王友军、李周欣

序号	书号	书名	作者
62	9787040479263	非线性泛函分析	袁荣
63	9787040496369	现代调和分析及其应用讲义	苗长兴
64	9787040497595	拓扑空间与线性拓扑空间中的反例	汪林
65	9787040505498	Hilbert 空间上的广义逆算子与 Fredholm 算子	海国君、阿拉坦仓
66	9787040507249	基础代数学讲义	章璞、吴泉水
67.1	9787040507256	代数学方法（第一卷）基础架构	李文威
68	9787040522631	科学计算中的偏微分方程数值解法	张文生
69	9787040534597	非线性分析方法	张恭庆
70	9787040544893	旋量代数与李群、李代数（修订版）	戴建生
71	9787040548846	黎曼几何选讲	伍鸿熙、陈维桓
72	9787040550726	从三角形内角和谈起	虞言林
73	9787040563665	流形上的几何与分析	张伟平、冯惠涛
74	9787040562101	代数几何讲义	胥鸣伟
75	9787040580457	分形和现代分析引论	马力
76	9787040583915	微分动力系统（修订版）	文兰
77	9787040586534	无穷维 Hamilton 算子谱分析	阿拉坦仓、吴德玉、黄俊杰、侯国林
78	9787040587456	p 进数	冯克勤
79	9787040592269	调和映照讲义	丘成桐、孙理察
80	9787040603392	有限域上的代数曲线：理论和通信应用	冯克勤、刘凤梅、廖群英
81	9787040603569	代数几何（英文版，第二版）	扶磊

购书网站：高教书城（www.hepmall.com.cn），高教天猫（gdjycbs.tmall.com），京东，当当，微店

其他订购办法：
各使用单位可向高等教育出版社电子商务部汇款订购。书款通过银行转账，支付成功后请将购买信息发邮件或传真，以便及时发货。购书免邮费，发票随书寄出（大批量订购图书，发票随后寄出）。

通过银行转账：
户　名：高等教育出版社有限公司
开户行：交通银行北京马甸支行
银行账号：110060437018010037603

单位地址：北京西城区德外大街 4 号
电　话：010-58581118
传　真：010-58581113
电子邮箱：gjdzfwb@pub.hep.cn

郑重声明